高等学校电子信息类系列教材

电工电子技术实训教程

主　编　于颜儒

副主编　黄群峰　蔡伟超

西安电子科技大学出版社

内 容 简 介

本书按照电子信息类和电气类实验教学大纲的要求，结合应用型高校培养目标而编写。全书共三部分，主要内容包括电路基础实验、模拟电子技术实验和数字电子技术实验，除此之外，书末附录还附有本书所涉及的集成芯片引脚图。本书既保持了每个实验的独立性，又保证了整个系统的一致性和完整性。每个实验可以单独开课，各实验又相互关联。本着由浅入深、由基础到应用、由单元到系统的原则，本书内容力求浅显易懂，便于操作。每个实验后均附有思考题，便于学生开阔思路，培养学生分析问题和解决问题的能力。通过本书的实验，可培养学生良好的专业素质、娴熟的专业技能和突出的实践应用能力。

本书可作为高等学校工科专业本科实验教材，也可作为成人教育及自学教材，或作为电子工程技术人员的参考用书。

图书在版编目(CIP)数据

电工电子技术实训教程/于颜儒主编．—西安：西安电子科技大学出版社，2020.4

ISBN 978-7-5606-5544-4

Ⅰ．① 电…　Ⅱ．① 于…　Ⅲ．① 电工技术—高等学校—教材　② 电子技术—高等学校—教材

Ⅳ．① TM　② TN

中国版本图书馆 CIP 数据核字(2019)第 288792 号

策划编辑　刘玉芳

责任编辑　王晓莉　刘玉芳

出版发行　西安电子科技大学出版社(西安市太白南路 2 号)

电　　话　(029)88242885　88201467　　邮　　编　710071

网　　址　www.xduph.com　　电子邮箱　xdupfxb001@163.com

经　　销　新华书店

印刷单位　陕西天意印务有限责任公司

版　　次　2020 年 4 月第 1 版　2020 年 4 月第 1 次印刷

开　　本　787 毫米×1092 毫米　1/16　印张 13.5

字　　数　319 千字

印　　数　1～2000 册

定　　价　35.00 元

ISBN 978-7-5606-5544-4/TM

XDUP　5846001-1

＊＊＊如有印装问题可调换＊＊＊

前　言

随着科学技术的迅猛发展，电子产品越来越多地充实和丰富着人们的生活。电子产品多元化的一个重要前提就是对电路知识的深入掌握和灵活应用。这就要求应用型电子信息类和电气类专业人才必须具备能够跟踪新技术发展的良好专业素质、娴熟的专业技能和突出的实践应用能力。对于学生的这种专业素质和技能的培养，必须要建立一套科学有效的理论与实验教学体系，加强学生实践动手能力的训练。

本书按照电子信息类和电气类实验教学大纲的要求，结合应用型高校培养目标，由天津理工大学中环信息学院教师编写而成。本书在培养学生的基本实验技能的同时，特别注重对学生的电路设计与综合应用能力和自主开发能力的启发与培养，以全面提高学生的专业素质与创新能力。

本书共三部分，第一部分为电路基础实验，包括电路基础型实验和电路设计型实验两章，由黄群峰编写；第二部分为模拟电子技术实验，包括仿真型实验和模拟电子技术基础型实验两章，由蔡伟超编写；第三部分为数字电子技术实验，包括基础型实验和综合设计型实验两章，由于颜儒编写。书末附录还附有本书所涉及的集成芯片引脚图。全书由于颜儒担任主编，完成全书的修改和统稿。

本书在编写的过程中得到了天津理工大学中环信息学院的大力支持，在此表示衷心的感谢；同时也对在本书编写过程中提供帮助的师生和编辑表示衷心的感谢。

由于编者水平有限，书中难免有不妥之处，敬请广大读者批评指正。

编　者

2019 年 12 月

目　录

第一部分　电路基础实验

第二部分　模拟电子技术实验

第一部分　电路基础实验

众所周知，科学技术的发展离不开实验，实验是促进科学技术发展的重要手段。“科学实验是科学理论的源泉，是自然科学的根本，也是工程技术的基础。”“基础研究、应用研究、开发研究和生产四个方面如果结合得好，经济建设和国防建设势必会兴旺发达。”

电路基础是一门实践性很强的课程，它的任务是使学生获得电路方面的基本理论、基本知识和基本技能，培养学生分析问题和解决问题的能力。为此，应加强各种形式的实践环节教学。电路实验按性质可分为验证型和训练型实验、综合型实验以及设计型实验三大类。

验证型和训练型实验主要是针对本门学科范围内理论验证和实际技能的培养，着重于奠定基础。这类实验除了巩固加深某些重要的基础理论外，主要在于帮助学生认识现象，掌握基本实验知识、基本实验方法和基本实验技能。

综合型实验属于应用性实验，实验内容侧重于某些理论知识的综合应用，其目的是培养学生综合运用所学理论知识解决较复杂实际问题的能力。

设计型实验对于学生来说，既有综合性又有探索性，它主要侧重于某些理论知识的灵活运用。例如，完成特定功能电路的设计、安装和调试等。要求学生在教师指导下独立进行查阅资料、设计方案与组织实验等工作，并写出实验报告。这类实验对于提高学生的素质和科学实验能力非常有益。

总之，电路实验应当突出基本技能、设计能力、综合应用能力、创新能力和计算机应用能力的培养，以满足培养面向21世纪人才的要求。

第一章　电路基础型实验

1.1　电工仪表的使用

一、理论知识预习要求

（1）复习电路模型、电流、电压、电位、电阻、电能量、电功率、电压及电流的极性和方向，常用电表的使用方法及注意事项等。

（2）明确本次实验的内容及步骤。

二、实验目的

（1）了解 MES－Ⅰ型电路实验系统（实验台）的基本结构，弄清各仪表的位置，知道各种仪表使用注意事项，知道各接线柱、孔的位置，连接导线的种类等。

（2）了解常用的供电形式，学习安全用电常识。

（3）学习常用电工测量仪表的工作原理及分类，电工仪表的符号意义。

（4）掌握利用电工仪表测量电流、电压及功率的基本方法。

三、实验原理

1. 电流的测量

使用电流表时应将其串联在电路中，如图 1.1.1 所示。在使用直流电流表时要注意电流表的量程是否合适。

2. 电压的测量

电压表是用来测量电源、负载或某段电路两端电压的，所以必须和被测量电路并联，如图 1.1.2 所示。在使用直流电压表时要注意表的量程是否合适。

注：在使用电流表和电压表测量时，若测量值超过仪表量程，仪表红灯会亮起，产生告警信号。只需更换大量程，并按白色复位键即可消除告警信号。若量程选择过大，则将导致测量精度降低，数据误差增大。

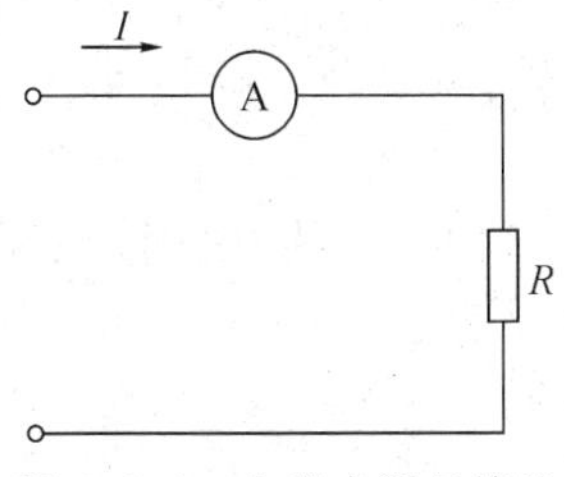

图 1.1.1　电流表测量接法

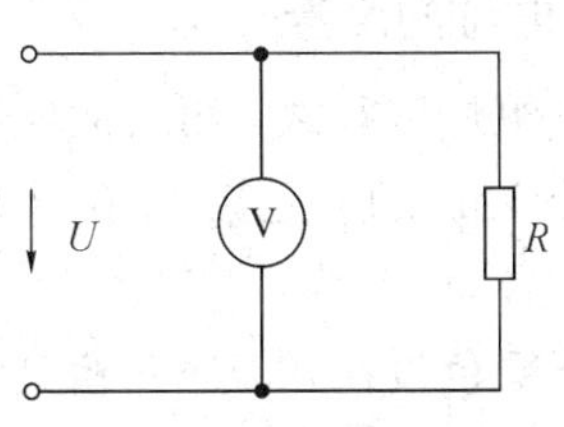

图 1.1.2　电压表测量接法

3. 功率的测量

测量电功率通常用的是功率表，图 1.1.3 所示是功率表的测量接线图。功率表为电压表与电流表的组合：一表用于测电压，采用并联接法；一表用于测电流，采用串联接法。

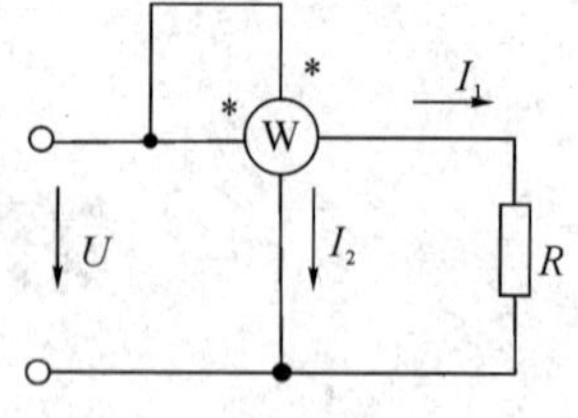

图 1.1.3 功率表测量接法

四、实验仪器

(1) 直流电压表、直流电流表。

(2) 交流电压表、交流电流表、功率表。

(3) 恒压源、恒流源。

(4) 灯泡负载元件箱、导线若干。

五、实验内容

1. 交流电压的测量

(1) 选用实验台配备的交流电压表；

(2) 拉上实验台左侧的拉闸，按下面板上的绿色按钮，接通三相交流电源；

(3) 旋转实验台左侧的黑色调压器，使电压表盘指针偏转至 350 V；

(4) 利用交流电压表分别测量表 1.1.1 中各端子间的电压(UV 间的电压测量电路如图 1.1.4 所示)；

表 1.1.1 交流电压测量数据表

测量项目	UV	VW	WU	UN	VN	WN
测量电压值/V						

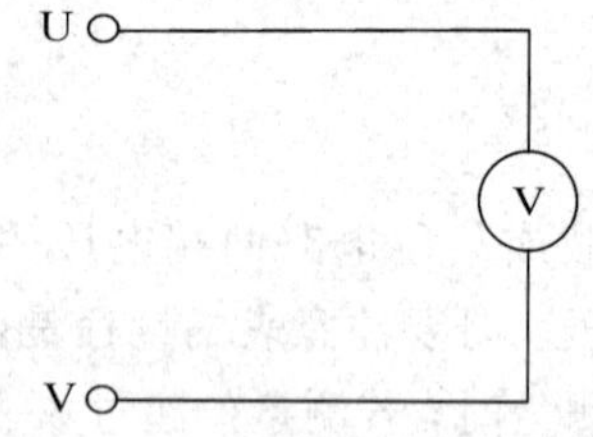

图 1.1.4 UV 端电压测量电路

(5) 测量后按下红色按钮，断开三相交流电源，再拆线。

2. 交流电流的测量

(1) 选一组灯泡负载，用交流电流表测量电流；

(2) 按图 1.1.5 所示接线，确认灯泡接在 U(火线)和 N(零线)之间，无误后进行下一步实验；

(3) 按下绿色按钮，接通三相交流电源；

(4) 依次合上灯泡负载开关 S_1、S_2、S_3，用交流电流表测量负载电流；

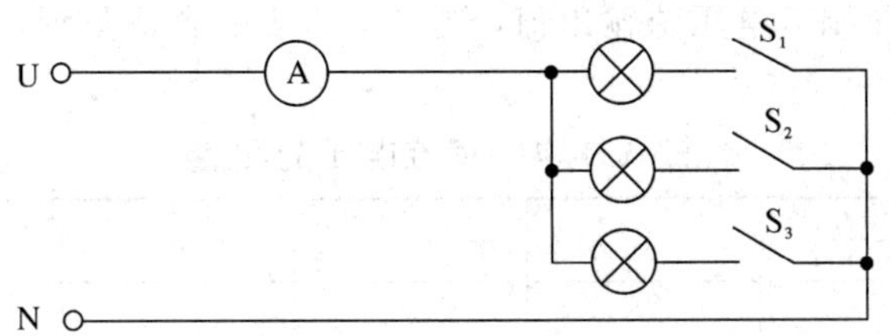

图 1.1.5　交流电流测量电路

(5) 将以上测量结果填入表 1.1.2 中；

表 1.1.2　交流电流测量数据表

负载灯泡/盏	一盏/25 W	两盏/50 W	三盏/75 W
负载电流/A			

(6) 测量后按下红色按钮，断开三相交流电源，再拆线。

3. 功率的测量

(1) 选一组灯泡负载，利用功率表测量每个灯泡实际消耗的电功率；

(2) 按图 1.1.6 接线，确认灯泡接在 U(火线)和 N(零线)之间，无误后进行下一步实验；

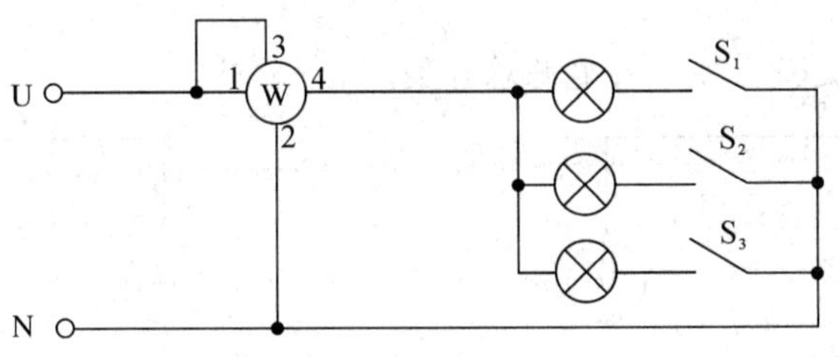

图 1.1.6　功率测量电路

(3) 按下绿色按钮，接通三相交流电源；

(4) 合上灯泡负载开关 S_1(1 盏灯)，记录功率表所测的数值；

(5) 合上灯泡负载开关 S_2(2 盏灯)，记录功率表所测的数值；

(6) 合上灯泡负载开关 S_3(3 盏灯)，记录功率表所测的数值，所测结果填入表 1.1.3 内；

表 1.1.3　功率测量数据表

标称功率/W	一盏/25 W	两盏/50 W	三盏/75 W
实际功率/W			

(7) 实验结束后按下红色按钮，断开三相交流电源，再拆线。

4. 直流电压的测量

(1) 在 MES－I 电路实验系统的面板上找出恒压源输出端，用直流电压表测量其输出电压；

(2) 按图 1.1.7 接线，按下直流电源开关 S；

（3）根据表 1.1.4 调节电压源输出值，选择电压表的合适量程，并将实际测量值填入表中；

表 1.1.4　直流电压的测量

电源显示值/V	5	6	8	12	15
实际测量值/V					

（4）实验结束后关断开关 S，再拆线。

5. 直流电流的测量

（1）在 MES－I 电路实验系统的面板上找出恒流源输出端，用直流电流表测量其输出电流；

（2）按图 1.1.8 所示接线，按下直流电源开关 S；

（3）根据表 1.1.5 所示内容调节电流源输出值，选择电流表的合适量程，并将实际测量值填入表中；

表 1.1.5　直流电流的测量

电源显示值/mA	5	10	60	110	160
实际测量值/mA					

（4）实验结束后关断开关 S 及电源总开关。

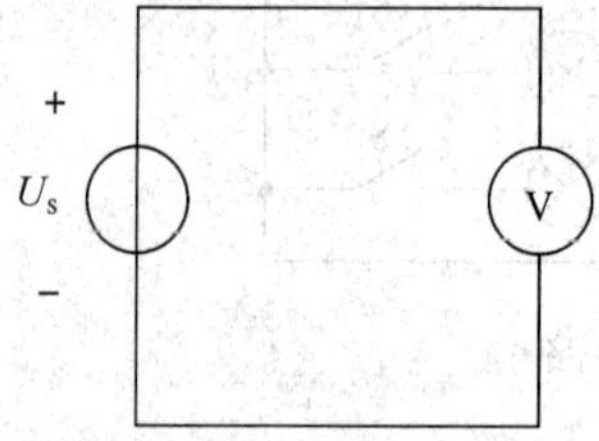

图 1.1.7　直流电压测量电路

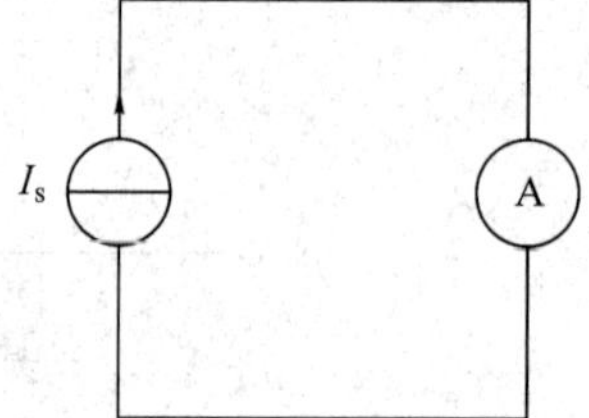

图 1.1.8　直流电流测量电路

六、实验注意事项

（1）严禁带电接线、拆线。必须关断电源之后接线、拆线，注意人身安全。

（2）合上电源开关后严禁用手或金属部件触摸接线端子，以防发生触电事故。

（3）使用仪表测量时要注意量程的选择，测量直流量时注意极性，正负极性不要接反，以免损坏仪表。

七、思考题

（1）使用直流电流表及直流电压表时应注意什么事项？

（2）电流表及电压表应怎样在电路中连接？

（3）电压表或电流表量程选择不恰当时的影响（量程太大或量程太小）是什么？

1.2 元器件伏安特性的测绘

一、理论知识预习要求

(1) 复习欧姆定律($I=U/R$)，线性元件与非线性元件的特性区别。

(2) 明确本次实验的内容及步骤。

二、实验目的

(1) 学习几种电阻元件(线性电阻、非线性电阻)伏安特性的逐点测试法。

(2) 利用测量结果，用描点法绘制元器件的 VAR 曲线。

(3) 进一步熟悉常用直流电工仪表(电流表和电压表)与相应设备的使用方法。

三、实验原理

任一二端电阻元件的特性可用该元件上的端电压 U 与通过该元件的电流 I 之间的函数关系 $U=f(I)$ 来表示，即用 U-I 平面上的一条曲线来表征，这条曲线称为该电阻元件的伏安特性曲线。根据伏安特性的不同，电阻元件可分为两大类：线性电阻和非线性电阻。线性电阻元件的伏安特性曲线是一条通过坐标原点的直线，如图 1.2.1 中(a)所示，该直线的斜率只由电阻元件的电阻值 R 决定，其阻值为常数，与元件两端的电压 U 和通过该元件的电流 I 无关；非线性电阻元件的伏安特性是一条经过坐标原点的曲线，其阻值 R 不是常数，即在不同的电压作用下，电阻值是不同的，常见的非线性电阻如白炽灯丝、普通二极管、稳压二极管等，它们的伏安特性如图 1.2.1 中(b)、(c)、(d)所示。在图 1.2.1 中，$U>0$ 的部分为正向特性，$U<0$ 的部分为反向特性。

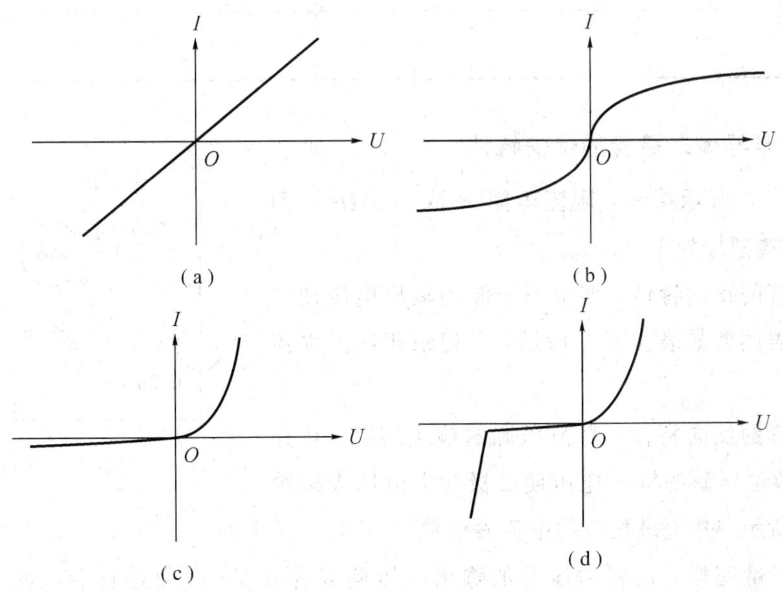

图 1.2.1 元件的伏安特性曲线

绘制伏安特性曲线通常采用逐点测试法，即在不同的端电压作用下，测量出相应的电流，然后逐点绘制出伏安特性曲线，根据伏安特性曲线便可计算出其电阻值。

四、实验仪器

(1) 直流电压、电流表。

(2) 电压源(双路 0 V～30 V 可调)。

(3) EEL－51 组件。

五、实验内容

1. 测定线性电阻的伏安特性

按图 1.2.2 所示接线，图中的电源 U 选用恒压源的输出端，通过直流数字电流表与 1 kΩ 线性电阻相连，电阻两端的电压用直流数字电压表测量。

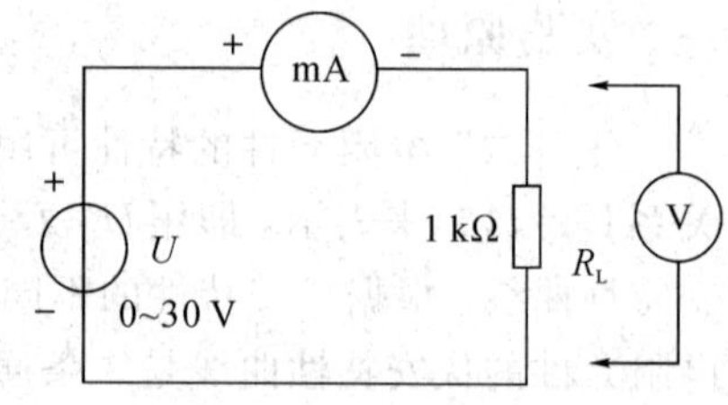

图 1.2.2 线性电阻伏安特性测量电路

调节恒压源的输出电压，使电阻上电压表读数如表 1.2.1 所示，并记录相应的电流表读数。

注意：测量完毕，请将恒压源的输出电压调节为 0 V，以免进行后续实验时损坏元器件。

表 1.2.1 线性电阻伏安特性数据

U/V	1	2	4	6	8	10
I/mA						

2. 测定半导体二极管的伏安特性

按图 1.2.3 所示接线，限流电阻 R 取 200 Ω(电阻排)，二极管的型号为 1N4007。

测二极管的正向特性：调节恒压源的输出电压使二极管上电压表读数如表 1.2.2 所示，并记录相应的电流表读数。

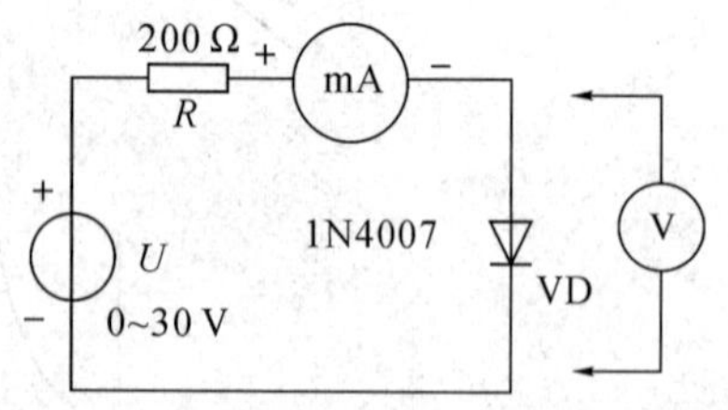

图 1.2.3 二极管伏安特性测量电路

测二极管的反向特性：将恒压源的输出端正、负连线互换，调节恒压源的输出电压使二极管上电压表读数如表 1.2.3 所示，并记录相应的电流表读数。

注意：测量完毕，请将恒压源的输出电压调节为 0 V，以免进行后续实验时损坏元器件。

表 1.2.2　二极管正向特性实验数据

U/V	0	0.2	0.4	0.45	0.5	0.55	0.60	0.65	0.70	0.75
I/mA										

表 1.2.3　二极管反向特性实验数据

U/V	0	−5	−10	−15	−20	−25	−30
I/mA							

3. 测定稳压管的伏安特性

按图 1.2.4 所示接线，限流电阻 R 取 200 Ω，稳压管的型号为 1N4728。

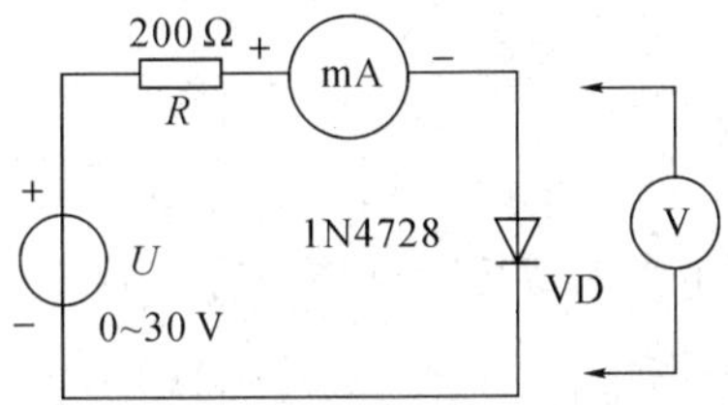

图 1.2.4　稳压管伏安特性测量电路

测稳压管的正向特性：调节恒压源的输出电压使稳压管上电压表读数如表 1.2.4 所示，并记录相应的电流表读数。

测稳压管的反向特性：将恒压源的输出端正、负连线互换，调节恒压源的输出电压值如表 1.2.5 所示，并记录稳压管上电压表读数和相应的电流表读数。

注意：测量完毕，请将恒压源的输出电压调节为 0 V，以免进行后续实验时损坏元器件。

表 1.2.4　稳压管正向特性实验数据

U/V	0	0.2	0.4	0.45	0.5	0.55	0.60	0.65	0.70	0.75
I/mA										

表 1.2.5　稳压管反向特性实验数据

U_S/V	−1	−2	−3	−4	−5	−6	−7	−8	−9	−10
U/V										
I/mA										

六、实验注意事项

(1) 实验过程中，每次开启直流稳压电源前，必须把输出量程调节到最低(0 V)位置，将输出调节钮逆时针方向旋到底，并且直流稳压电源的两输出端千万不能短路。

(2) 测二极管正向特性时，稳压电源输出应由小至大逐渐增加，并时刻注意电流表读数不得超过 25 mA。

(3) 合理选用仪表量程，测电源的外特性时，调节电位器时，注意电流表读数不得超过量程，电位器阻值决不能调为 0 Ω。

七、思考题

(1) 线性电阻与非线性电阻的伏安特性有何区别？它们的电阻值与通过的电流有无关系？

(2) 请举例说明：哪些元件是线性电阻？哪些元件是非线性电阻？它们的伏安特性曲线各是什么形状？

1.3　基尔霍夫定律的验证

一、理论知识预习要求

(1) 实验前应认真复习基尔霍夫定律的具体内容。

(2) 明确本次实验内容及步骤。

二、实验目的

(1) 验证基尔霍夫定律，加深对基尔霍夫定律的理解。

(2) 掌握直流电流表的使用以及学会用电流插头、插座测量各支路电流的方法。

三、实验原理

基尔霍夫电流定律和电压定律是电路的基本定律，它们分别描述结点电流和回路电压，即对电路中的任一结点而言，在设定电流的参考方向下，应有 $\sum I = 0$。一般流出结点的电流取负号，流入结点的电流取正号；对任何一个闭合回路而言，在设定电压的参考方向下，绕行一周，应有 $\sum U = 0$，一般电压降方向与绕行方向一致的电压取正号，电压降方向与绕行方向相反的电压取负号。

四、实验仪器

(1) 直流数字电压表、直流数字电流表。

(2) 恒压源(双路 0 V～30 V 可调)、EEL－53 组件。

五、实验内容

本实验电路如图 1.3.1 所示，图中的电源 U_{S1} 用恒压源 Ⅰ 路 0 V～＋30 V 可调电压输出端，并将输出电压值调到＋6 V；U_{S2} 用恒压源 Ⅱ 路 0 V～＋30 V 可调电压输出端，并将输出电压值调到＋12 V，开关 S_1、S_2、S_3 均拨到上侧。

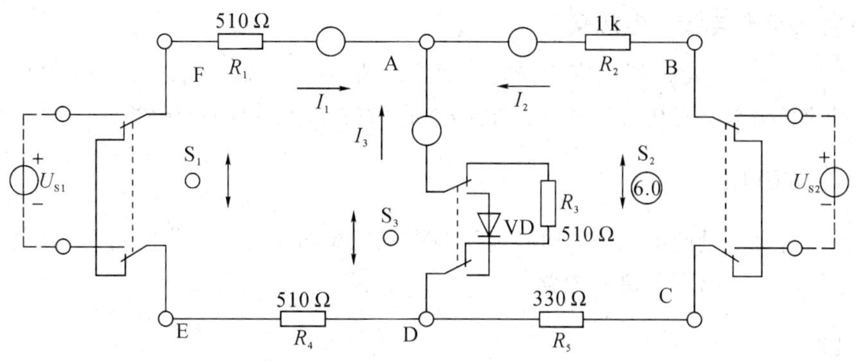

图 1.3.1　基尔霍夫定律实验电路图

基尔霍夫定律的验证：

实验前先设定三条支路的电流参考方向，如图中的 I_1、I_2、I_3 所示，熟悉线路结构和电流插头的结构，将电流插头的红接线端插入数字电流表的红(正)接线端，电流插头的黑接线端插入数字电流表的黑(负)接线端。

1. 测量各支路电流

将电流插头分别插入三条支路的三个电流插座中，读出各个电流值。设定在结点 A，电流表读数为"＋"，表示电流流入结点，读数为"－"，表示电流流出结点，然后根据图 1.3.1 中的电流参考方向，确定各支路电流的正、负号，并记入表 1.3.1 中。

表 1.3.1　支路电流数据表

支路电流/mA	I_1	I_2	I_3
实际测量值			
理论计算值			

2. 测量各元件电压

用直流数字电压表分别测量两个电源及电阻元件上的电压值，将数据记入表 1.3.2 中。测量时电压表的红(正)接线端应插入被测电压参考方向的高电位端，黑(负)接线端插入被测电压参考方向的低电位端。(注：对电阻而言，电流流入端选为电压参考方向的高电位端)。

表 1.3.2　各元件电压数据表

各元件电压/V	U_{S_1}	U_{S_2}	U_{R_1}	U_{R_2}	U_{R_3}	U_{R_4}	U_{R_5}
实际测量值							
理论计算值							

3. 计算各元件电流、电压值

根据 KCL、KVL 定律列写方程，分别求解电路中的电流、电压值，并填入表 1.3.1、表 1.3.2 对应位置处。对比理论和实测值，验证基尔霍夫定律的正确性。

六、实验注意事项

（1）所有需要测量的电压值，均以电压表测量的读数为准，不能使用电源表盘指示值。

（2）严禁电源输出两端碰线短路。

七、思考题

电压和电流的参考方向如何选择？不同的选择对测量的结果有何影响？

1.4 电源的等效变换

一、理论知识预习要求

（1）实验前应认真复习电压源、电流源的基本概念及等效变换方法和变换条件。

（2）明确本次实验内容及实验步骤。

二、实验目的

（1）掌握建立电源模型的方法。

（2）掌握电源外特性的测试方法。

（3）加深对电压源和电流源特性的理解。

（4）研究电源模型等效变换的条件。

三、实验原理

1. 电压源和电流源

电压源具有端电压保持恒定不变，而输出电流的大小由负载决定的特性。其外特性，即端电压 U 与输出电流 I 的关系 $U=f(I)$ 是一条平行于 I 轴的直线。实验中使用的恒压源在规定的电流范围内，具有很小的内阻，可以将它视为一个电压源。

电流源具有输出电流保持恒定不变，而端电压的大小由负载决定的特性。其外特性，即输出电流 I 与端电压 U 的关系 $I=f(U)$ 是一条平行于 U 轴的直线。实验中使用的恒流源在规定的电压范围内，具有极大的内阻，可以将它视为一个电流源。

2. 实际电压源和实际电流源

实际上任何电源内部都存在电阻，通常称为内阻。因而，实际电压源可以用一个内阻 R_S 和电压源 U_S 串联表示，其端电压 U 随输出电流 I 增大而降低。在实验中，可以用一个小阻值的电阻与恒压源相串联来模拟一个实际电压源。

同理，实际电流源可以用一个内阻 R_S 和电流源 I_S 并联表示，其输出电流 I 随端电压 U 增大而减小。在实验中，可以用一个大阻值的电阻与恒流源相并联来模拟一个实际电流源。

3. 实际电压源和实际电流源的等效互换

一个实际的电源，就其外部特性而言，既可以看成一个电压源，又可以看成一个电流源。若视为电压源，则可用一个电压源 U_S 与一个电阻 R_S 相串联表示；若视为电流源，则可用一个电流源 I_S 与一个电阻 R_S 相并联来表示。若它们向同样大小的负载提供同样大小的电流和端电压，则称这两个电源是等效的，即具有相同的外特性。

实际电压源与实际电流源等效变换的条件为：取实际电压源与实际电流源的内阻均为 R_S；若已知实际电压源的参数为 U_S 和 R_S，则实际电流源的参数为 $I_S=U_S/R_S$ 和 R_S；若已知实际电流源的参数为 I_S 和 R_S，则实际电压源的参数为 $U_S=I_SR_S$ 和 R_S。

四、实验仪器

(1) 直流数字电压表、直流数字电流表。

(2) 恒压源(双路 0 V～30 V 可调)。

(3) 恒流源(0 mA～500 mA 可调)。

(4) EEL－51 组件。

五、实验内容

1. 测定直流恒压源与实际电压源的外特性

按图 1.4.1 接线，U_S 为＋6 V，由直流恒压源提供。调节电阻排 R_2，令其阻值由小至大变化(从 100 Ω 至 900 Ω)，记录电压表和电流表的读数，填入表 1.4.1 中。

按图 1.4.2 所示接线，虚线框可模拟为一个实际的电压源。调节电阻排 R_2，令其阻值由小至大变化(从 100 Ω 至 900 Ω)，记录电压表和电流表的读数，填入表 1.4.2 中。比较表 1.4.1 和表 1.4.2 中电压 U 的不同。

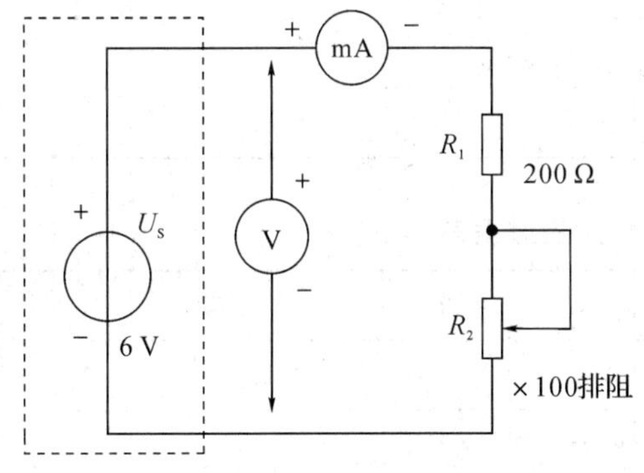

图 1.4.1　直流恒压源测试电路

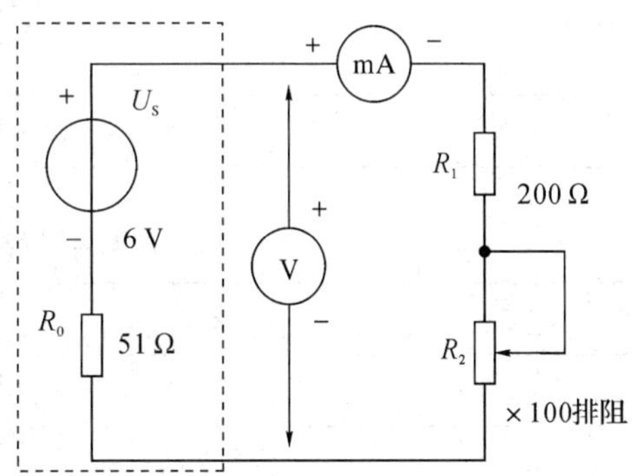

图 1.4.2　实际电压源测试电路

表 1.4.1　直流恒压源测试数据表

R_2/Ω	100	200	300	400	500	600	700	800	900
U/V									
I/mA									

表 1.4.2 实际电压源测试数据表

R_2/Ω	100	200	300	400	500	600	700	800	900
U/V									
I/mA									

2. 测定电流源的外特性

按图 1.4.3 所示接线，I_S 为直流恒流源，调节电阻排 R_L（从 100 Ω 至 900 Ω），记录电压表和电流表的读数，填入表 1.4.3 中。

按图 1.4.4 所示接线，虚线框可模拟为一个实际的电流源，调节电阻排 R_L（从 100 Ω 至 900 Ω），记录电压表和电流表的读数，填入表 1.4.4 中。比较表 1.4.3 和表 1.4.4 中电流 I 的不同。

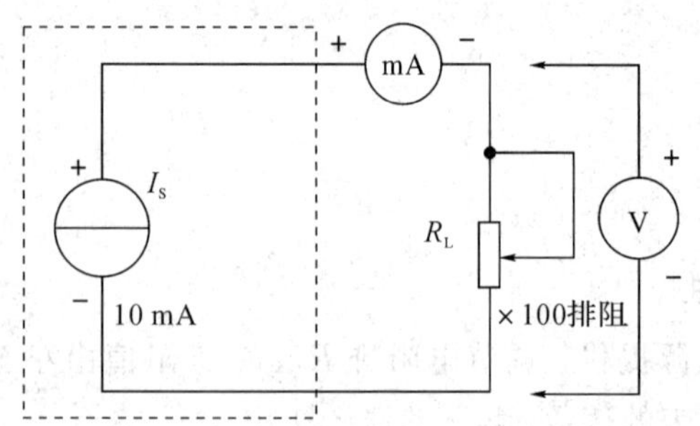

图 1.4.3 测定直流恒流源的外特性

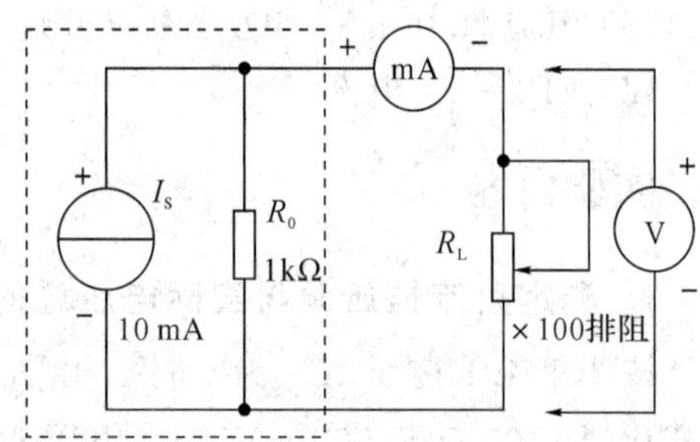

图 1.4.4 测定实际电流源的外特性

表 1.4.3 直流恒流源测试数据表

R_L/Ω	100	200	300	400	500	600	700	800	900
U/V									
I/mA									

表 1.4.4 实际电流源测试数据表

R_L/Ω	100	200	300	400	500	600	700	800	900
U/V									
I/mA									

3. 测定电源等效变换的条件

先按图 1.4.5(a)所示线路接线，在该电路中，U_S用恒压源 0 V～+30 V 可调电压输出端，并将输出电压调到+6 V，记录电流表、电压表的读数。然后按图 1.4.5(b)所示接线，调节恒流源的输出电流 I_S，使两表的读数与图 1.4.5(a)中的数值相等，记录 I_S 之值，验证等效变换条件的正确性。其中图 1.4.5(a)、1.4.5(b)中的内阻 R_S均为 51 Ω，负载电阻 R 均为 200 Ω。在图 1.4.5 中标注所测得的电流、电压值以及电流源的输出值。

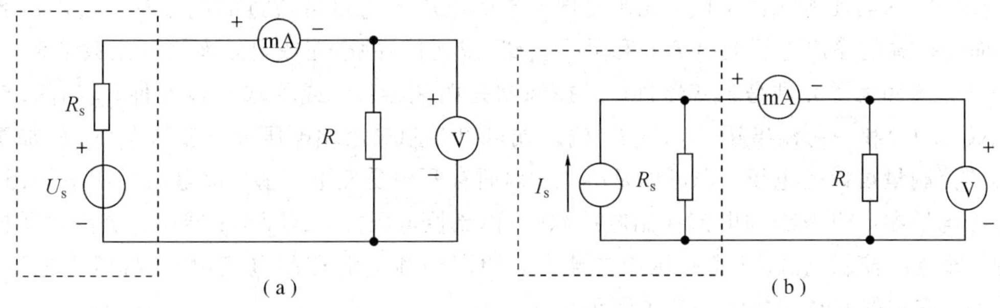

图 1.4.5 测定电源等效变换条件

六、实验注意事项

(1) 每次组装线路，必须事先断开供电电源，但不必关闭电源总开关。

(2) 用恒流源供电的实验中，不要使恒流源的负载开路。

(3) 直流仪表的接入应注意极性与量程。

七、思考题

(1) 通常直流恒压源的输出端不允许短路，直流恒流源的输出端不允许开路，为什么？

(2) 实际电压源与实际电流源的外特性为什么呈下降变化趋势？下降的快慢受哪个参数影响？恒压源和恒流源的输出在任何负载下是否保持恒值？

(3) 实际电压源与实际电流源等效变换的条件是什么？所谓等效，是对谁而言的？恒压源与恒流源能否等效变换？

1.5 受控源实验

一、理论知识预习要求

(1) 实验前应认真复习受控源的类型及基本电路参数的计算方法。

(2) 明确本次实验内容及实验步骤。

二、实验目的

(1) 加深对受控源的理解。

(2) 熟悉由运算放大器组成受控源电路的分析方法，了解运算放大器的应用。

(3) 掌握受控源特性的测量方法。

三、实验原理

受控源与独立源的不同点：独立源的电动势 E_S 或电激流 I_S 是某一固定的数值或是时间的某一函数，它不随电路其他部分的状态而变化。受控源的电动势或电激流则是随电路中另一支路的电压或电流变化而改变的一种电源。

受控源又与无源元件不同，无源元件两端的电压与它自身流过的电流有一定的函数关系，而受控源的输出电压或电流则和另一支路(或元件)的电流或电压有某种函数关系。

独立源和无源元件是二端器件，受控源则是四端器件，或称双端口元件，它有一对输入端(U_1、I_1)和一对输出端(U_2、I_2)。输入端可以控制输出端电压或电流的大小。施加于输入端的控制量可以是电压，也可以是电流，因而有两种受控电压源，即电压控制电压源(简称压控电压源，VCVS)和电流控制电压源(简称流控电压源，CCVS)；同样也有两种受控电流源，即电压控制电流源(简称压控电流源，VCCS)和电流控制电流源(简称流控电流源，CCCS)。它们的示意图如图 1.5.1 所示。

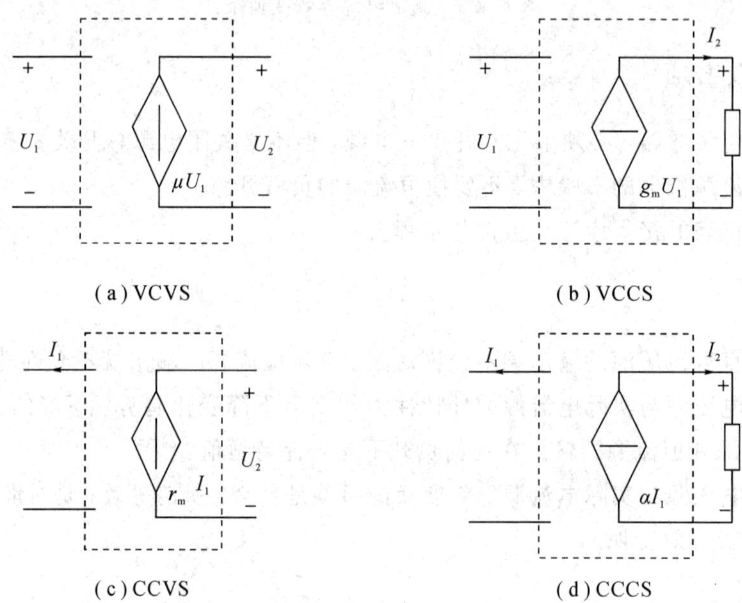

图 1.5.1 四种受控源示意图

当受控源的输出电压(或电流)与控制支路的电压(或电流)成正比变化时，则称该受控源是线性受控源。

理想受控源的控制支路中只有一个独立变量，即电压或者电流，另一个独立变量等于零，即从输入口看，理想受控源或是短路(即输入电阻 $R_1=0$，因而 $U_1=0$)或是开路(即输入电导 $G_1=0$，因而输入电流 $I_1=0$)；从输出口看，理想受控源或是一个理想电压源或是一个理想电流源。

受控源的控制端与受控端的关系式称为转移函数。四种受控源的转移函数参量的定义如下：

压控电压源(VCVS)：$U_2=f(U_1)$，$\mu=U_2/U_1$ 称为转移电压比(或电压增益)。

压控电流源(VCCS)：$I_2=f(U_1)$，$g_m=I_2/U_1$ 称为转移电导。

流控电压源(CCVS)：$U_2=f(I_1)$，$r_m=U_2/I_1$ 称为转移电阻。

流控电流源(CCCS)：$I_2=f(I_1)$，$\alpha=I_2/I_1$ 称为转移电流比(或电流增益)。

四、实验仪器

(1) 直流数字电压表、直流数字电流表。

(2) 恒压源(双路 0～30 V 可调)。

(3) 恒流源(0～500 mA 可调)。

(4) EEL－53 组件。

五、实验内容

1. 压控电压源(VCVS)特性测试

1) 测试 VCVS 的转移特性 $U_2=f(U_1)$

其实验线路如图 1.5.2 所示，不接电流表，保持 $R_L=1\ \text{k}\Omega$，调节恒压源输出电压 U_1(以电压表读数为准)，用电压表测量对应的输出电压 U_2值，将数据记入表 1.5.1 中，并在其线性部分求出转移电压比 μ，记入表 1.5.1 中。

表 1.5.1 VCVS 的转移特性测试数据表

U_1/V	0	1	1.5	2	2.5	3	3.5	4	μ
U_2/V									

2) 测试 VCVS 的负载特性 $U_2=f(R_L)$

接入电流表，保持 $U_1=2$ V，负载电阻 R_L用电阻箱，并调节其大小，用电压表和电流表测量对应的 U_2及 I_L值，记入表 1.5.2 中。

表 1.5.2 VCVS 的负载特性测试数据表

R_L/Ω	100	200	300	400	500	600	800	1000	2000	∞
U_2/V										
I_L/mA										

2. 压控电流源(VCCS)特性测试

1) 测试 VCCS 的转移特性 $I_L=f(U_1)$

其实验线路如图 1.5.3 所示，保持 $R_L=2\ \text{k}\Omega$，调节稳压电源的输出电压 U_1，用电流表测出对应的 I_L值，记入表 1.5.3 中，并由其线性部分求出转移电导 g_m，记入表1.5.3 中。

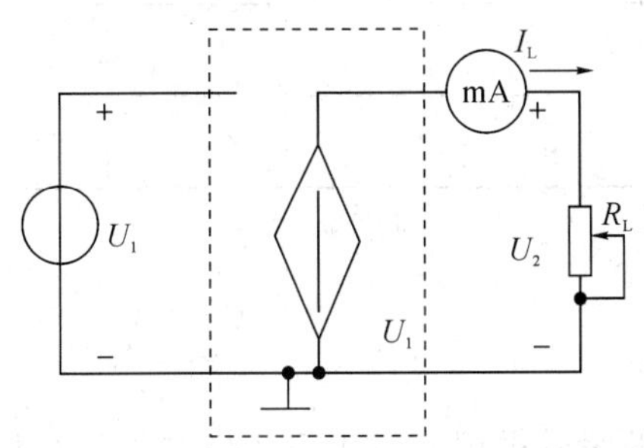

图 1.5.2 测试 VCVS 转移特性及负载特性

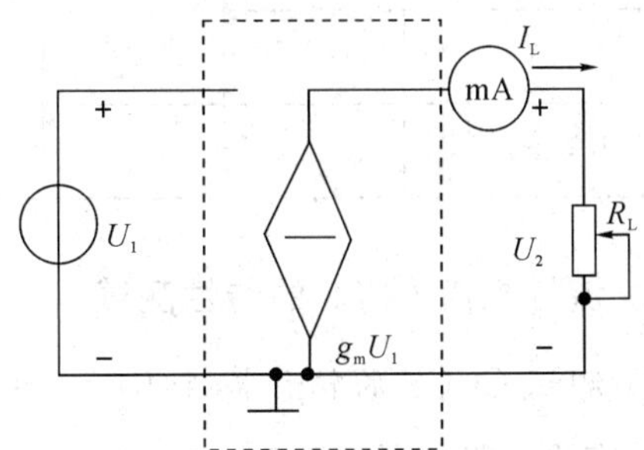

图 1.5.3 测试 VCCS 转移特性及负载特性

表 1.5.3 VCCS 的转移特性测试数据表

U_1/V	0.1	0.5	1.0	2.0	3.0	3.5	4.0	g_m
I_L/mA								

2）测试 VCCS 的负载特性 $I_L=f(R_L)$

保持 $U_1=2$ V，令 R_L从大到小变化，用电流表和电压表测出相应的 I_L及 U_2值，记入表 1.5.4 中。

表 1.5.4 VCCS 的负载特性测试数据表

R_L/kΩ	9	8	7	6	5	4	3	2	1
I_L/mA									
U_2/V									

3. 流控电压源(CCVS)特性测试

1）测试 CCVS 的转移特性 $U_2=f(I_1)$

其实验线路如图 1.5.4 所示，保持 $R_L=2$ kΩ，调节恒流源的输出电流 I_S为表 1.5.5 中所列值，用电压表测出对应的 U_2值，记入表 1.5.5 中，并由其线性部分求出转移电阻 r_m，记入表 1.5.5 中。

表 1.5.5 CCVS 的转移特性测试数据表

I_S/mA	0.0	0.05	0.1	0.15	0.2	0.25	0.3	0.35	0.4	r_m
U_2/V										

2）测试 CCVS 的负载特性 $U_2=f(R_L)$

保持 $I_S=0.2$ mA，按表 1.5.6 所列 R_L值，用电压表和电流表测出对应的 U_2及 I_L值，记入表 1.5.6 中。

表 1.5.6 CCVS 的负载特性测试数据表

R_L/kΩ	1	2	3	4	6	8	9
U_2/V							
I_L/mA							

4. 流控电流 CCCS 的特性测试

1）测试 CCCS 的转移特性 $I_L=f(I_1)$

其实验线路如图 1.5.5 所示，$R_L=2$ kΩ，将测量数据记入表 1.5.7 中并由其线性部分求出转移电流比 α，记入表 1.5.7 中。

表 1.5.7　CCCS 的转移特性测试数据表

I_S/mA	0	0.05	0.1	0.15	0.2	0.25	0.3	0.4	α
I_L/mA									

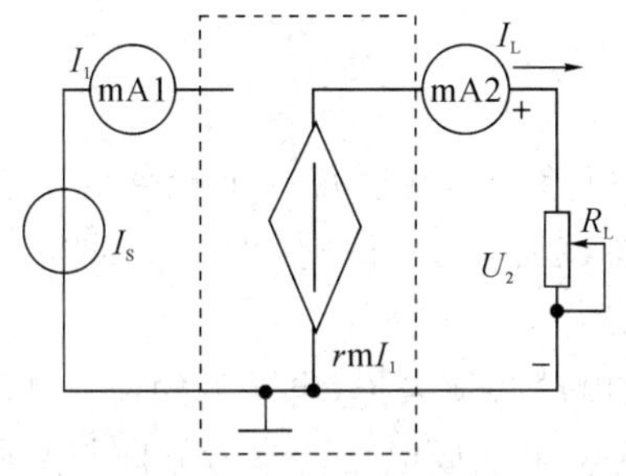

图 1.5.4　测试 CCVS 转移特性及负载特性

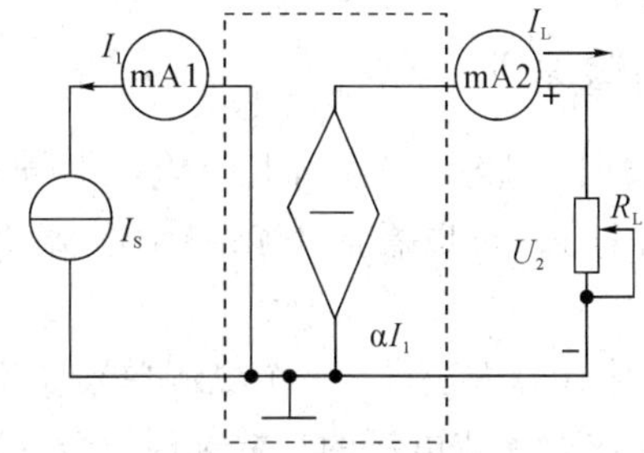

图 1.5.5　测试 CCCS 转移特性及负载特性

2）测试 CCCS 的负载特性 $I_L=f(R_L)$

保持 $I_1=0.2$ mA，负载电阻 R_L用电阻箱，并调节其大小，用电流表测量对应的输出电流 I_L值，将数据记入表 1.5.8 中。

表 1.5.8　CCCS 的负载特性测试数据表

R_L/Ω	100	200	300	500	800	1000	2000	3000	5000	9000
I_L/mA										
U_2/V										

六、实验注意事项

（1）在用恒流源供电的实验中，不允许恒流源开路。

（2）运算放大器输出端不能与地短路，输入端电压不宜过高(应小于 5 V)。

七、思考题

（1）什么是受控源？了解四种受控源的缩写、电路模型、控制量与被控量的关系。

（2）四种受控源中的转移参量 μ、g、r 和 β 的意义是什么？如何测量？

（3）若受控源控制量的极性反向，试问：其输出极性是否发生变化？

（4）如何由两个基本的 CCVC 和 VCCS 获得其他两个 CCCS 和 VCVS？它们的输入输出如何连接？

1.6　叠加原理的验证

一、理论知识预习要求

（1）复习叠加原理的具体内容。

(2) 明确本次实验内容及步骤。

二、实验目的

(1) 理解线性电路的叠加性。

(2) 掌握应用叠加原理时，对电源的处理方式。

三、实验原理

叠加原理指出：在有几个电源共同作用的线性电路中，通过每一个元件的电流或其两端的电压，可以看成由每一个电源单独作用时在该元件上所产生的电流或电压的代数和。

具体计算方法是：一个电源单独作用时，其他的电源必须去掉(电压源短路，电流源开路)；在求电流或电压的代数和时，当电源单独作用时，电流或电压的参考方向与共同作用时的参考方向一致时，符号取正，否则取负。

四、实验仪器

(1) 直流数字电压表、直流数字电流表。

(2) 恒压源(双路 0～30 V 可调)。

(3) EEL－53 组件。

五、实验内容

本实验电路如图 1.6.1 所示，图中的电源 U_{S1} 用恒压源 Ⅰ 路 0～＋30 V 可调电压输出端，并将输出电压调到＋6 V，U_{S2} 用恒压源 Ⅱ 路 0～＋30 V 可调电压输出端，并将输出电压调到＋12 V，开关 S_1、S_2、S_3 均拨到上侧。

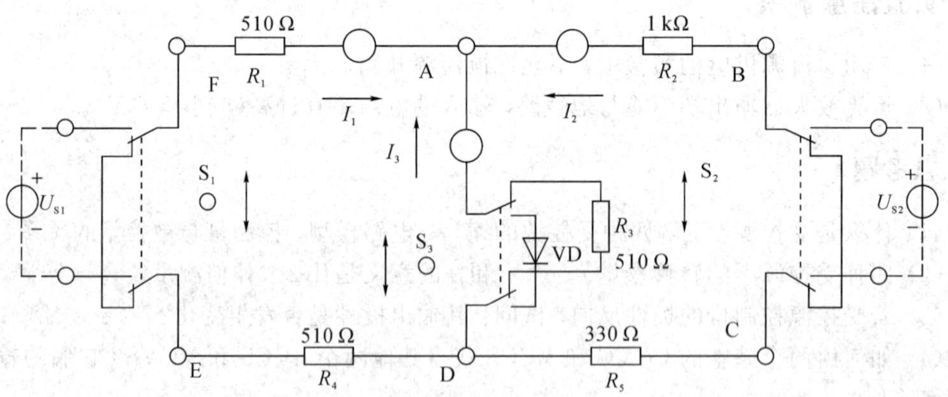

图 1.6.1　叠加原理实验电路图

分别在 U_{S1} 电源单独作用(U_{S2} 不作用，请将其从电路中移除，并用短路线代替该电源)、U_{S2} 电源单独作用(U_{S1} 不作用，请将其从电路中移除，并用短路线代替该电源)以及 U_{S1} 和 U_{S2} 共同作用时(两个电源均接入电路)，用电流表和电压表测量表 1.6.1 中的各个对应的电流、电压数据，并记入该表中。

表 1.6.1　叠加原理测量数据表 1

实验内容 \ 测量项目	U_{S1}/V	U_{S2}/V	I_1/mA	I_2/mA	I_3/mA	U_{R3}/V	U_{R4}/V	U_{R5}/V
U_{S1}单独作用	6							
U_{S2}单独作用		12						
U_{S1}、U_{S2}共同作用	6	12						
U_{S1}单独作用	12							

将图 1.6.1 中的电压源 U_{S2} 更换为电流源 I_{S2}，分别在 U_{S1} 电源单独作用(I_{S2} 不作用，请将其从电路中移除，即将其开路)、I_{S2} 电源单独作用(U_{S1} 不作用，请将其从电路中移除，并用短路线代替该电源)以及 U_{S1} 和 I_{S2} 共同作用时(两个电源均接入电路)，用电流表和电压表测量表 1.6.2 中的各个对应的电流、电压数据，并记入该表中。

表 1.6.2　叠加原理测量数据表 2

实验内容 \ 测量项目	U_{S1}/V	I_{S2}/mA	I_1/mA	I_2/mA	I_3/mA	U_{R3}/V	U_{R4}/V	U_{R5}/V
U_{S1}单独作用	6							
I_{S2}单独作用		12						
U_{S1}、I_{S2}共同作用	6	12						
U_{S1}单独作用	12							

六、实验注意事项

(1) 所有需要测量的电压值，均以电压表测量的读数为准，不得以电源表盘指示值为准。

(2) 防止电源两端输出碰线短路。

七、思考题

(1) 叠加原理中 U_{S1}、U_{S2} 分别单独作用时，在实验中应如何操作？可否将要去掉的电源(U_{S1} 或 U_{S2})直接短接？

(2) 实验电路中，若有一个电阻元件改为二极管，试问：叠加性还成立吗？为什么？

(3) 测量得到的实验数据，说明了叠加原理的哪些性质？

1.7　戴维南、诺顿定理的验证

一、理论知识预习要求

(1) 复习戴维南定理和诺顿定理的基本内容。

(2) 明确本次实验内容及实验步骤。

二、实验目的

(1) 通过实验来验证戴维南定理、诺顿定理的正确性，加深对等效电路概念的理解。

(2) 掌握测量有源二端网络等效参数的一般方法。

(3) 掌握根据电源外特性设计实际电源模型的方法。

三、实验原理

1. 戴维南定理和诺顿定理

戴维南定理指出：任何一个有源二端网络，如图 1.7.1(a)所示，总可以用一个电压源 U_S和一个电阻 R_S串联组成的实际电压源来代替，如图 1.7.1(b)所示，其中电压源 U_S等于这个有源二端网络的开路电压 U_{OC}，内阻 R_S等于该网络中所有独立电源均置零(电压源短接，电流源开路)后的等效电阻 R_o。

诺顿定理指出：任何一个有源二端网络，如图 1.7.1(a)，总可以用一个电流源 I_S和一个电阻 R_S并联组成的实际电流源来代替，如图 1.7.1(c)，其中电流源 I_S等于这个有源二端网络的短路电源 I_{SC}，内阻 R_S等于该网络中所有独立电源均置零(电压源短接，电流源开路)后的等效电阻 R_o。

U_S、I_S、R_S称为有源二端网络的等效参数。

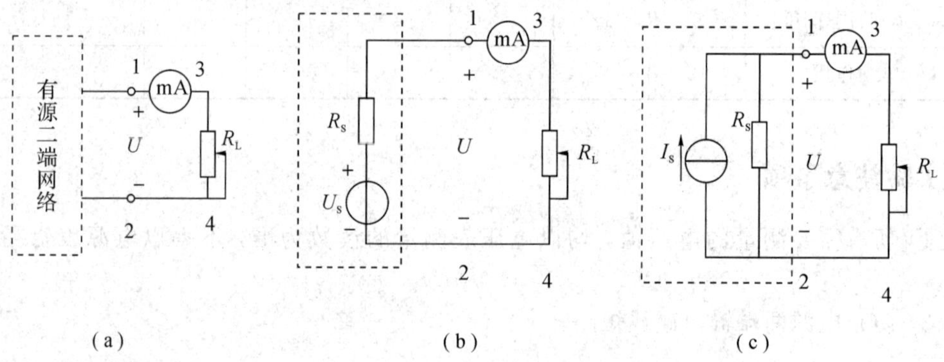

图 1.7.1 有源二端网络等效电路

2. 有源二端网络等效参数的测量方法

1) 开路电压、短路电流法

在有源二端网络输出端开路时，用电压表直接测其输出端的开路电压 U_{OC}，然后将其输出端短路，测其短路电流 I_{SC}，则内阻为

$$R_o = \frac{U_{OC}}{I_{SC}} \qquad (1.7-1)$$

若有源二端网络的内阻值很小，则不宜测其短路电流，可采用下面的方法。

2) 输入电阻法

将有源二端网络内部的电压源短路(将其从电路中移出，并用导线代替)，电流源开路

（将其从电路中移出），在其输出端用万用表测量其输入电阻，即为有源二端网络的等效内阻 R_o。

四、实验仪器

(1) 直流数字电压表、直流数字电流表。

(2) 恒压源(双路 0 V～30 V 可调)。

(3) 恒源流(0 mA～500 mA 可调)。

(4) EEL－53 组件。

(5) EEL－51 组件。

五、实验内容

1. 测试戴维南等效电路的等效参数

外(负载)电阻 R_L 为电阻排 0～900 Ω，被测有源二端网络如图 1.7.2 所示。在图 1.7.2 电路中接入恒压源 U_S＝12 V 和恒流源 I_S＝20 mA。

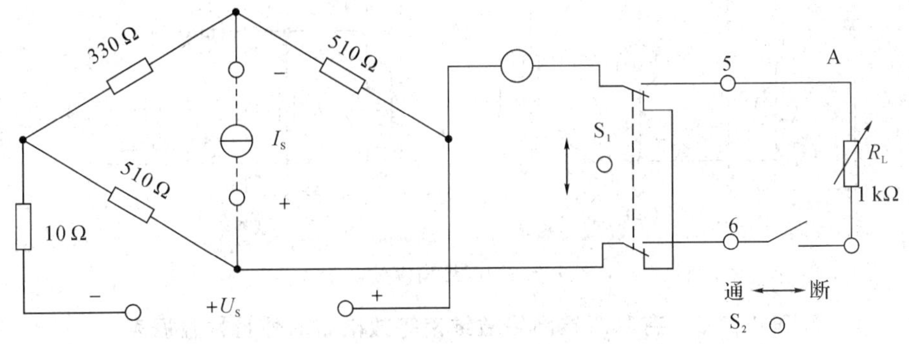

图 1.7.2　有源二端网络

测量开路电压 U_{OC} 方法：在图 1.7.2 所示电路中，将开关 S_1 拨到上方，在不接负载 R_L 的情况下，用电压表测量开路电压 U_{OC}（即端口 5、6 之间的电压），将测量数据记入表 1.7.1 中。

测量短路电流 I_{SC} 方法：在图 1.7.2 所示电路中，将开关 S_1 拨到上方，在不接负载 R_L 的情况下，用电流表测量短路电流 I_{SC}（即端口 5、6 之间的电流），将测量数据记入表 1.7.1 中，计算出戴维南等效电路的等效电阻 R_o，记入表 1.7.1 中。

表 1.7.1　有源二端网络外部伏安特性参数表

U_{OC}/V	I_{SC}/mA	$R_o=U_{OC}/I_{SC}$

2. 负载实验(测试有源二端网络的外特性)

在图 1.7.2 所示电路中，接入负载电阻 R_L（电阻排）并改变其阻值，逐点测量电阻排上的电压、电流，将测量数据记入表 1.7.2 中。

表 1.7.2　有源二端网络外特性的测试数据表

R_L/Ω	900	800	700	600	500	400	300	200	100
U/V									
I/mA									

3. 验证戴维南定理

测试有源二端网络等效电压源的外特性：图 1.7.3(a)所示电路是图 1.7.2 所示电路的戴维南等效电路，图中，电压源 U_S 用恒压源的可调稳压输出端，输出电压 U_S 值调整到表 1.7.1 中的 U_{OC} 数值(请用电压表将恒压源的输出调整至 U_{OC})，内阻 R_S 按表 1.7.1 中计算出来的 R_o(取整)选取固定值电阻。然后改变负载电阻排 R_L 的阻值，逐点测量电阻排上的电压、电流，将测量数据记入表 1.7.3 中，并与表 1.7.2 中的数据进行比较。

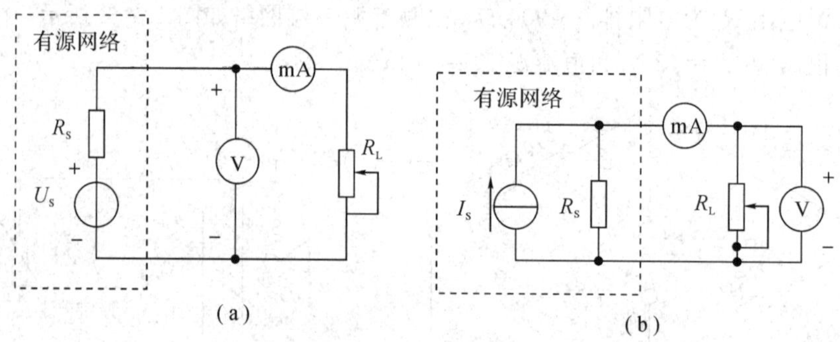

图 1.7.3　戴维南等效电路

表 1.7.3　有源二端网络戴维南等效电路的外特性数据表

R_L/Ω	900	800	700	600	500	400	300	200	100
U/V									
I/mA									

测试有源二端网络等效电流源的外特性：图 1.7.3(b)所示电路是图 1.7.2 所示电路的诺顿等效电路，图中，电流源 I_S 用恒流源，输出电流 I_S 值并调整到表 1.7.1 中的 I_{SC} 数值，内阻 R_S 按表 1.7.1 中计算出来的 R_o(取整)选取固定值电阻。然后改变负载电阻排 R_L 的阻值，逐点测量电阻排的电压、电流，将测量数据记入表 1.7.4 中，并与表 1.7.2 中的数据进行比较。

表 1.7.4　有源二端网络诺顿等效电路的外特性数据表

R_L/Ω	900	800	700	600	500	400	300	200	100
U/V									
I/mA									

六、实验注意事项

(1) 电流表串联在电路中应注意极性和量程，电压表在电路中并联测量时应注意极性和量程，以免损坏仪表。

(2) 每项实验完后必须先关闭直流稳压电源开关，然后要立即关断电源总开关。

(3) 每次连接完实验电路线路后必须经实验指导教师检查，检查无误后方可按实验步骤进行实验。

(4) 测量时，注意电流表量程的更换。

(5) 改接线路时，要关掉电源。电源用恒压源的可调电压输出端，其输出电压根据计算的电压源 U_S 数值进行调整，防止电源短路。

七、思考题

通过实验对比两种等效参数测量方法中求得的等效内阻。

1.8　最大功率传输条件的研究

一、理论知识预习要求

(1) 复习实际电压源、实际电流源的基本概念，端电压与负载电阻 R_L 的关系，输出功率与负载电阻 R_L 的关系，最大功率传输条件，阻抗匹配的概念，功率传输效率的计算方法。

(2) 明确本次实验内容及实验步骤。

二、实验目的

(1) 掌握负载获得最大传输功率的条件。

(2) 了解电源输出功率与效率的关系。

(3) 理解阻抗匹配、验证电源最大功率输出条件、输出功率与效率的关系。

(4) 掌握根据电源外特性设计实际电源模型的方法。

三、实验原理

1. 功率传输

电源向负载供电的电路如图 1.8.1 所示，图中 R_o 为电源内阻，R_L 为负载电阻。当电路电流为 I 时，负载 R_L 得到的功率为

$$P_L = I^2 R_L = \left(\frac{U_S}{R_o + R_L}\right)^2 \times R_L \qquad (1.8-1)$$

可见，当电源 U_S 和 R_o 确定后，负载得到的功率大小只与负载电阻 R_L 有关。

令 $\frac{dP_L}{dR_L}=0$，解得 $R_L=R_o$ 时，负载得到最大功率为

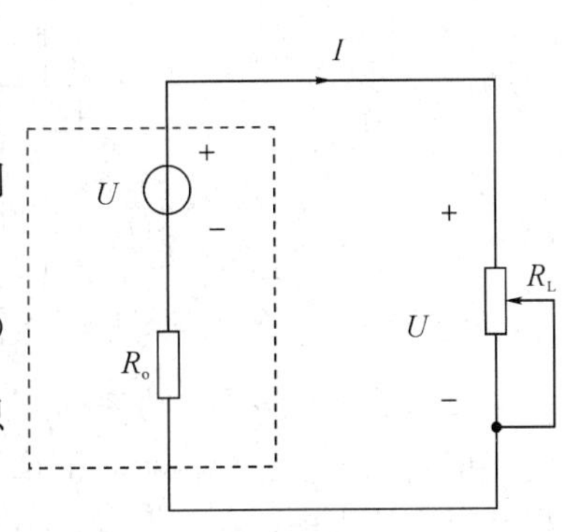

图 1.8.1　功率传输电路

$$P_L = P_{Lmax} = \frac{U_S^2}{4R_o} \tag{1.8-2}$$

因此，当满足 $R_L = R_o$ 时，负载从电源获得最大功率，这时，称此电路处于匹配工作状态，即电源的内阻抗(或内电阻)与负载阻抗(或负载电阻)相等时，负载可以得到最大功率。也就是说，最大功率传输的条件是供电电路必须满足阻抗匹配。负载得到最大功率时电路的效率为

$$\eta = \frac{P_L}{U_S I} = 50\% \tag{1.8-3}$$

实验中，负载得到的功率可用电压表、电流表测量计算得到。

2. 匹配电路的特点及应用

在电路处于匹配工作状态时，电源本身要消耗一半的功率。此时电源的效率只有50%。显然，这对电力系统的能量传输过程是绝对不允许的。发电机的内阻是很小的，电路传输的最主要指标是要高效率传输电能量，最好是100%的功率均传送给负载。为此，负载电阻应远大于电源的内阻，即不允许运行在匹配状态。在电子技术领域里却完全不同。一般的信号源本身功率较小，且都有较大的内阻。负载电阻(如扬声器等)往往是较小的定值，而且希望能从电源获得最大的功率输出，因此电源的效率往往不予考虑。通常做法是设法改变负载电阻，或者在信号源与负载之间加阻抗变换器(如音频功放的输出级与扬声器之间的输出变压器)，使电路处于匹配工作状态，以使负载能获得最大的输出功率。

四、实验设备

(1) 直流数字电压表、直流数字电流表。

(2) 恒压源(双路 0 V～30 V 可调)。

(3) EEL-51 组件。

五、实验内容

(1) 按图 1.8.2 所示接线，负载 R_L 取自电阻排。

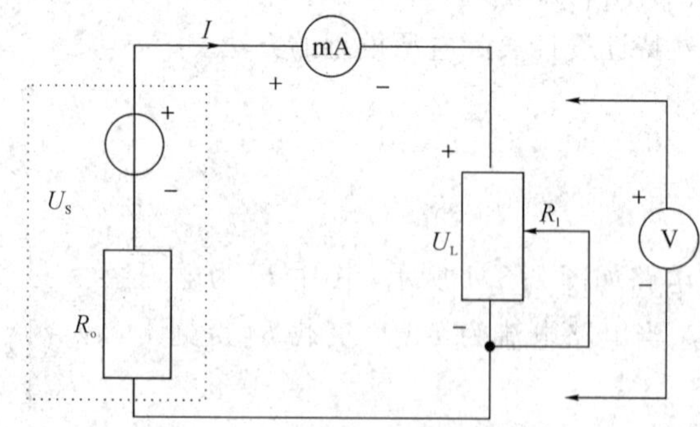

图 1.8.2　功率测量电路

(2) 测量电路传输功率。

按表 1.8.1 所列内容，在 R_L 取不同值时，用电压表和电流表分别测出 U_L 及 I 的值，将数据记入该表中。表中 P_S 为恒压源的输出功率，U_L、P_L 分别为 R_L 二端的电压和功率，I 为电路的电流。

表 1.8.1　电路传输功率数据表

$U_S=6$ V $R_o=200\ \Omega$	R_L/Ω	50	100	150	200	250	300	350	400	450
	U_L/V									
	I/mA									
	P_S/mW									
	P_L/mW									
	$\eta\%$									
$U_S=12$ V $R_o=510\ \Omega$	R_L/Ω	100	200	300	400	500	600	700	800	900
	U_L/V									
	I/mA									
	P_S/mW									
	P_L/mW									
	$\eta\%$									

六、实验注意事项

对于电源用恒压源的可调电压输出端，实验时要注意保持其输出电压值恒定不变。

七、思考题

(1) 什么是阻抗匹配？电路传输最大功率的条件是什么？
(2) 电力系统进行电能传输时，为什么不能工作在匹配工作状态？
(3) 电源电压的变化对最大功率传输的条件有无影响？

1.9　典型周期性电信号的观察和测量

一、理论知识预习要求

(1) 复习电路中信号的最大值和有效值的关系。
(2) 理解实验目的、明确实验内容及实验步骤。

二、实验目的

(1) 加深理解周期性信号的有效值和平均值的概念，学会计算有效值，平均值的方法。
(2) 了解几种周期性信号(正弦波、矩形波、三角波)的有效值、平均值和幅值的关系。
(3) 掌握信号源的使用方法。

三、实验原理

正弦波、矩形波、三角波都属于周期性信号，假设各波形的幅值为 U_m，周期为 T。用有效值表示周期性信号的大小(作功能力)，平均值 U_V 表示周期性信号在一个周期里平均起来的大小，本实验是取波形绝对值的平均值，它们都与幅值有一定关系。

1. 正弦波电压有效值、平均值的计算

设正弦波电压 $u=U_m\sin\omega t$，则有效值为

$$U=\sqrt{\frac{1}{T}\int_0^T u^2\mathrm{d}t}=\sqrt{\frac{1}{T}\int_0^T U_m^2\sin^2\omega t\,\mathrm{d}(\omega t)}=\frac{U_m}{\sqrt{2}}=0.707U_m \qquad (1.9-1)$$

正弦波电压的平均值为零，若按正弦波电压绝对值(即全波整流波形)计算，则平均值为

$$U_V=\frac{1}{T/2}\int_0^{\frac{T}{2}}u\mathrm{d}t=\frac{1}{T/2}\int_0^{\frac{T}{2}}U_m\sin\omega t\,\mathrm{d}(\omega t)=\frac{4U_m}{T}=\frac{2U_m}{\pi}=0.636U_m \qquad (1.9-2)$$

2. 矩形波电压有效值、平均值的计算

矩形波有效值等于电压的方均根，由于电压波形对称，因此只需计算半个周期即可，则有效值为

$$U=\sqrt{\frac{1}{T/2}\int_0^{\frac{T}{2}}U_m^2\mathrm{d}t}=\sqrt{\frac{U_m^2}{T/2}\times t\Big|_0^{\frac{T}{2}}}=U_m \qquad (1.9-3)$$

矩形波平均值取波形绝对值的平均值，同样，只计算半个周期即可，则平均值为

$$U_V=\frac{U_m\times\frac{T}{2}}{T/2}=U_m \qquad (1.9-4)$$

3. 三角波电压有效值、平均值的计算

三角波由于波形对称，在四分之一个周期里，三角波电压 $u=\frac{4U_m}{T}\times t$，则有效值为

$$U=\sqrt{\frac{1}{T/4}\int_0^{\frac{T}{4}}u^2\mathrm{d}t}=\sqrt{\frac{4}{T}\int_0^{\frac{T}{4}}\frac{4^2U_m^2}{T^2}\times t^2\mathrm{d}t}=\sqrt{\frac{4^3U_m^2}{T^3}\int_0^{\frac{T}{4}}t^2\mathrm{d}t}$$

$$=\frac{U_m}{\sqrt{3}}=0.577U_m \qquad (1.9-5)$$

三角波平均值取波形绝对值的平均值，同样，只计算四分之一个周期即可，则平均值为

$$U_V=\frac{\left(U_m\times\frac{T}{4}\right)/2}{T/4}=\frac{U_m}{2}=0.5U_m \qquad (1.9-6)$$

四、实验仪器

(1) 示波器(自备)。

(2) 信号源。

五、实验内容

1. 观测正弦波的波形和幅值

(1) 将信号源的“波形选择”开关置于正弦波信号位置上；

(2) 将信号源的信号输出端与示波器连接；

(3) 接通信号源电源，调节信号源的频率旋钮(包括“频段选择”开关、“频率粗调”和“频率细调”旋钮)，使输出信号的频率为 1 kHz(由频率计读出)，调节输出信号的“幅值调节”旋钮，使信号源输出峰峰值为 2 V，并用示波器观察波形；

(4) 按下示波器上的“Measure/Auto”按键，从示波器上读出正弦波的参数，并记录在表 1.9.1 中；

表 1.9.1　正弦波波形参数记录表

幅值/V	周期/s	频率/Hz	有效值/V

(5) 按下示波器上的“Cursor”按键，选择屏幕上对应的选项，测量正弦波的参数，并记录在表 1.9.2 中。

表 1.9.2　正弦波波形测量数据记录表

$u_{max}-u_{min}$	$t(u_{max})-t(u_{min})$	$t(1/2u_{max})-t(u=0)$

2. 观测矩形波的波形和幅值

将信号源的“波形选择”开关置于矩形波信号位置上，重复上述步骤。

3. 观测三角波的波形和幅值

将信号源的“波形选择”开关置于三角波信号位置上，重复上述步骤。

六、思考题

写出用示波器测量波形上两点间电压、时间的步骤。

1.10　*RC* 一阶电路的响应测试

一、理论知识预习要求

(1) 复习一阶电路的三种响应，以及响应的特点。

(2) 理解实验目的、明确实验内容及实验步骤。

二、实验目的

(1) 研究 RC 一阶电路的零输入响应、零状态响应和全响应的规律和特点。

(2) 学习一阶电路时间常数的测量方法，了解电路参数对时间常数的影响。

(3) 掌握微分电路和积分电路的基本概念。

三、实验原理

1. RC 一阶电路的零状态响应

RC 一阶电路如图 1.10.1 所示，开关 S 在 1 的位置时，$U_C=0$，处于零状态，当开关 S 合向 2 的位置时，电源通过 R 向电容 C 充电，$U_C(t)$称为零状态响应，则有

$$U_C = U_S - U_S e^{-\frac{t}{\tau}} \tag{1.10-1}$$

U_C 变化曲线如图 1.10.2 所示，当 U_C上升到 $0.632U_S$ 所需要的时间称为时间常数 τ，$\tau=RC$。

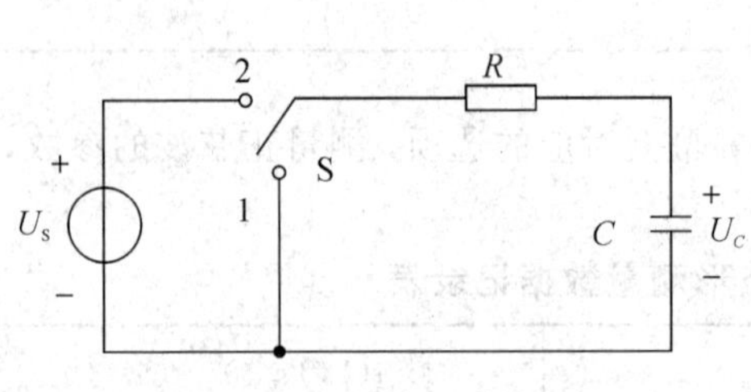

图 1.10.1 零状态响应电路

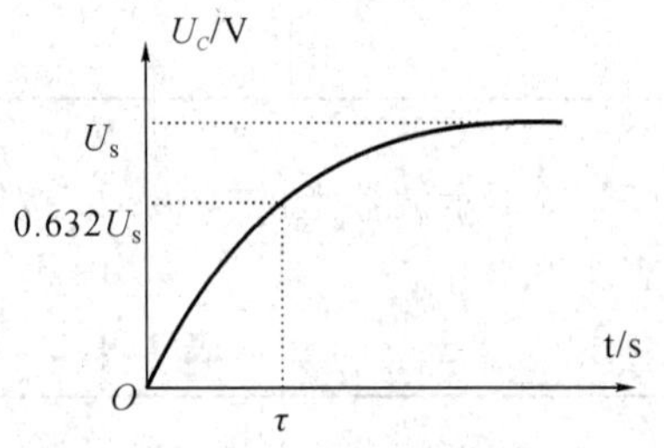

图 1.10.2 零状态响应曲线

2. RC 一阶电路的零输入响应

在图 1.10.1 中，开关 S 在 2 的位置，电路稳定后，再合向 1 的位置时，电容 C 通过 R 放电，$U_C(t)$称为零输入响应，则有

$$U_C = U_S e^{-\frac{t}{\tau}} \tag{1.10-2}$$

电容放电曲线如图 1.10.3 所示，当 U_C下降到 $0.368U_S$ 所需要的时间称为时间常数 τ，则有

$$\tau = RC \tag{1.10-3}$$

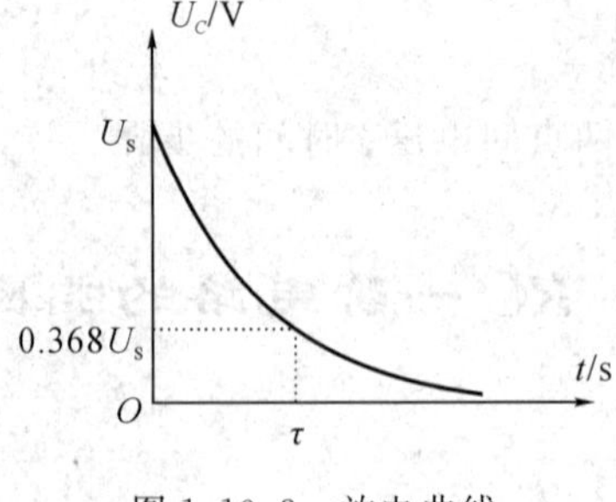

图 1.10.3 放电曲线

3. 测量 RC 一阶电路时间常数 τ

图 1.10.1 所示电路的上述暂态过程很难观察，为了用普通示波器观察电路的暂态过程，需采用图 1.10.4 所示的周期性方波 U_S作为电路的激励信号，方波信号的周期为 T，只

要满足$\frac{T}{2} \geqslant 5\tau$，便可在示波器的荧光屏上形成稳定的响应波形。

测量RC一阶电路时间常数τ具体方法为：电阻R、电容C串联后与方波发生器的输出端连接，调节信号源的频率，用双踪示波器观察电容电压U_C，便可观察到稳定的指数曲线，如图1.10.5所示，在荧光屏上测得电容电压最大值$U_{Cm}=\mathrm{a(cm)}$，取$\mathrm{b}=0.632\mathrm{a(cm)}$，与指数曲线交点对应时间$t$轴的$x$点，该电路的时间常数$\tau$为x点到电容电压最小值$O$点之间的距离。

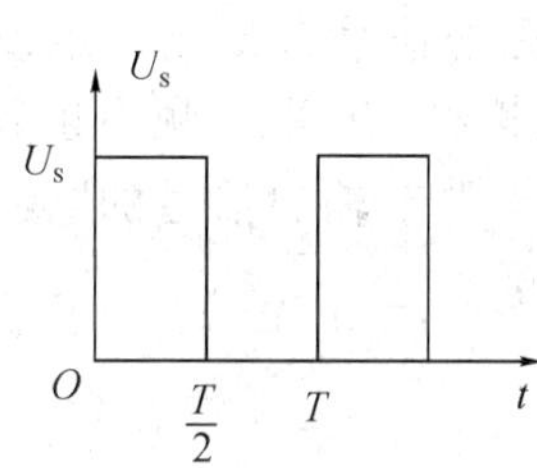

图1.10.4　周期性方波

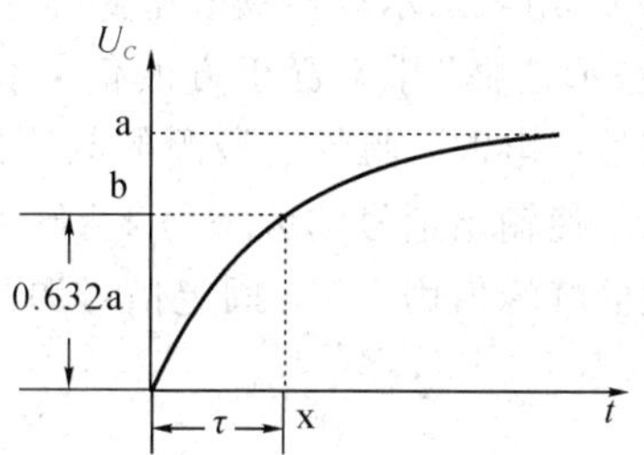

图1.10.5　稳定的指数曲线

4. 微分电路和积分电路

方波信号U_S作用于电阻R、电容C串联电路中，当满足电路时间常数τ远远小于方波周期T的条件时，电阻两端(输出)的电压U_R与方波输入信号U_S呈微分关系，$U_R \approx RC\frac{\mathrm{d}U_S}{\mathrm{d}t}$，该电路称为微分电路。当满足电路时间常数$\tau$远远大于方波周期$T$的条件时，电容$C$两端(输出)的电压$U_C$与方波输入信号$U_S$呈积分关系，$U_C \approx \frac{1}{RC}\int U_S \mathrm{d}t$，该电路称为积分电路。

微分电路和积分电路的输出、输入关系如图1.10.6中(a)、(b)所示。

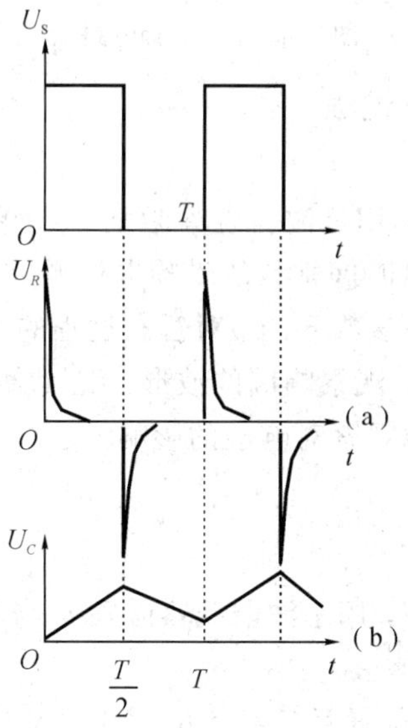

图1.10.6　输入、输出曲线

四、实验仪器

(1) 双踪示波器(自备)。

(2) 信号源(方波输出)。

(3) EEL－52 组件。

五、实验内容

实验电路如图 1.10.7 所示，图中电阻 R、电容 C 从 EEL－52 组件上选取(请看懂线路板的走线，认清激励与响应端口所在的位置；认清 R、C 元件的布局及其标称值，各开关的通断位置等)，用双踪示波器观察电路激励(方波)信号和响应信号。U_S为方波输出信号，将信号源的“波形选择”开关置于方波信号位置上，将信号源的信号输出端与示波器探头连接，接通信号源电源，调节信号源的频率旋钮(包括“频段选择”开关、“频率粗调”和“频率细调”旋钮)，使输出信号的频率为 1 kHz(由频率计读出)，调节输出信号的“幅值调节”旋钮，使方波的峰峰值为 2 V，固定信号源的频率和幅值不变。

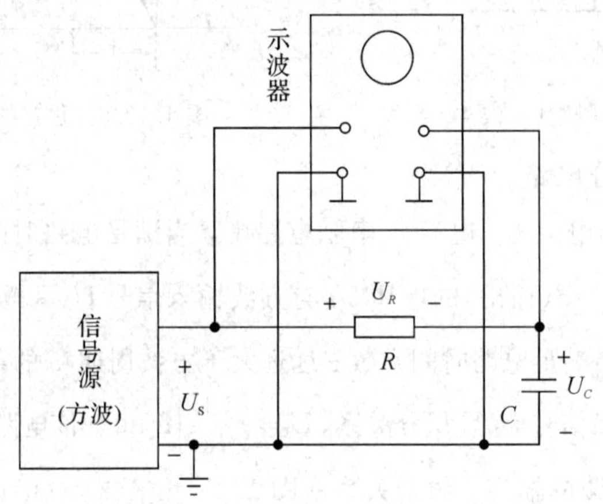

图 1.10.7 实验电路图

1. *RC* 一阶电路的充、放电过程

(1) 测量时间常数 τ。

令 $R=10\ \text{k}\Omega$，$C=0.01\ \mu\text{F}$，用示波器观察激励 u_S与响应 u_C的变化规律，测量并记录时间常数 τ(根据实验原理中测量时间常数的步骤进行测量)。

(2) 观察时间常数 τ(即电路参数 R、C)对暂态过程的影响。

令 $R=10\ \text{k}\Omega$，$C=0.01\ \mu\text{F}$，观察响应的波形，继续增大 C(取 $0.01\ \mu\text{F}\sim0.1\ \mu\text{F}$)或增大 R(取 10 kΩ、20 kΩ)，定性地观察对响应的影响。

2. 微分电路和积分电路

(1) 积分电路。

令 $R=100\ \text{k}\Omega$，$C=0.01\ \mu\text{F}$，用示波器观察激励 u_S与响应 u_C的变化规律。

(2) 微分电路。

将实验电路中的 R、C 元件位置互换，令 $R=100\ \Omega$，$C=0.01\ \mu\text{F}$，用示波器观察激励 U_S与响应 U_R的变化规律。

六、实验注意事项

(1) 调节电子仪器各旋钮时，动作不要过猛。实验前，需要熟读双踪示波器的使用说

明，特别是观察双踪时，要特别注意开关、旋钮的操作与调节以及示波器探头的地线不允许同时接不同电势。

(2) 信号源的接地端与示波器的接地端要连在一起(称共地)，以防外界干扰而影响测量数据的准确性。

七、思考题

(1) 用示波器观察 RC 一阶电路零输入响应和零状态响应时，为什么激励信号源必须是方波信号？

(2) 已知 RC 一阶电路的 $R=10\ \mathrm{k\Omega}$，$C=0.01\ \mu\mathrm{F}$，试计算时间常数 τ，并根据 τ 值的物理意义，拟定测量 τ 的方案。

(3) 在 RC 一阶电路中，当 R、C 的大小变化时，对电路的响应有何影响？

(4) 何谓积分电路和微分电路？它们必须具备什么条件？它们在方波激励下，其输出信号波形的变化规律如何？这两种电路有何功能？

1.11 正弦交流电路的测量

一、理论知识预习要求

(1) 复习电阻 R、电感 L、电容 C 在交流电路中串、并联的有关知识；理解感抗、容抗、阻抗与频率的关系。

(2) 理解实验目的、明确实验内容及实验步骤。

二、实验目的

(1) 通过实验进一步加深对 R、L、C 元件在正弦交流电路中基本特性的认识。

(2) 研究 R、L、C 元件在串联电路中总电压和各个电压之间的关系。

(3) 观察 R、L、C 元件在并联电路中总电流和各支路电流之间的关系。

三、实验原理

1. 电阻 R 元件

线性电阻元件 R 在交流电路中，其电压和电流的正方向如图 1.11.1 所示。两者的关系由欧姆定律确定，即 $U=IR$。

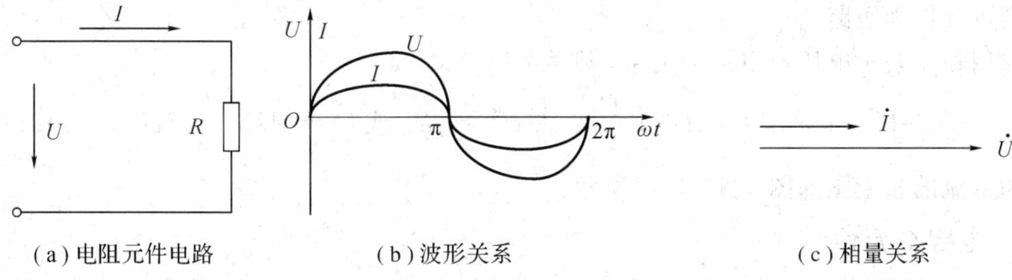

(a) 电阻元件电路　　(b) 波形关系　　(c) 相量关系

图 1.11.1　电阻元件在交流电路中电压与电流波形及相量图

若选择电流经过零值并向正值增加的瞬间作为计时起点($t=0$)，即设 $I=I_{\mathrm{m}}\sin\omega t$，为参考正弦量，则 $U=IR=I_{\mathrm{m}}R\sin\omega t=U_{\mathrm{m}}\sin\omega t$。在电阻元件的交流电路中，电流和电压是同相的，电压与电流的正弦波形如图 1.11.1(b)所示。

在电阻元件电路中，电压的幅值(或有效值)与电流的幅值(或有效值)之比值，就是电阻 R。如用相量表示电压和电流，则 $\dot{U}=U\mathrm{e}^{\mathrm{j}0°}$，$\dot{I}=I\mathrm{e}^{\mathrm{j}0°}$；$\dfrac{\dot{U}}{\dot{I}}=\dfrac{U}{I}\mathrm{e}^{\mathrm{j}0°}=R$ 或 $\dot{U}=\dot{I}R$，此即欧姆定律的相量表示，电压和电流的相量图如图 1.11.1(c)所示。

2. 电感 L 元件

一个线性电感元件与正弦电源连接的电路如图 1.11.2(a)所示。假定这个线圈只有电感 L，当电感线圈中通过交流电流 I 时，其中产生自感电动势为 E_L。设电流 I、电动势 E_L 和电源电压 U 的正方向如图 1.11.2(a)所示。

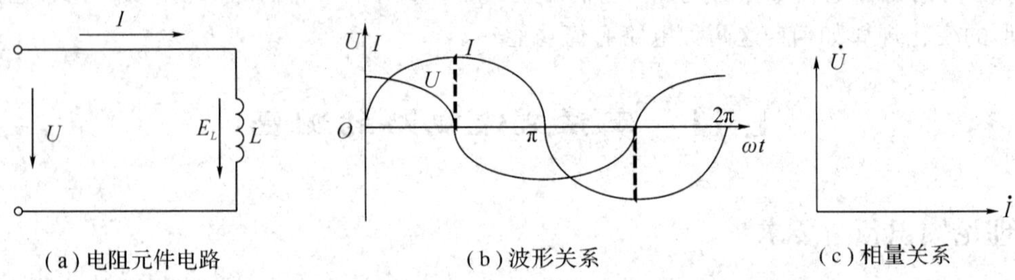

(a) 电阻元件电路　　(b) 波形关系　　(c) 相量关系

图 1.11.2　电感元件 L 的交流电路、电压与电流正弦波形及相量图

根据基尔霍夫电压定律，即

$$U=E_L=L\frac{\mathrm{d}I}{\mathrm{d}t}\tag{1.11-1}$$

设电流为参考正弦量，即 $I=I_{\mathrm{m}}\sin\omega t$，则 $U=L\dfrac{\mathrm{d}(I_{\mathrm{m}}\sin\omega \mathrm{t})}{\mathrm{d}t}=I_{\mathrm{m}}\omega L\cos\omega t=I_{\mathrm{m}}\omega L\sin(\omega t+90°)=U_{\mathrm{m}}\sin(\omega t+90°)$也是一个同频率的正弦量。电压 U 和电流 I 的正弦波形如图 1.11.2(b)所示。

在电感元件电路中，电压的幅值(或有效值)与电流的幅值(或有效值)比值为 ωL。当电压 U 一定时，ωL 愈大，则电流 I 愈小，所以电感元件对交流起阻碍作用，ωL 称为感抗，用 X_L 代表，即

$$X_L=\omega L=2\pi fL$$

感抗 X_L 与电感 L、频率 f 成正比。因此，电感线圈对高频电流的阻碍作用很大，而对直流则可视作为短路。

如用相量表示电压与电流的关系，则为

$$\dot{U}=U\mathrm{e}^{\mathrm{j}0°},\ \dot{I}=I\mathrm{e}^{\mathrm{j}0°};\ \frac{\dot{U}}{\dot{I}}=\frac{U}{I}\mathrm{e}^{\mathrm{j}0°}=\mathrm{j}X_L\ \text{或}\ \dot{U}=\mathrm{j}\dot{I}X_L=\mathrm{j}\dot{I}\omega L\tag{1.11-2}$$

电压和电流的相量图如图 1.11.2(c)所示。

3. 电容 C 元件

一个线性电容元件 C 与正弦电源联接电路图 1.11.3(a)所示，电路中的电流 I 和电容器两端的电压 U 的正方向如图中所示。

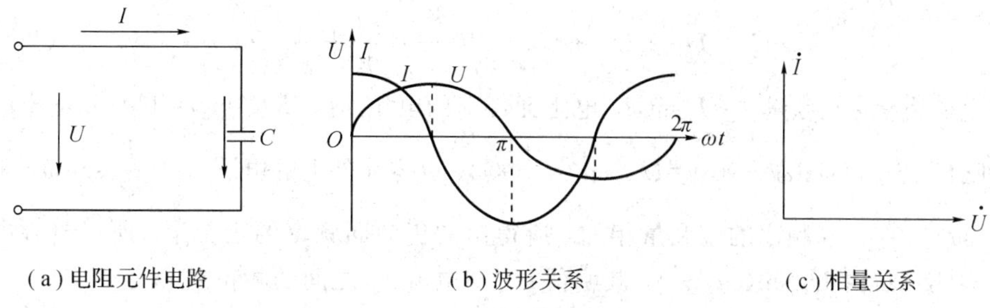

(a)电阻元件电路　　(b)波形关系　　(c)相量关系

图 1.11.3　电容元件 C 的交流电路、电压与电流正弦波形相量图

当电压发生变化时，电容器极板上的电量也要随着发生变化，在电路中就引起电流

$$I=\frac{\mathrm{d}q}{qt}=C\frac{\mathrm{d}U}{\mathrm{d}t} \tag{1.11-3}$$

如果在电容器的两端加一正弦电压 $U=U_{\mathrm{m}}\sin\omega t$，则 $I=C\dfrac{\mathrm{d}(U_{\mathrm{m}}\sin\omega t)}{\mathrm{d}t}=U_{\mathrm{m}}\omega C\cos\omega t=U_{\mathrm{m}}\omega C\sin(\omega t+90^\circ)=I_{\mathrm{m}}\sin(\omega t+90^\circ)$也是一个同频率的正弦量。在电容元件电路中，电流相位比电压越前 90°($\varphi=90^\circ$)，电压和电流的正弦波形如图 1.11.3(b)所示。在电容元件电路中，电压的幅值(或有效值)与电流的幅值(或有效值)之比值为$\dfrac{1}{\omega C}$。当电压 U 一定时，$\dfrac{1}{\omega C}$愈大，则电流 I 愈小，这种对电流起阻碍作用的物理性质，称为容抗，用 X_C 表示，即 $X_C=\dfrac{1}{\omega C}=\dfrac{1}{2\pi fC}$容抗 X_C 与电容 C、频率 f 成反比。这是因为电容器的容量愈大时，在同样的电压下，电容器所容纳的电量就愈多，因而电流愈大。当频率愈高时，电容器的充电与放电就进行的愈快，在同样电压下，单位时间内电荷的移动量就愈多，因而电流愈大。电容元件有隔断直流的作用。用相量表示电压与电流的关系，则为

$$\dot{U}=U\mathrm{e}^{\mathrm{j}0^\circ},\ \dot{I}=I\mathrm{e}^{\mathrm{j}0^\circ};\ \dot{U}=-\mathrm{j}\dot{I}X_C=-\mathrm{j}\frac{\dot{I}}{\omega C}=\frac{\dot{I}}{\mathrm{j}\omega C}\quad 或\quad \frac{\dot{U}}{\dot{I}}=\frac{U}{I}\mathrm{e}^{-\mathrm{j}0^\circ}=-\mathrm{j}X_C \tag{1.11-4}$$

4. 电阻 *R*、电感 *L*、电容 *C* 元件串联

电阻 R、电感 L、电容 C 元件串联的交流电路如图 1.11.4(a)所示。电路的各元件通过同一电流，电流与各个电压的正方向如图 1.11.4(a)所示。

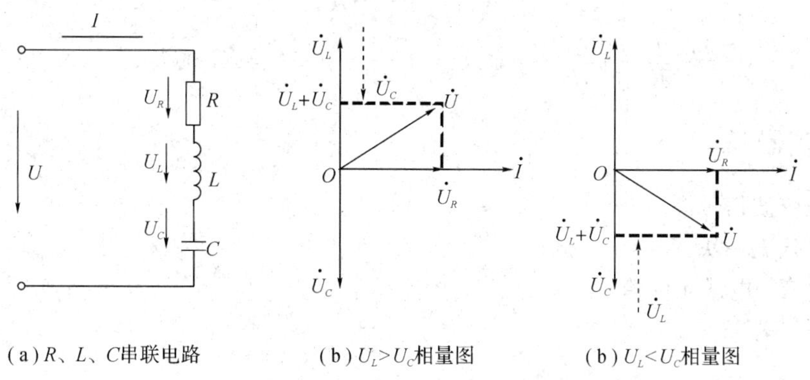

(a)R、L、C串联电路　　(b)$U_L>U_C$相量图　　(b)$U_L<U_C$相量图

图 1.11.4　电阻 R、电感 L、电容 C 元件串联电路及相量图

根据基尔霍夫电压定律可列出：

$$U = U_R + U_L + U_C = IR + L\frac{dI}{dt} + \frac{1}{C}\int I dt \qquad (1.11-5)$$

设电流为参考正弦量 $I=I_m \sin\omega t$，电阻元件上的电压 $U_R = RI_m \sin\omega t = U_{Rm}\sin\omega t$ 电感元件上的电压 $U_L = I_m \omega L \sin(\omega t + 90°) = U_{Lm}\sin(\omega t + 90°)$，电容元件上的电压 $U_C = \frac{I_m}{\omega C}\sin(\omega t - 90°) = U_{Cm}\sin(\omega t - 90°)$，同频率的正弦量相加，所得出的仍为同频率的正弦量。所以电源电压为 $U = U_R + U_L + U_C = U_m \sin(\omega t + \varphi)$，其幅值 U_m 与电流 I_m 之间的相位差 φ 为

$$\varphi = \arctan\frac{U_{Lm} - U_{Cm}}{U_{Rm}} = \arctan\frac{X_L - X_C}{R}$$

如用向量表示电压与电流关系，则为

$$\dot{U} = \dot{U}_R + \dot{U}_L + \dot{U}_C = \dot{I}R + j\dot{I}X_L - j\dot{I}X_C = \dot{I}[R + (X_L - X_C)] \qquad (1.11-6)$$

5. 电阻 *R*、电感 *L*、电容 *C* 元件并联电路

R、L、C 元件并联的交流电路如图 1.11.5(a)所示。设已知电压为 $U=\sqrt{2}U_m \sin\omega t$，则根据基尔霍夫电流定律 $I = I_R + I_L + I_C$。

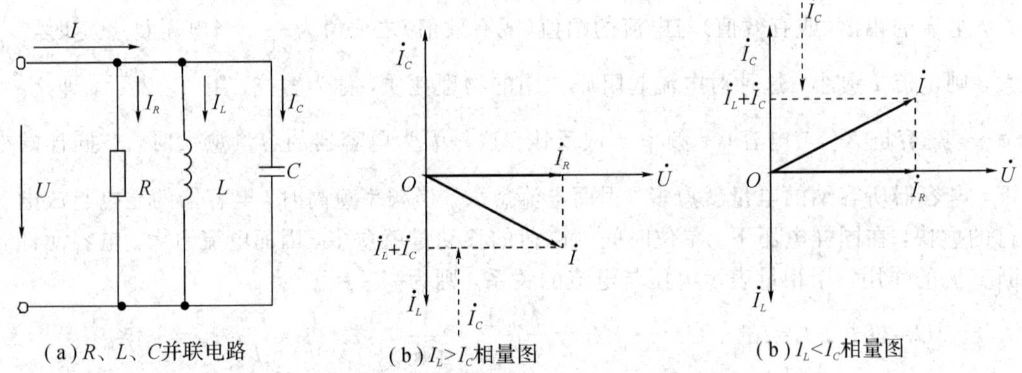

图 1.11.5　电阻 R、电感 L、电容 C 元件并联电路及相量图

若用相量表示，见图 1.11.5(b)、(c)所示，且有相量关系：

$$\dot{I} = \dot{I}_R + \dot{I}_L + \dot{I}_C = \frac{\dot{U}}{R} + \frac{\dot{U}}{j\omega L} + \frac{\dot{U}}{\frac{1}{j\omega C}} = \frac{\dot{U}}{R} - j\frac{\dot{U}}{\omega L} + j\omega C\dot{U}$$

$$= \left(\frac{1}{R} - j\frac{1}{\omega L} + j\omega C\right)\dot{U} = \left[\frac{1}{R} - j\left(\frac{1}{\omega L} - \omega C\right)\right]\dot{U} \qquad (1.11-7)$$

四、实验仪器

(1) 正弦波信号源。

(2) 毫伏表一块。

(3) 电容、电感元件箱。

(4) 导线若干。

五、实验内容

R、L、C 在正弦交流电路中的特性见图 1.11.6 所示，其中 $R=510\ \Omega$，$L=9\ \text{mH}$，$C=$

0.1 μF，R_o=1 Ω。实验用正弦波信号源，交流毫伏表，频率计由实验台提供。

1. *R*、*L*、*C* 元件的特性

(1) 根据图 1.11.6(a)进行接线，然后打开电源、信号源模块和交流毫伏表模块。

(2) 调节信号源的输出频率为 2 kHz，输出电压 U 为 3 V(利用交流毫伏表测量)，测量电阻 R_0上的电压，并填入表格 1.11.1 中。

(3) 改变信号源的输出频率为 10 kHz、20 kHz，输出电压 U 保持 3 V 不变(利用交流毫伏表测量)，测量电阻 R_o上的电压，并填入表格 1.11.1 中。

(4) 将电阻 R 依次用图 1.11.6(b)、(c)中的电感和电容代替，测量电阻 R_o上的电压，并填入表格 1.11.1 中(注意每次测量 R_o上的电压前，都需用交流毫伏表测量信号源的输出电压，确保其保持在 3 V 不变)。

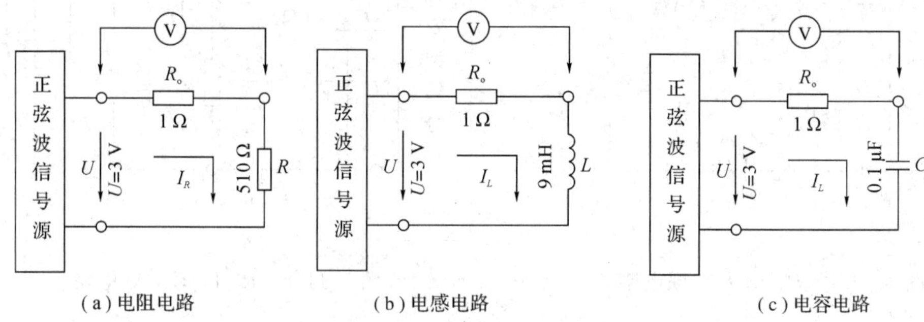

(a) 电阻电路　(b) 电感电路　(c) 电容电路

图 1.11.6　R、L、C 特性实验电路

表 1.11.1　*R*、*L*、*C* 元件特性计算电流及阻值表

元件 \ 频率 f		2 kHz	10 kHz	20 kHz
R=510 Ω	U_{R_o}/mV			
	I_R/mV			
	R/Ω			
L=9 mH	U_{R_o}/mV			
	I_L/mV			
	X_L/Ω			
C=0.1 μF	U_{R_o}/mV			
	I_C/mV			
	X_C/Ω			
$I_R=\dfrac{U_{R_o}}{R_o}=\dfrac{U_{R_o}(\text{V})}{1(\Omega)}$ $R=R$		$I_L=\dfrac{U_{R_o}}{R_o}=\dfrac{U_{R_o}(\text{V})}{1(\Omega)}$ $X_L=2\pi fL$		$I_C=\dfrac{U_{R_o}}{R_o}=\dfrac{U_{R_o}(\text{V})}{1(\Omega)}$ $X_C=\dfrac{1}{2\pi fC}$

2. *R*、*L*、*C* 元件串联特性

(1) 按图 1.11.7 接线，电阻 R 取 510 Ω，电感 L 取 9 mH，电容 C 取 0.1 μF。

(2) 调节信号源的输出频率为 20 kHz，输出电压 U 为 3 V(利用交流毫伏表测量)，通过交流毫伏表测量表 1.11.2 中各值，其中电流 I 通过测量电阻 R_o 上的电压求解得到。

3. R、L、C 元件并联特性

(1) 按图 1.11.8 所示接线，电阻 R 取 510 Ω，电感 L 取 9 mH，电容 C 取 0.1 μF。

(2) 调节信号源的输出频率为 20 kHz，输出电压 U 为 3 V(利用交流毫伏表测量)，表 1.11.3 中电流 I 通过测量电阻 R_o 上的电压求解得到，其余电流值与表 1.11.1 中对应频率值电流相同。

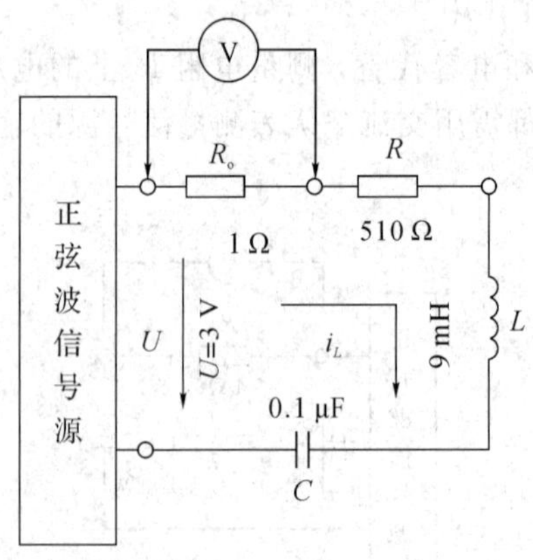

图 1.11.7　R、L、C 串联电路

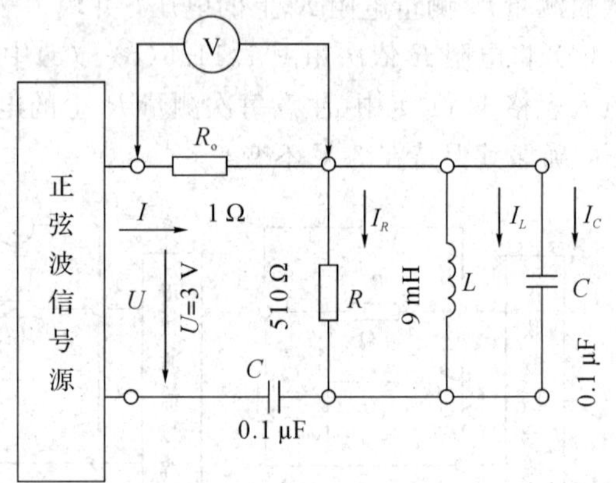

图 1.11.8　R、L、C 并联电路

表 1.11.2　R、L、C 串联电压测量表

频率 f / 电压 U	20 k/Hz
U_R/V	
U_L/V	
U_C/V	
U/V	
电流 I/A	

表 1.11.3　R、L、C 并联电流测量表

频率 f / 电流 I	20 k/Hz
I_R/A	
I_L/A	
I_C/A	
I/A	
电压 U/V	

六、实验注意事项

(1) 每做一个实验内容之后，必须关闭正弦波信号源开关，再拆线。

(2) 在每一次改变正弦波信号源频率之后，都要调整正弦波信号源的输出电压，通过观察输出电压表的指示，保证正弦波信号源输出电压有效值为 3 V 不变。

七、思考题

(1) 电感的感抗 X_L、电容的容抗 X_C 的大小，在交流电路与哪些因素有关?

(2) R、L、C 元件在串联电路中，用相量及有效值分别写出总电压 U 与各元件电压之

间的关系式。

(3) R、L、C 元件在并联电路中，用相量及有效值分别写出总电流 I 与各元件电流之间的关系式。

1.12　功率因数的研究

一、理论知识预习要求

(1) 复习电阻、电感、电容在交流电路中电压、功率的有关知识，理解功率因数的概念，掌握提高功率因数的意义和方法。

(2) 理解实验目的、明确实验内容及实验步骤。

二、实验目的

(1) 研究提高电感性负载功率因数的方法和意义；掌握日光灯电路的工作原理及电路的连接方法。

(2) 通过日光灯电路的功率因数改善，熟悉功率因数表的使用方法，了解负载性质对功率因数的影响，掌握改善电感性负载电路功率因数的方法。

(3) 通过测量电路的有功功率，掌握功率表的使用方法；熟悉、掌握使用交流仪表和自耦调压器。

(4) 进一步加深对相位差等概念的理解。

三、实验原理

1. 日光灯电路及工作原理

日光灯电路主要由日光灯管、整流器、启辉器等元件组成，(如采用电子整流器就不需要启辉器)电路图如图 1.12.1 所示。

日光灯电路实质上是一个电阻与电感的串联电路。当然，整流器本身并不是一个纯电感元件，而是一个电感和等效电阻相串联的元件。

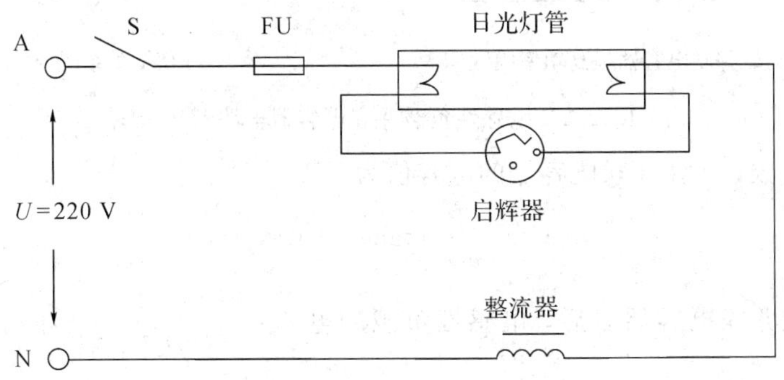

图 1.12.1　日光灯电路

2. 功率因数的提高

供电系统由电源(发电机或变压器)通过输电线路向负载供电。负载通常有电阻负载，如白炽灯、电阻加热器等，也有电感性负载，如电动机、变压器、线圈等，一般情况下，这两种负载会同时存在。由于电感性负载有较大的感抗，因而功率因数较低。

若电源向负载传送的功率 $P=UI\cos\varphi$，当功率 P 和供电电压 U 一定时，功率因数 $\cos\varphi$ 越低，线路电流 I 就越大，从而增加了线路电压降和线路功率损耗。若线路总电阻为 R_L，则线路电压降和线路功率损耗分别为 $\Delta U_L=IR_L$ 和 $\Delta P_L=I^2R_L$；另外，负载的功率因数越低，表明无功功率就越大，电源就必须用较大的容量和负载电感进行能量交换，电源向负载提供有功功率的能力就必然下降，从而降低了电源容量的利用率。因而，为提高供电系统的经济效益和供电质量，必须采取措施提高电感性负载的功率因数。

提高电感性负载功率因数的方法为：在负载两端并联适当数量的电容器，使负载的总无功功率 $Q=Q_L-Q_C$ 减小，在传送的有功率功率 P 不变时，使得功率因数提高，线路电流减小；当并联电容器的 $Q_C=Q_L$ 时，总无功功率 $Q=0$，此时功率因数 $\cos\varphi=1$，线路电流 I 最小；若继续并联电容器，将导致功率因数下降，线路电流增大，这种现象称为过补偿。

负载功率因数可以用三表法测量电源电压 U、负载电流 I 和功率 P，用公式 $\lambda=\cos\varphi=\dfrac{P}{UI}$ 计算。

本实验的电感性负载用铁芯线圈（日光灯整流器）电源用 220 V 交流电经自耦调压器调压供电。按照供电规则规定，高压供电的工业企业的平均功率因数不低于 0.95，其他单位功率因数不低于 0.9。

提高功率因数，常用的方法就是在电感性负载上并联电容器，其电路图和相量图分别如图 1.12.2(a)、(b)所示。

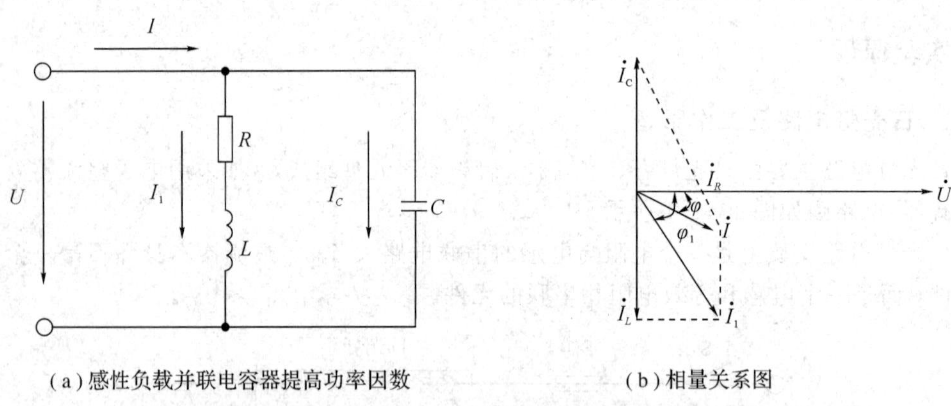

(a) 感性负载并联电容器提高功率因数　　(b) 相量关系图

图 1.12.2　电感性负载并联电容器电路及相量图

提高功率因数，计算并联电容器的电容值为

$$C=\frac{P}{\omega U^2}(\tan\varphi_1-\tan\varphi)$$

在电感性负载上并联电容器以后，电感性负载的电流 $I_1=\dfrac{U}{\sqrt{R^2+X_L^2}}$ 和功率因数 $\cos\varphi_1=\dfrac{R}{\sqrt{R^2+X_L^2}}$ 均未变化，这是因为所加电压和负载参数没有变化。但是电源电压 U 和线路电流 I 之间的相位差变小了，即 $\cos\varphi$ 变大了。提高功率因数是指提高电源或电网的功率因数，而不是指提高某个电感性负载的功率因数。

在电感性负载上并联电容器以后，减少了电源与负载之间的能量交换。这时电感性负载的无功功率大部分或全部由电容器供给，也就是说能量的互换现在主要或完全发生在电感负载与电容器之间，因而使电源容量能得到充分利用。

其次，由相量图可见，在电感性负载上并联电容器以后线路电流减少了(电流相量相加)，因而减小了功率损耗。应该注意，并联电容器以后有功功率并未改变，因为电容器是不消耗电能的。应该指出的是，在实际生产中，并不要求将功率因数 $\cos\varphi$ 提高到 0.99，因为这样做需要采用较大电容值的电容器，这将增加设备投资，从而带来的经济效果并不显著。

四、实验仪器

(1) 交流电压表 0 V～500 V、电流表 0 A～5 A、功率表。

(2) 自耦调压器(输出交流可调电压)。

(3) 电容器，电流插头，30 W 日光灯。

五、实验内容

1. 日光灯电路的连接

按图 1.12.3 所示的日光灯电路图，在老师的指导下进行接线，加电后观察日光灯是否发光。

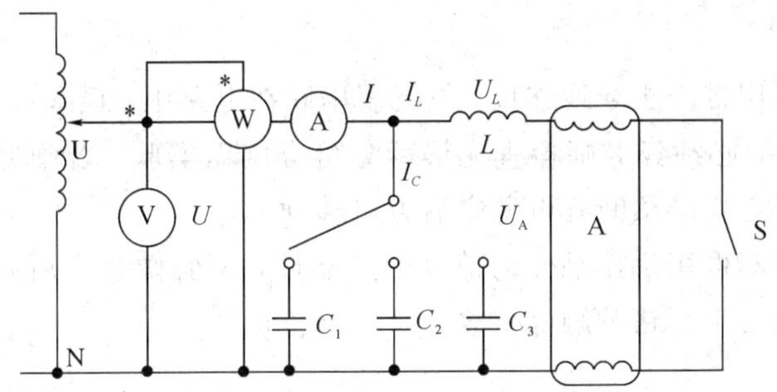

图 1.12.3 日光灯电路图

2. 功率因数的改善

按图 1.12.3 所示连接实验电路，经指导老师检查后，按下电源开关，调节变压器使得 U_{UN}=220 V，从小到大增加电容容值，接通电源，记录不同电容值时的功率表、功率因数表、电压表和电流表的读数，并记入表 1.12.1 中。

表 1.12.1 提高感性负载功率因数实验数据

$C/\mu F$	P/W	U/V	U_C/V	U_L/V	U_A/V	I/A	I_C/A	I_L/A	$\lambda=\cos\varphi$
0									
0.47									
1									
1.47									

续表

$C/\mu F$	P/W	U/V	U_C/V	U_L/V	U_A/V	I/A	I_C/A	I_L/A	$\lambda=\cos\varphi$
2.2									
2.67									
3.2									
3.67									
4.3									
4.77									
5.3									
6.5									
7.5									

实验完毕，先关闭电路 S 开关，再关闭总电源开关，然后把电路连线拆除。

六、实验注意事项

(1) 交流电流表用带插头导线连接，电流表串联在电路中，插拔插头应注意安全。

(2) 线路接完后，必须经老师检查无误后方可合闸做实验。合闸之后不允许用手动任何设备及仪表，如有必要必须断开电源之后方可移动。

(3) 实验进行中不得用手接触任何带电金属器件，实验做完之后必须首先关闭电源开关后才能拆线，以免发生短路及触电事故。

七、思考题

(1) 为了提高电路的功率因数，常在电感性负载上并联电容器。此时增加了一条电流支路，试问电路的总电流是增大还是减小？此时电感性负载上的电流和功率是否改变？

(2) 提高线路功率因数为什么只采用并联电容器法，而不用串联法？

(3) 并联电容器后，功率表的功率 P(即有功功率)有无变化？

(4) 提高功率因数是提高负载本身的功率因数还是电源(或电网)的功率因数？

1.13　*R*、*L*、*C* 谐振电路的研究

一、理论知识预习要求

(1) 复习电阻、电感、电容在交流电路中串、并联的有关知识、改变电路的参数可以使电路发生谐振的条件、电路的品质因数的概念。

(2) 理解实验目的、明确实验内容及实验步骤。

二、实验目的

(1) 加深理解电路发生谐振的条件、特点及其测定方法。

(2) 熟练使用信号源、频率计和交流毫伏表。

三、实验原理

在图 1.13.1 所示的 R、L、C 串联电路中，当正弦交流信号源的频率 f 改变时，电路中的感抗、容抗随之而变，电路中的电流也随 f 而变。取电阻 R 上的电压 U_o 作为响应，当输入电压 U_i 的幅值维持不变时，在不同频率的信号激励下，测量出 U_o 的值，然后以 f 为横坐标，以 U_o/U_i 为纵坐标(因 U_i 不变，故也可直接以 U_o 为纵坐标)，绘出光滑的曲线，此即为幅频特性曲线，亦称谐振曲线，如图 1.13.2 所示。

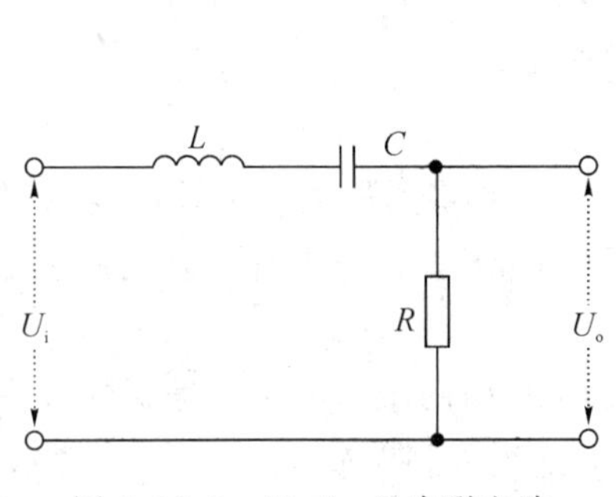

图 1.13.1　R、L、C 串联电路

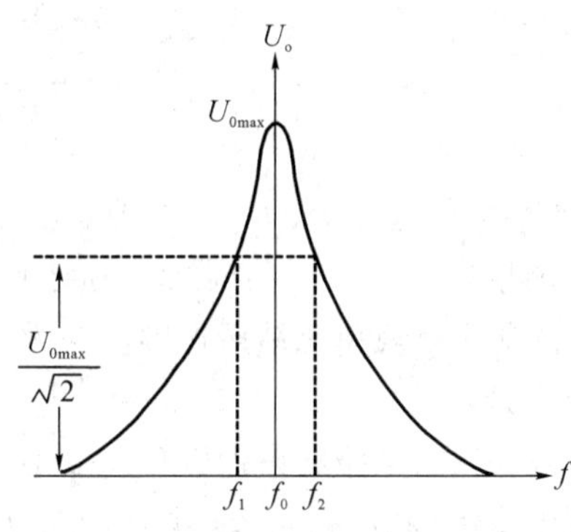

图 1.13.2　谐振曲线

在 $f=f_0=\dfrac{1}{2\pi\sqrt{LC}}$ 处，即幅频特性曲线尖峰所在的频率点称为谐振频率(f_0)。此时 $X_L=X_C$，电路呈纯阻性，电路阻抗的模为最小。在输入电压幅值 U_i 为定值时，电路中的电流达到最大值，且与输入电压 U_i 同相位。从理论上讲，此时 $U_i=U_R=U_0$，$U_L=U_C=QU_i$，式中的 Q 称为电路的品质因数。

电路品质因数 Q 值的两种测量方法：一是根据公式 $Q=\dfrac{U_L}{U_o}=\dfrac{U_C}{U_o}$ 测定，U_C 与 U_L 分别为谐振时电容器 C 和电感线圈 L 上的电压；另一方法是通过测量谐振曲线的通频带宽度 $\Delta f=f_2-f_1$，再根据 $Q=\dfrac{f_0}{f_2-f_1}$ 求出 Q 值。式中 f_0 为谐振频率，f_2 和 f_1 是失谐时，亦即输出电压的幅度下降到最大值的 $1/\sqrt{2}$ (=0.707)时的上、下频率点。Q 值越大，曲线越尖锐，通频带越窄，电路的选择性越好。在恒压源供电时，电路的品质因数、选择性与通频带只决定于电路本身的参数，而与信号源无关。

四、实验仪器

(1) 信号源(含频率计)。

(2) 交流毫伏表、函数信号发生器、双踪示波器、谐振电路实验电路板。

(3) EEL-51、EEL-52。

五、实验内容

(1) 按图 1.13.3 所示连接监视、测量电路。

用交流毫伏表测电压，用示波器监视信号源输出，设置信号源输出电压幅值 U_i 为 4 V。

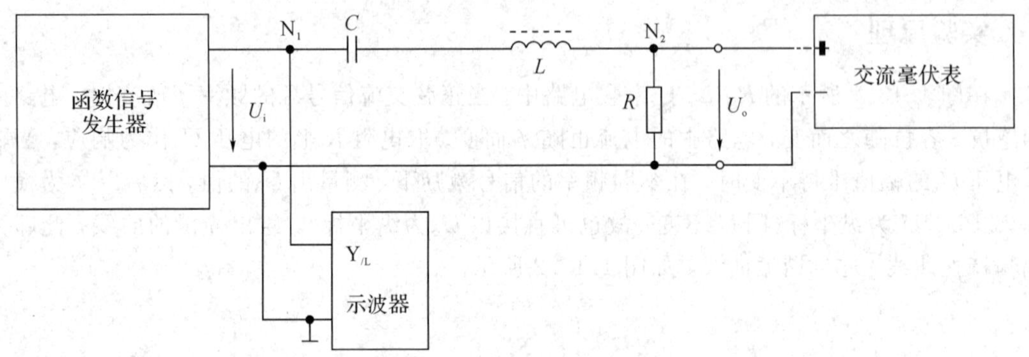

图 1.13.3　监视、测量电路

(2) 自行选择 R、L、C 的值。

测量在 R、L、C 不同组合情况下，电路的谐振频率 f_0，并将测量数据记录在表 1.13.1 中，根据测量规律总结谐振频率与 R、L、C 取值的关系(测量数据组数自定，以能够总结出规律为宜)。

注： 找出电路的谐振频率 f_0 方法是：将交流毫伏表接在 R 两端，调整信号源的频率由小逐渐变大(利用频段选择切换到更大输出频率范围时，注意保持频率增大的连续性)，当交流毫伏表的读数 U_o 为最大时，读得频率计上的频率值即为电路的谐振频率 f_0。

表格 1.13.1　谐振点测试数据表

R/Ω																
L/mH																
C/μF																
f_0/Hz																

六、实验注意事项

(1) 在谐振点附近，电压变换较快，应使用频率细调旋钮调整频率值。

(2) 切换频段时，要保证频率调节的连续性。

七、思考题

(1) 根据谐振频率的公式，计算表格中对应的谐振频率值，并比较测量值与计算值。

(2) 改变实验电路中的哪些参数可以使电路发生谐振？电路中 R 的数值是否影响谐振频率值？

1.14　三相交流电路的测量

一、理论知识预习要求

(1) 复习三相电源和负载的连接方法；理解线电压与相电压、线电流与相电流的关系，三相负载的对称与不对称的概念。

(2) 复习二瓦特表法测量三相电路有功功率的原理；复习一瓦特表法测量三相对称负载有功功率的原理；理解负载的功率因数的概念。

(3) 理解实验目的、明确实验内容、所用设备及实验步骤。

二、实验目的

(1) 练习三相负载的星形连接和三角形连接；了解三相电路线电压与相电压，线电流与相电流之间的关系。

(2) 了解三相四线制供电系统中的中线作用。

(3) 学会用功率表测量三相电路功率的方法，掌握功率表的接线和使用方法。

(4) 熟悉功率因数表的使用方法和三相电路功率的测量。

三、实验原理

1. 三相供电电路电压、电流的测量

电源用三相四线制向负载供电，三相负载可接成星形(又称 Y 形)或三角形(又称△形)。当三相对称负载作 Y 形连接时，线电压 U_L 是相电压 U_P 的 $\sqrt{3}$ 倍，线电流 I_L 等于相电流 I_P，即 $U_L=\sqrt{3}U_P$，$I_L=I_P$，流过中线的电流 $I_N=0$。作△形连接时，线电压 U_L 等于相电压 U_P，线电流 I_L 是相电流 I_P 的 $\sqrt{3}$ 倍，即：$I_L=\sqrt{3}I_P$，$U_L=U_P$。

不对称三相负载作 Y 连接时，必须采用 Y_O 接法，中线必须牢固连接，以保证三相不对称负载的每相电压等于电源的相电压(三相对称电压)。若中线断开，会导致三相负载电压的不对称，致使负载轻的那一相的相电压过高，使负载容易损坏；负载重的那一相相电压又过低，使负载不能正常工作。对于不对称负载作△连接时，I_L 不等于 $\sqrt{3}I_P$，但只要电源的线电压 U_L 对称，加在三相负载上的电压仍是对称的，对各相负载工作没有影响。

2. 三相功率的测量

(1) 三相四线制供电，负载星形连接(即 Y 接法)。

对于三相不对称负载，用三个单相功率表测量，测量电路如图 1.14.1 所示，三个单相功率表的读数为 W_1、W_2、W_3，则三相功率 $P=W_1+W_2+W_3$，这种测量方法称为三瓦特表法。

对于三相对称负载，用一个单相功率表测量即可，若功率表的读数为 W，则三相功率 $P=3\ W$，称为一瓦特表法。

(2) 三相三线制供电，负载星形连接。

三相三线制供电系统中，不论三相负载是否对称，也不论负载是 Y 接法还是△接法，

都可用二瓦特表法测量三相负载的有功功率。测量电路如图 1.14.2 所示，若两个功率表的读数为 W_1、W_2，则三相功率 $P=W_1+W_2=U_L I_L\cos(30°-\varphi)+U_L I_L\cos(30°+\varphi)$，其中 φ 为负载的阻抗角(即功率因数角)，两个功率表的读数与 φ 有下列关系：

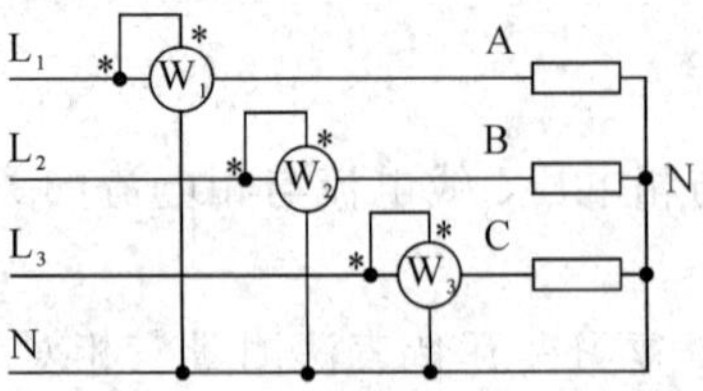

图 1.14.1　三个单相功率表测量

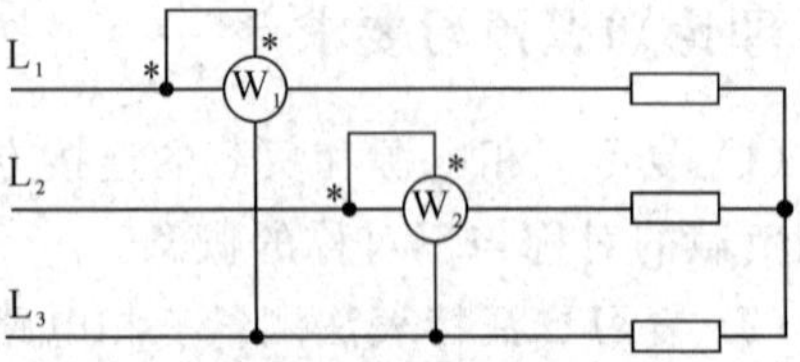

图 1.14.2　二瓦特表法测量三相负载的有功功率

① 当负载为纯电阻，$\varphi=0$，$W_1=W_2$，即两个功率表读数相等。

② 当负载功率因数 $\cos\varphi=0.5$，$\varphi=\pm60°$，将有一个功率表的读数为零。

③ 当负载功率因数 $\cos\varphi<0.5$，$|\varphi|>60°$，则有一个功率表的读数为负值，该功率表指针将反方向偏转，指针式功率表应将功率表电流线圈的两个端子调换(不能调换电压线圈端子)，而读数应记为负值。对于数字式功率表将出现负读数。

四、实验仪器

(1) 三相调压输出交流电源。

(2) 交流电压表、电流表。

(3) 电灯泡元件箱。

(4) 功率表和功率因数表。

五、实验内容

1. 三相负载电压、电流的测量

(1) 三相负载星形连接(三相四线制供电)。

实验电路如图 1.14.3 所示，将白炽灯按图所示连接成星形。用三相调压器调压输出作为三相交流电源，具体操作如下：将三相调压器的旋钮置于三相电压输出为 0 V 的位置(即逆时针旋到底的位置)，从调压器的输出端接元件箱上的灯泡，按图 1.14.3 所示用三相四线制供电，并将 U、V 端接到交流电压表上，按绿色按钮供电，再旋转旋钮，调节调压器的输出，使 U、V 间线电压为 200 V。

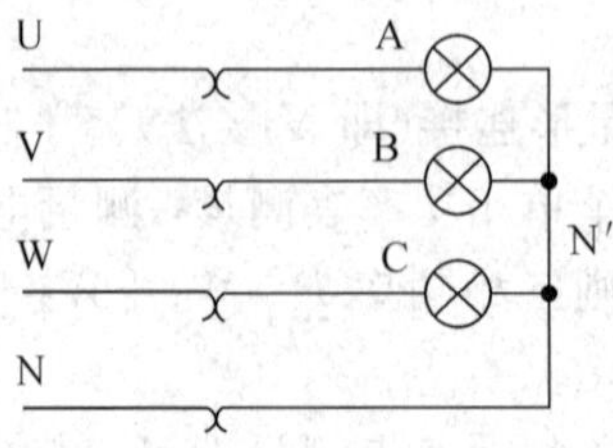

图 1.14.3　三相负载星形连接电路

① 在连接中线的情况下，将测量数据记入表 1.14.1 中，元件箱上的灯泡分成 A、B、C 三组，每组有三个灯泡，并比较各灯的亮度。

② 在不连接中线的情况下，将测量数据也记入表 1.14.1 中，并比较各灯的亮度。

表 1.14.1　负载星形连接实验数据

中线连接	每相灯组数			负载相电压/V			电流/A				$U_{NN'}$/V	亮度比较 A、B、C
	A	B	C	U_A	U_B	U_C	I_A	I_B	I_C	I_N		
中线连接	1	1	1									
	1	2	1									
	1	0	2									
中线不连	1	0	2									
	1	2	1									
	1	1	1									

（2）三相负载三角形连接。

按下红色按钮，关断电源后，按实验电路如图 1.14.4 所示连接灯泡元件箱和调压器的输出，将白炽灯连接成三角形接法。然后按下绿色按钮，接通电源，调节三相调压器的输出电压，使 UV 间的电压为 200 V。按表 1.14.2 中内容测量三相负载对称和不对称时的各相电流、线电流和各相电压，将测量数据记入该表中，比较并记录各灯的亮度。

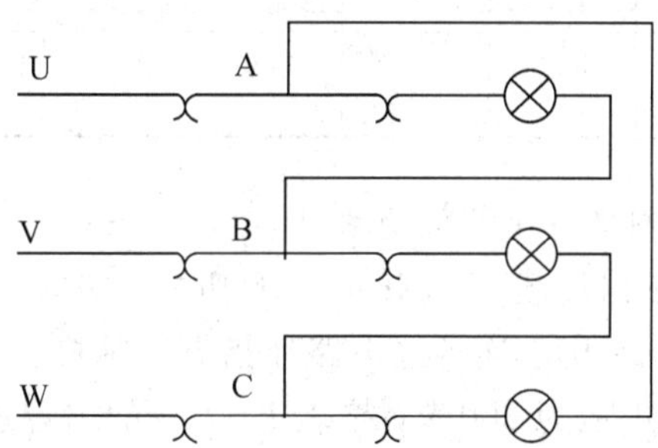

图 1.14.4　三相负载角形连接电路

表 1.14.2　负载三角形连接测量数据

负载情况	每相灯组数			相电压/V			线电流/A			相电流/A			亮度比较
	A－B	B－C	C－A	U_{AB}	U_{BC}	U_{CA}	I_A	I_B	I_C	I_{AB}	I_{BC}	I_{CA}	
△接对称负载	1	1	1										
△接不对称负载	1	2	1										

2. 三相负载功率的测量

（1）三相四线制供电，测量负载星形联接（即 Y 接法）的三相功率。

① 测量三相对称负载三相功率，本实验用一个功率表分别测量每相功率，测量B组灯泡上功率按如图1.14.5所示电路连接(A、C两组灯上的功率测量图类似)。线路中的电流表和电压表用以监视三相电流和电压。按图连接好电路后接通三相电源开关，调节三相电源输出，使得UV间电压为200 V，按表1.14.3中的要求进行测量及计算，并将测量数据记入该表中。注意测一相，关一次电源，再重接一次电路。

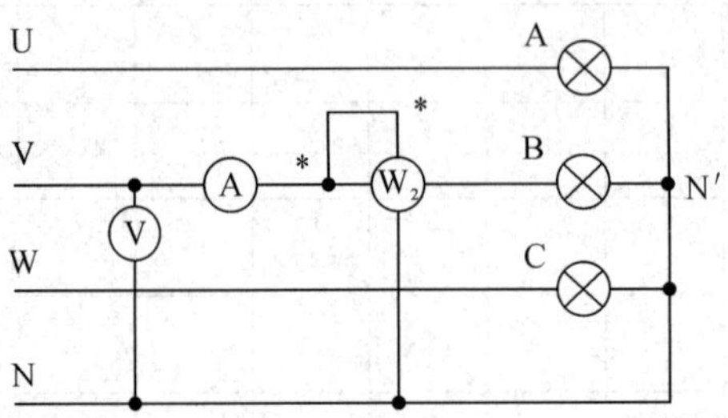

图1.14.5　测定三相对称负载三相功率

② 测定三相不对称负载三相功率，实验电路与图1.14.5相同，步骤也与上面①相同，将测量数据记入表1.14.3中。

表1.14.3　三相四线制负载星形连接测量数据

负载情况	开灯组数			测量数据			计算值
	A相	B相	C相	P_A/W	P_B/W	P_C/W	P/W
Y接对称负载	1	1	1				
Y接不对称负载	1	2	1				

(2) 三相三线制供电，测量三相负载功率。

① 用二瓦特表法测量三相负载Y连接的三相功率，实验电路按图1.14.6(a)所示连接，图中“三相灯组负载”见图(b)。连接好电路经指导教师检查后，接通三相电源，调节三相调压器的输出，使UV间电压为200 V，按表1.14.4的内容进行测量计算，并将测量数据记入表中。

② 将三相灯组负载改成△接法，如图(c)所示，重复①的测量步骤，测量数据记入表1.14.4中。

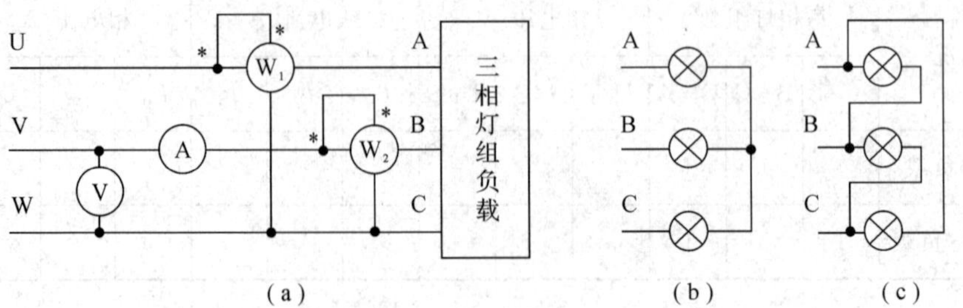

图1.14.6　二瓦特表法测量三相负载Y连接和△连接的三相功率

表 1.14.4　三相三线制三相负载功率数据

负载情况	开灯组数			测量数据		计算值
	A组	B组	C组	P_1/W	P_2/W	P/W
Y接对称负载	1	1	1			
Y接不对称负载	1	2	1			
△接不对称负载	1	2	1			
△接对称负载	1	1	1			

六、实验注意事项

(1) 每次接线完毕，同组同学应自查一遍，然后由指导教师检查后，方可接通电源。必须严格遵守先接线，后通电；先断电，后拆线的实验操作原则。

(2) 在进行星形负载短路实验时，必须先断开中线，以免发生短路故障。

(3) 测量、记录各电压、电流时，注意分清它们是哪一相、哪一线，防止记错。

(4) 每次实验完毕，均需将三相调压器旋钮调回零位，如改变接线，均需改线后重新打开三相电源，以确保人身安全。

(5) 功率表和功率因数表实验板内部已连在一起，实验中只需连接功率表即可。

七、思考题

(1) 三相负载按星形或三角形连接，它们的线电压与相电压、线电流与相电流有何关系？

(2) 测量功率时为什么在线路中通常都接有电流表和电压表？

(3) 对比表 1.14.3 与表 1.14.4 两表中 Y 接法时三瓦特表和二瓦特测量功率值的异同，并说明两种测量方法的适用范围。

1.15　互感耦合电路的研究

一、理论知识预习要求

(1) 复习两个互感线圈的同名端、自感、互感的基本概念和有关知识。

(2) 理解实验目的、明确实验内容及实验步骤。

二、实验目的

(1) 掌握判断互感电路同名端、互感系数以及耦合系数的测定方法。

(2) 理解两个线圈相对位置的改变，以及用不同材料作线圈芯时对互感的影响。

三、实验原理

1. 判断互感线圈同名端的方法

(1) 直流法。

测量电路如图 1.15.1 所示，当开关 S 闭合瞬间，若毫安表的指针正偏，则可断定 1、3 为同名端；指针反偏，则 1、4 为同名端。

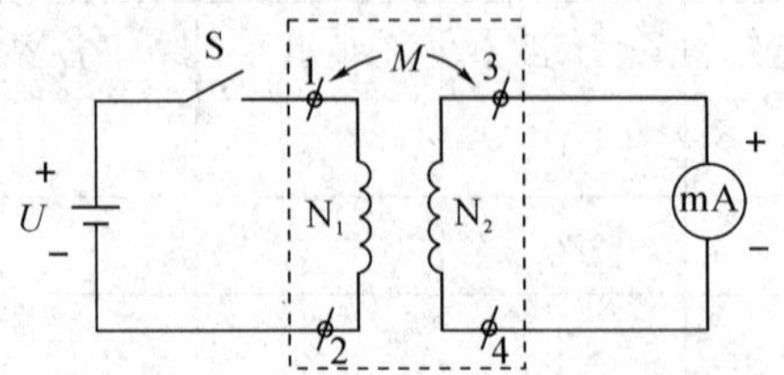

图 1.15.1　互感线圈同名端

（2）交流法。

测量电路如图 1.15.2 所示，将两个绕组 N_1 和 N_2 的任意两端（如 2、4 端）联在一起，在其中的一个绕组（如 N_1）两端加一个低电压，另一绕组（如 N_2）开路，用交流电压表分别测出端电压 U_{13}、U_{12} 和 U_{34}。若 U_{13} 是两个绕组端压之差，则 1、3 是同名端；若 U_{13} 是两绕组端电压之和，则 1、4 是同名端。

2. 线圈互感系数 *M* 的测定

图 1.15.2 中，N_1 侧施加低压交流电压 U_1，测出 I_1 及 U_2。根据互感电势 $E_{2M} \approx U_{20} = \omega M I_1$，可算得互感系数为 $M = U_2/(\omega I_1)$。

3. 耦合系数 *k* 的测定

两个互感线圈耦合松紧的程度可用耦合系数 k 来表示

$$k = \frac{M}{\sqrt{L_1 L_2}} \tag{1.15-1}$$

测量电路如图 1.15.2 所示，先在 N_1 侧施加低压交流电压 U_1，测出 N_2 侧开路时的电流 I_1；然后再在 N_2 侧施加电压 U_2，测出 N_1 侧开路时的电流 I_2，求出各自的自感 L_1 和 L_2，即可算得 k 值。

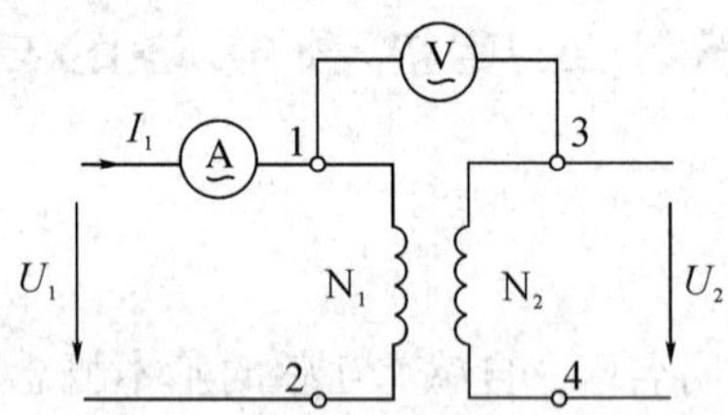

图 1.15.2　M 和 k 的测定

4. 变压器参数的测试

图 1.15.3 所示为测试变压器参数的电路。由各仪表测得变压器原边的（AX，低压侧）U_1、I_1、P_1 及副边（ax，高压侧）的 U_2、I_2，并用万用表 R×1 挡测出原、副绕组的电阻 R_1 和 R_2，即可算得变压器的以下各项：

参数值：

电压比　$K_u = U_2/U_1$，电流比　$K_I = I_2/I_1$；

原边阻抗模 $|Z_1| = U_1/I_1$，副边阻抗模 $|Z_2| = U_2/I_2$；

阻抗比$=Z_1/Z_2$，负载功率 $P_2=U_2I_2\cos\varphi_2$。

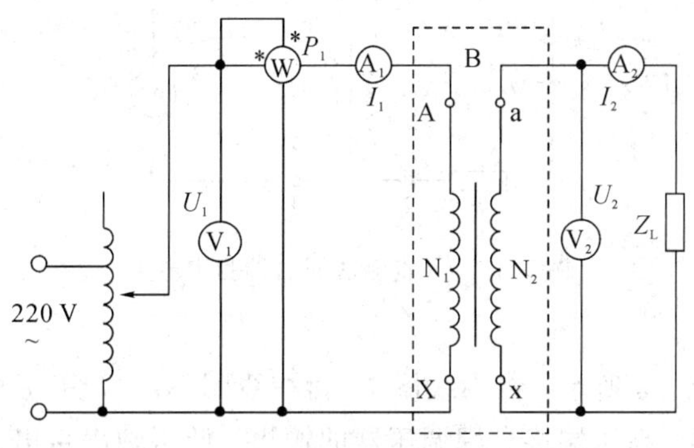

图 1.15.3　测试变压器参数的电路

损耗功率 $P_o=P_1-P_2$，功率因数$=P_1/U_1I_1$，原边线圈铜耗 $P_{Cu_1}=I_1^2R_1$，副边铜耗 $P_{Cu_2}=I_2^2R_2$，铁耗 $P_{Fe}=P_o-(P_{Cu_1}+P_{Cu_2})$。

铁芯变压器是一个非线性元件，铁芯中的磁感应强度 B 取决于外加电压的有效值 U。当副边开路(即空载)时，原边的励磁电流 I_1 与磁场强度 H 成正比。在变压器中，副边空载时，原边电压与电流的关系称为变压器的空载特性，这与铁芯的磁化曲线(B - H 曲线)是一致的。

空载实验通常是将高压侧开路，由低压侧通电进行测量，又因空载时功率因数很低，故测量功率时应采用低功率因数瓦特表。此外因变压器空载时阻抗很大，故电压表应接在电流表外侧。

5. 变压器外特性测试

为了满足三组灯泡负载额定电压为 220 V 的要求，故以变压器的低压(36 V)绕组作为原边，220 V 的高压绕组作为副边，即把变压器当作一台升压变压器使用。

在保持原边电压 U_1(=36 V)不变时，逐次增加灯泡负载(每只灯为 15 W)，测定 U_1、U_2、I_1和 I_2，即可绘制出变压器的外特性曲线，即负载特性曲线 $U_2=f(I_2)$。

四、实验仪器

(1) 直流数字电压表、毫安表。

(2) 交流数字电压表、电流表。

(3) 互感线圈、铁芯、铝棒。

(4) EEL - 51 组件(含 200 Ω/8 W 线绕电阻、510 Ω/8 W 线绕电阻、发光二极管)。

五、实验内容

1. 分别用直流法和交流法测定互感线圈的同名端

(1) 直流法。

实验电路如图 1.15.4 所示，将线圈 N_1、N_2同芯式套在一起，并放入铁芯。E 为可调直流稳压电源，调至 5 V，R 为 200 Ω/8 W 线绕电阻，N_2侧直接接入 2 mA 量程的毫安表。将铁芯迅速地拔出和插入，观察毫安表正、负读数的变化来判定 N_1和 N_2两个线圈的同名端。

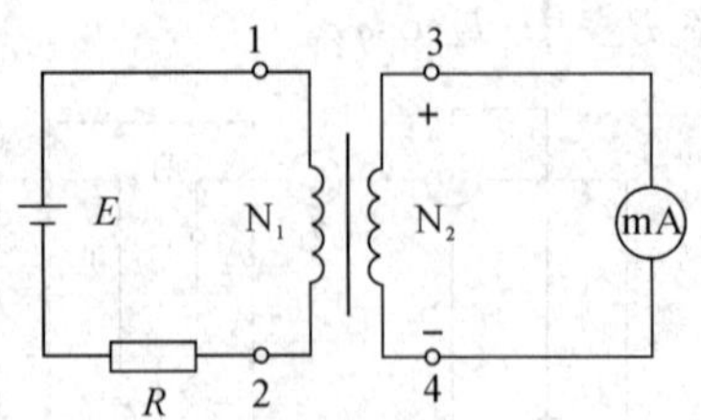

图 1.15.4　直流法同名端测定电路

(2) 交流法。

实验电路如图 1.15.5 所示，将小线圈 N_2 套在线圈 N_1 中，并在两线圈中插入铁芯。T 为 220 V/36 V 变压器，高压端接自耦调压器的输出，低压端串接电流表(量程选 0～5 A)后接至线圈 N_1。

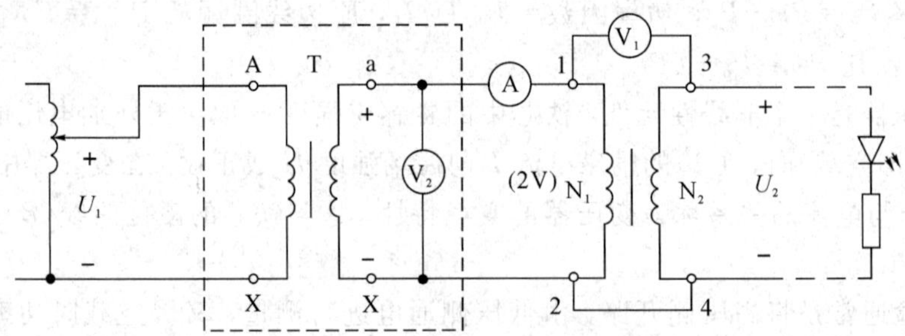

图 1.15.5　交流法同名端测定电路

接通电源前，应首先检查自耦调压器是否调至零位，确认正确后方可接通交流电源，令 T 输出一个很低的电压(约 2 V 左右)，使流过电流表的电流小于 1.5 A，然后用交流电压表测量 U_{13}、U_{12}、U_{34}，依此来判定同名端。

拆去 2、4 端连线，并将 2、3 端相连接，重复上述步骤，判定同名端。

2. 测定两线圈的互感系数 *M*

在图 1.15.2 所示电路中，互感线圈的 N_2 开路，N_1 侧施加 2 V 左右的交流电压，测出并记录 I_1、U_2 值，并计算出互感系数 M。

3. 测定两线圈的耦合系数 *K*

在图 1.15.2 所示电路中，N_1 开路，在互感线圈的 N_2 侧施加 2 V 左右的交流电压，测出并记录 I_2、U_1；然后，N_2 开路，在互感线圈 N_1 侧施加 2 V 左右的交流电压，测出并记录 I_1、U_2；求出各自的自感，即可算出耦合系数 k。

4. 研究影响互感系数大小的因素

(1) 在图 1.15.5 电路中，线圈 N_1 侧加 2 V 左右交流电压，N_2 侧接入 LED 发光二极管与 510 Ω 电阻串联的支路。

(2) 将铁芯慢慢地从两线圈中抽出和插入，观察 LED 亮度及各电表读数的变化，并记录变化现象。

(3) 改变两线圈的相对位置，观察 LED 亮度及各电表读数的变化，并记录变化现象。

改用铝棒替代铁芯，重复步骤(1)、(2)，观察 LED 亮度及各电表读数的变化，并记录变化现象。

5. 测绘变压器空载特性

实验电路如图 1.15.6 所示，将变压器的高压绕组(副边)开路，低压绕组(原边)与调压器输出端连接。确认三相调压器处在零位(逆时针旋到底位置)后，合上电源开关，调节三相调压器输出电压，使 U_1 从零逐次上升到 1.2 倍的额定电压(1.2×36 V)，在上升过程中总共取 5 个点电压，分别记下各次测得的 U_1、U_2 和 I_1 数据，记入自拟的数据表格中。

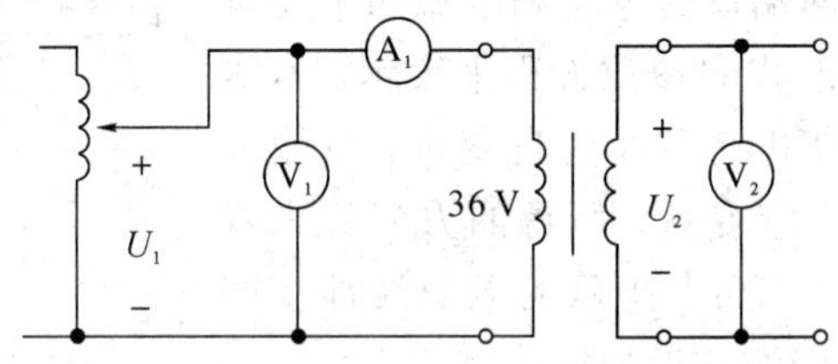

图 1.15.6　变压器外特性测定电路

六、实验注意事项

(1) 整个实验过程中，注意流过线圈 N_1 的电流不得超过 1.5 A，流过线圈 N_2 的电流不得超过 1 A，遇异常情况，应立即断开电源，待处理好故障后，再继续实验。

(2) 测定同名端及其他测量数据的实验中，都应将小线圈 N_2 套在大线圈 N_1 中，并行插入铁芯。由负载实验转到空载实验时，要注意及时变更仪表量程。

(3) 实验前，首先要检查自耦调压器，要保证手柄置在零位；因实验时所加的电压只有 2～3 V 左右，因此调节时要特别仔细、小心，要随时观察电流表的读数，不得超过规定值。

七、思考题

(1) 如何判断两个互感线圈的同名端？若已知线圈的自感和互感，两个互感线圈相串联的总电感与同名端有何关系？

(2) 本实验用直流法判断同名端是用插拔铁芯时观察电流表的正、负读数变化来确定的(应如何确定？)，这与实验原理中所叙述的方法是否一致？

(3) 什么是自感？什么是互感？在实验室中如何测定？

1.16　双端口网络的研究

一、理论知识预习要求

(1) 复习双端口网络的基本概念及基本参数的含义和计算方法；了解双端口网络电路的基本结构。

(2) 明确本次实验的内容及步骤。

二、实验目的

(1) 加深理解双端口网络的基本理论。

(2) 掌握直流双端口网络传输参数的测量技术。

三、实验原理

对于任何一个线性网络，通常我们所关心的只是输入端口和输出端口的电压和电流之间的相互关系，并通过实验测定方法求取一个极其简单的等值双端口电路来替代原网络，此即为“黑盒子理论”的基本内容。

一个双端口网络，其两端口的电压和电流四个变量之间的关系，可以用多种形式的参数方程来表示。本实验采用输出口的电压 U_2 和电流 I_2 作为自变量，以输入口的电压 U_1 和电流 I_1 作为应变量，所得的方程称为双端口网络的传输方程，图 1.16.1 所示的无源线性双端口网络（又称四端网络）的传输方程为：

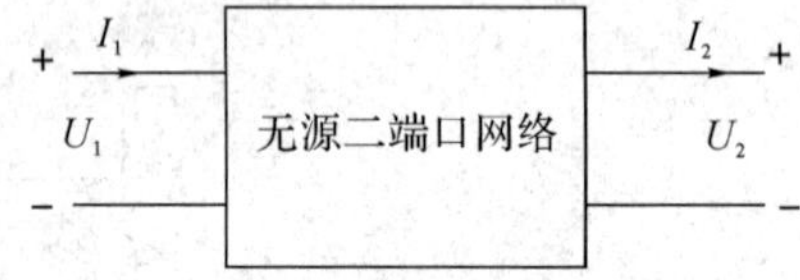

图 1.16.1　无源线性四端网络

$$U_1 = AU_2 + BI_2;\ I_1 = CU_2 + DI_2$$

式中 A、B、C、D 为双端口网络的传输参数，其值完全决定于网络的拓扑结构及各支路元件的参数值。这四个参数表征了该双端口网络的基本特性，它们的含义是：

令 $I_2=0$，即输出口开路，$A=\dfrac{U_{1O}}{U_{2O}}$；

令 $U_2=0$，即输出口短路，$B=\dfrac{U_{1S}}{I_{2S}}$；

令 $I_2=0$，即输出口开路，$C=\dfrac{I_{1O}}{U_{2O}}$；

令 $U_2=0$，即输出口短路，$D=\dfrac{I_{1S}}{I_{2S}}$。

由上可知，只要在网络的输入口加上电压，在两个端口同时测量其电压和电流，即可求出 A、B、C、D 四个参数，此即为双端口同时测量法。

若要测量一条远距离输电线构成的双口网络，采用同时测量法就很不方便。这时可采用分别测量法，即先在输入口加电压，将输出口开路和短路，然后在输入口测量电压和电流，由传输方程可得：

令 $I_2=0$，即输出口开路，$R_{1O}=\dfrac{U_{1O}}{I_{1O}}=\dfrac{A}{C}$；

令 $U_2=0$，即输出口短路，$R_{1S}=\dfrac{U_{1S}}{I_{2S}}=\dfrac{B}{D}$。

然后在输出口加电压，而将输入口开路和短路，测量输出口的电压和电流。此时可得：

令 $I_1=0$，即输入口开路，$R_{2O}=\dfrac{U_{2O}}{I_{2O}}=\dfrac{D}{C}$；

令 $U_1=0$，即输入口短路时 $R_{2S}=\dfrac{U_{2S}}{I_{2S}}=\dfrac{B}{A}$。

R_{1O}，R_{1S}，R_{2O}，R_{2S} 分别表示一个端口开路和短路时，另一端口的等效输入电阻，这四个参数中只有三个是独立的（因为 $AD-BC=1$）。至此，可求出四个传输参数：

$$A=\sqrt{\frac{R_{1O}}{(R_{2O}-R_{2S})}},\quad B=R_{2S}A,\quad C=\frac{A}{R_{1O}},\quad D=R_{2O}C$$

双端口网络级联后的等效双端口网络的传输参数亦可采用前述的方法之一求得。从理论推得两个双端口网络级联后的传输参数与每一个参加级联的双端口网络的传输参数之间有如下的关系：

$$A = A_1A_2 + B_1C_2 \qquad B = A_1B_2 + B_1D_2$$

$$C = C_1A_2 + D_1C_2 \qquad D = C_1B_2 + D_1D_2$$

四、实验仪器

(1) 可调直流稳压电源。

(2) 数字直流电压表。

(3) 数字直流毫安表。

(4) 双端口网络实验电路板。

五、实验内容

双端口网络实验线路图如图 1.16.2 所示。将直流稳压电源的输出电压调到 10 V，作为双端口网络的输入。

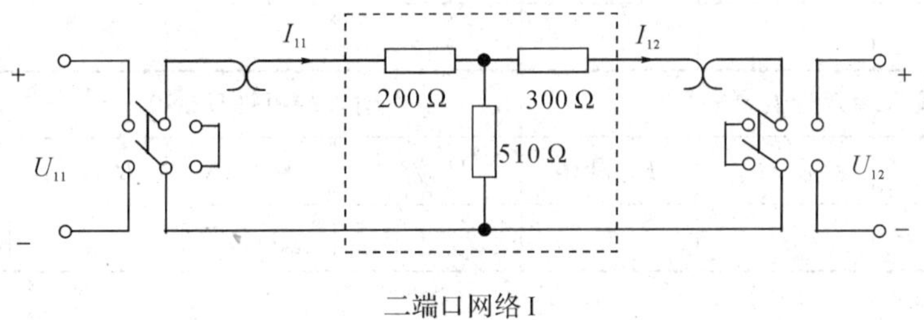

二端口网络 I

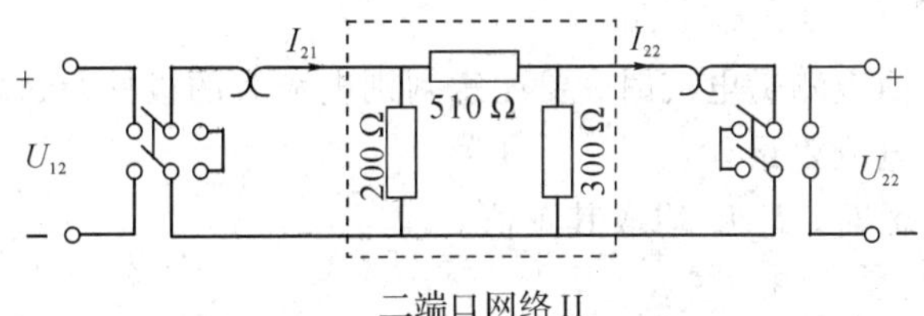

二端口网络 II

图 1.16.2　双端口网络实验线路图

(1) 按同时测量法分别测定两个双口网络的传输参数 A_1、B_1、C_1、D_1 和 A_2、B_2、C_2、D_2，记入表 1.16.1 中，并列出它们的传输方程。

表 1.16.1　双端口网络传输参数测试表

双口网络I		测量值			计算值	
	输出端开路 $I_{12}=0$	U_{11O}/V	U_{12O}/V	I_{11O}/mA	A_1	B_1
	输出端短路 $U_{12}=0$	U_{11S}/V	I_{11S}/mA	I_{12S}/mA	C_1	D_1

续表

<table>
<tr><td rowspan="5">双口网络Ⅱ</td><td rowspan="3">输出端开路
$I_{22}=0$</td><td colspan="3">测量值</td><td colspan="2">计算值</td></tr>
<tr><td>U_{21O}/V</td><td>U_{22O}/V</td><td>I_{21O}/mA</td><td>A_2</td><td>B_2</td></tr>
<tr><td></td><td></td><td></td><td></td><td></td></tr>
<tr><td rowspan="2">输出端短路
$U_{22}=0$</td><td>U_{21S}/V</td><td>I_{21S}/mA</td><td>I_{22S}/mA</td><td>C_2</td><td>D_2</td></tr>
<tr><td></td><td></td><td></td><td></td><td></td></tr>
</table>

(2) 将两个双端口网络级联，即将网络Ⅰ的输出接至网络Ⅱ的输入。用两端口分别测量法测量级联后等效双端口网络的传输参数 A、B、C、D，记入表 1.16.2 中，并验证等效双端口网络传输参数与级联的两个双端口网络传输参数之间的关系。

表 1.16.2 双端口网络级联传输参数测试表

<table>
<tr><td colspan="3">输出端开路 $I_2=0$</td><td colspan="3">输出端短路 $U_2=0$</td><td rowspan="3">计算传输参数</td></tr>
<tr><td>U_{1O}/V</td><td>I_{1O}/mA</td><td>R_{1O}/kΩ</td><td>U_{1S}/V</td><td>I_{1S}/mA</td><td>R_{1S}/kΩ</td></tr>
<tr><td></td><td></td><td></td><td></td><td></td><td></td></tr>
<tr><td colspan="3">输入端开路 $I_1=0$</td><td colspan="3">输入端短路 $U_1=0$</td><td rowspan="3">$A=$
$B=$
$C=$
$D=$</td></tr>
<tr><td>U_{2O}/V</td><td>I_{2O}/mA</td><td>R_{2O}/kΩ</td><td>U_{2S}/V</td><td>I_{2S}/mA</td><td>R_{2S}/kΩ</td></tr>
<tr><td></td><td></td><td></td><td></td><td></td><td></td></tr>
</table>

六、实验注意事项

(1) 用电流插头插座测量电流时，要注意判别电流表的极性及选取适合的量程(根据所给的电路参数，估算电流表量程)。

(2) 计算传输参数时，I、U 均取其正值。

七、思考题

(1) 试述双端口网络同时测量法与分别测量法的测量步骤，优缺点及其适用情况。

(2) 本实验方法可否用于交流双端口网络的测定？

第二章　电路设计型实验

2.1　仪表电压量程扩展电路设计

一、理论知识预习要求

（1）复习电阻的串、并联关系，以及串联分压的关系并进行相应的参数计算。

（2）复习电压表的基本结构、量程的概念和意义。

（3）复习电压表扩大量程的方法。

二、实验目的

（1）掌握直流电压表扩展量程的原理和设计方法。

（2）学会校验仪表的方法。

（3）掌握表头内阻的测量方法。

三、实验原理

多量程电压表由表头和测量电路组成。

表头通常选用磁电式仪表，其满量程和内阻分别用 I_m 和 R_o 表示。

多量程（如 1 V、10 V）电压表的测量电路如图 2.1.1 所示，图中 R_1、R_2 称为倍压电阻，它们的阻值与表头参数应满足下列方程：

$$I_m(R_o + R_1) = 1\ \text{V}$$

$$I_m(R_o + R_1 + R_2) = 10\ \text{V}$$

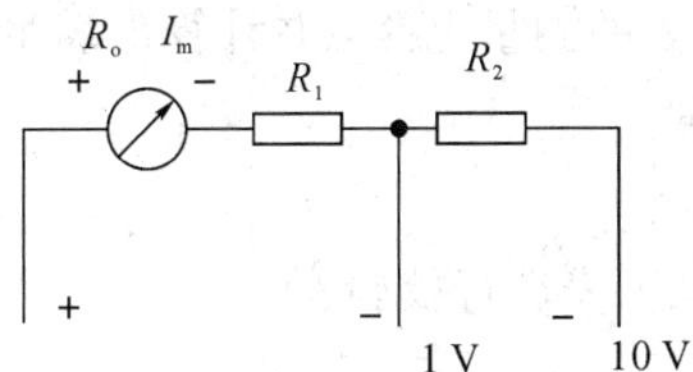

图 2.1.1　多量程电压表原理图

根据上述原理和计算公式，可以得到仪表扩展量程的方法。

扩展电压量程具体方法为：用表头直接测量电压的数值为 I_mR_o，当用它来测量 1 V 电压时，必须串联倍压电阻 R_1；若测量 10 V 电压时，必须串联倍压电阻 R_1 和 R_2。

通常，会用一个适当阻值的电位器与表头串联，以便在校验仪表时校正测量数值。

磁电式仪表用来测量直流电压时，表盘上的刻度是均匀的（即线性刻度），因而扩展后的表盘刻度根据满量程均匀划分即可。在仪表校验时，必须首先校准满量程，然后逐一校验其他各点。

四、实验仪器

(1) 直流数字电压表(EEL－06 组件或 EEL 系列主控制屏)。

(2) 恒压源(EEK－Ⅰ、Ⅱ、Ⅲ、Ⅳ均含在主控制屏上，根据用户的要求，可有＋6 V(＋5 V)，＋12 V，0 V～30 V 可调或双路 0 V～30 V 可调两种配置)。

(3) EEL－23 组件(含电阻箱、固定电阻，电位器)或 EEL－51 组件、EEL－52 组件。

(4) EEL－30 组件或 EEL－37 组件、EEL－56 组件(含磁电式表头 1 mA、160 Ω，倍压电阻，电位器)。

五、实验内容

扩展电压量程实验电路可参考图 2.1.1 所示电路。首先根据表头参数 I_m(1 mA)和 R_o(160 Ω)计算出倍压电阻 R_1、R_2，然后用 EEL－30 组件中的表头和电位器 R_{P1} 以及倍压电阻 R_1、R_2 相串联，分别组成 1 V 和 10 V 的电压表。用它测量恒压源可调电压输出端电压，并用直流数字电压表校验，如在满量程时有误差，用电位器 R_{P1} 调整，然后校验其他各点，将校验数据记录在自拟的数据表格中。

六、实验注意事项

(1) 磁电式表头有正、负两个连接端，电路中一定要保证电流从正端流入、负端流出，否则，指针将反转。

(2) 校准 1 V 和 10 V 电压表满量程时，均要调整电位器 R_{P1}。

(3) 实验台上恒压源的可调稳压输出电压的大小，可通过粗调(分段调)波动开关和细调(连续调)旋钮进行调节，并由该组件上的数字电压表显示。在启动恒压源时，先应使其输出电压调节旋钮置于零位，在实验时再慢慢增大。

七、思考题

(1) 设计 1 V 和 10 V 电压表的测量电路，并计算出满足实验任务要求的各量程的倍压电阻。自拟记录校验数据的表格。

(2) 电压表的表盘如何刻度?

(3) 如何对扩展量程后的电压表进行校验?

2.2 仪表电流量程扩展电路设计

一、理论知识预习要求

(1) 复习电阻的串、并连接关系，以及并联分流的关系并进行相应的参数计算。

(2) 复习电流表的基本结构、量程的概念和意义。

二、实验目的

(1) 掌握直流电压表、电流表扩展量程的原理和设计方法。

(2) 学会校验仪表的方法。

(3) 掌握表头内阻的测量方法。

三、实验原理

多量程(如 10 mA、100 mA、500 mA)电流表的测量电路如图 2.2.1 所示，图中 R_3、R_4、R_5 称为分流电阻，它们的大小与表头参数应满足下列方程：

$$R_o I_m = (R_3 + R_4 + R_5) \times 10 \times 10^{-3}$$

$$(R_o + R_3) I_m = (R_4 + R_5) \times 100 \times 10^{-3}$$

$$(R_o + R_3 + R_4) I_m = R_5 \times 500 \times 10^{-3}$$

当表头参数确定后，分流电阻均可计算出来。

根据上述原理和计算公式，可以得到仪表扩展量程的方法。

扩展电流量程具体方法为：用表头直接测量电流的数值为 I_m，当用它来测量大于 I_m 的电流时，必须并联分流电阻 R_3、R_4、R_5，如图 2.2.1 所示，当测量 10 mA 时，表头负端从 a 端引出，当测量 100 mA 时，表头负端从 b 端引出，当测量 500 mA 时，表头负端从 c 端引出。

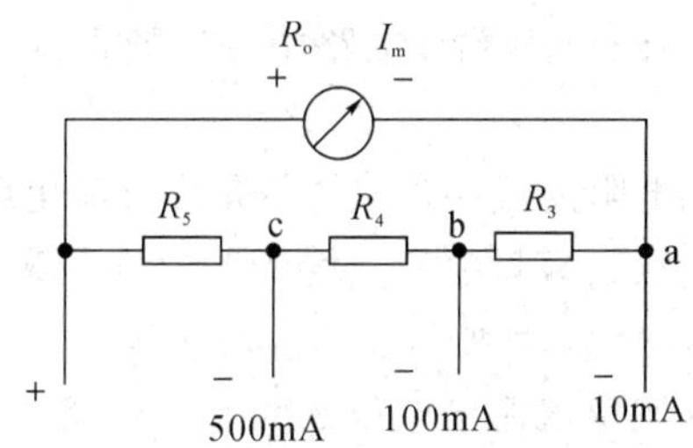

图 2.2.1　多量程电流表原理图

通常，会用一个适当阻值的电位器与表头串联，以便在校验仪表时校正测量数值。

磁电式仪表用来测量直流电压、电流时，表盘上的刻度是均匀的(即线性刻度)，因而扩展后的表盘刻度根据满量程均匀划分即可。在仪表校验时，必须首先校准满量程，然后逐一校验其他各点。

四、实验仪器

(1) 直流数字电压表、直流数字电流表(EEL－06 组件或 EEL 系列主控制屏)。

(2) 恒压源(EEK－Ⅰ、Ⅱ、Ⅲ、Ⅳ均含在主控制屏上，根据用户的要求，可能有两种配置：+6 V(+5 V)，+12 V，0 V～30 V 可调或双路 0 V～30 V 可调)。

(3) EEL－23 组件(含电阻箱、固定电阻，电位器)或 EEL－51 组件、EEL－52 组件。

(4) EEL－30 组件或 EEL－37 组件、EEL－56 组件(含磁电式表头 1 mA、160 Ω，倍压电阻和分流电阻，电位器)。

五、实验内容

扩展电流量程(10 mA、100 mA、500 mA)试验电路可参考图 2.2.1 电路。根据表头参数 I_m(1 mA)和 R_o(160 Ω)计算出分流电阻 R_3、R_4、R_5，先用 EEL－30 组件中的表头和电位器 R_{P2} 串联，然后和分流电阻 R_3、R_4、R_5 并联，分别组成 10 mA、100 mA 和 500 mA 的电流表。

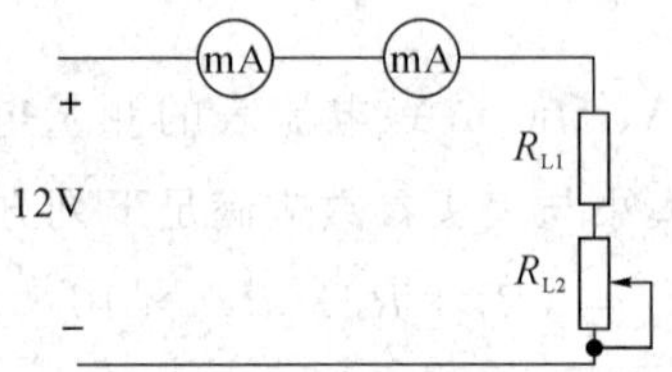

图 2.2.2 电流测量电路

用它测量图 2.2.2 所示电路中的电流，并用直流数字电流表校验，如在满量程时有误差，用电位器 R_{P2} 调整，然后校验其他各点，将校验数据记录在自拟的数据表格中。

在图 2.2.2 所示电流测量电路中，电源用恒压源的 12 V 输出端，制作的电流表、直流数字电流表和电阻 R_{L1}、R_{L2} 串联，其中，$R_{L1}=51$ Ω，R_{L2} 用 1 kΩ 的电位器(均在 EEL－23 组件中)。如试验用的设备为 EEL－V 型，则需 EEL－51 组件和 EEL－52 组件。

六、实验注意事项

(1) 磁电式表头有正、负两个连接端，电路中一定要保证电流从正端流入、负端流出，否则，指针将反转。

(2) 电流表的表头和分流电阻要可靠连接，不允许分流电阻断开。

(3) 校准 1 V 和 10 V 电压表满量程时，均要调整电位器 R_{P1}。同样，在校准 10 mA、100 mA、500 mA 电流表满量程时，均要调整电位器 R_{P2}。

(4) 实验台上恒压源的可调稳压输出电压的大小，可通过粗调(分段调)波动开关和细调(连续调)旋钮进行调节，并由该组件上的数字电压表显示。在启动恒压源时，先应使其输出电压调节旋钮置于零位，在实验时再慢慢增大。

七、思考题

(1) 设计 10 mA、100 mA 和 500 mA 电流表的测量电路，并计算出满足实验任务要求的各量程的分流电阻。自拟记录校验数据的表格。

(2) 电压表和电流表的表盘如何刻度?

(3) 如何对扩展量程后的电压表和电流表进行校验?

第二部分　模拟电子技术实验

电子技术是一门应用性、实践性很强的学科，实验在这一学科的研究及发展过程中起着至关重要的作用。工程、科研人员通过实验的方法和手段，分析器件、电路的工作原理；验证电路、器件的功能；对电路进行调试、分析，排除电路故障；测试器件、电路的性能指标；设计并组装各种实用电路和整机。此外，实验还有一个重要任务，就是要培养工程、科研人员勤奋、进取、严肃认真、理论联系实际的作风和为科学事业奋斗到底的精神。

“模拟电子技术基础”是电气、电子信息类专业的重要技术基础课，模拟电子技术实验则是这一课程体系中不可缺少的重要教学环节。通过实验手段，学生可获得电子技术方面的基础知识和基本技能，并运用所学理论来分析和解决实际问题，从而提高实际工作的能力，这对正在进行该课程学习的学生来说是极其重要的。

模拟电子技术实验按性质可分为验证型实验、综合型实验、设计型实验三大类。

验证性实验主要是针对电子技术本门学科范围内的理论知识进行理论验证和实际技能的培养，这类实验除了巩固加深某些重要的基础理论知识外，主要在于帮助学生认识实验现象，掌握基本实验知识、基本实验方法和基本实验技能。

综合性实验属于应用性实验，实验内容侧重某些理论知识的综合应用，其目的是培养学生综合运用所学理论知识的能力和解决较复杂的实际问题的能力。

设计性实验对于学生来说既有综合性又有探索性，它主要侧重于某些理论知识的灵活运用。例如，完成特定功能电子电路的设计、安装和调试等。它要求学生在教师指导下独立进行查阅资料、设计方案与组织实验等工作，并写出实验报告。这类实验对于提高学生的素质和科学实验能力非常有益。

自20世纪90年代以来，电子技术发展呈现出系统集成化、设计自动化、用户专用化和测试智能化的态势。为了培养21世纪电子技术人才和适应电子信息时代的要求，我们认为除了完成常规的硬件实验外，还应在电子技术实验教学中引入电子电路计算机辅助分析与设计的内容(其中包括若干仿真实验和通过计算机来完成设计的小系统)，这是是必须的，也是很有益的。

总之，电子技术实验应当突出基本技能、综合性设计应用能力、创新能力和计算机应用能力的培养，以适应培养面向21世纪人才的要求。

第三章 仿真型实验

3.1 PSPICE 软件简介及使用

一、理论知识预习要求

(1) 预习专业英语相关词汇。
(2) 了解实验的基本内容和步骤。

二、实验目的

(1) 学习、掌握 PSPICE 软件的安装。
(2) 掌握 PSPICE 软件绘制电路原理图及模拟仿真的方法和步骤。

三、实验仪器

电脑、PSPICE 软件。

四、实验内容

1. PSPICE 软件的基本组成

(1) Schematics 程序。该部分是图形文件编辑器，用户可以用它完成图形文件的输入和模拟仿真。对于一个电子技术人员，习惯了看电路图，对图形文件感觉直观、简单、容易接受。在 PSPICE Schematics 界面下，用户可以从元器件符号库中调出所需要的元件符号，并可以设定电路参数，根据实验要求连线，组成电路。然后根据分析要求设置分析参数，进行模拟仿真。

(2) PSPICEA/D 程序。该程序是电路模拟计算程序，是 PSPICE 软件的核心部分。它的作用是把用户作业文件中的拓扑结构和元器件参数信息形成电路方程，并求方程的数值解。其功能主要是实现对用户作业文件的模拟计算，并完成文件中规定的各项电路特性分析。需要说明的是，该程序只能打开后缀为 .cir 的作业文本文件，不能直接打开后缀为 .sch 的图形文件。但是在 PSPICE Schematics 界面启动仿真程序，图形文件仿真时能自动生成 .cir 文件。

(3) Probe 程序。该程序是 PSPICE 软件的输出图形(波形)后处理程序。它的输入文件是用户的作业文件运行后生成的后缀为 .dat 的文件，可起到万用表、示波器、扫频仪的作用。它的输出可以在屏幕上显示出来。

(4) Stimulus Editor 程序。该程序是信号源编辑器。在 PSPICE 软件中用到的源在库中比较丰富，可以从库中调用，如果用户所需要的源在库中不存在或不适合，就可以在此编辑器中编辑生成新的源或修改原有的源。

(5) Parts 程序。该程序是元器件编辑器。虽然库中有大量的已编辑好的元件，但总会遇到新元器件，该编辑器的功能就是从厂商提供的器件特性中提取模型参数。由于半导体器件的种类繁多，模型参数提取过程十分复杂，Parts 程序只具备最基本的模型参数提取功能。

2. PSPICE 软件电路仿真的基本步骤

(1) 确定电路初始方案。根据电路的设计指标要求，首先确定电路的拓扑结构、选择的元器件及其参数，确定一个初步方案。

(2) 输入作业文件。在 PSPICE 软件中有两种输入作业文件方式。一种是文本输入，另一种是图形输入。作业文本文件可以在任何一种编辑器中编写，但文件的后缀为 .cir。在 PSPICE 中也有一个文本编辑器，启动 MicroSim Textedit 就可以编辑了。作业图形文件输入必须在 PSPICE 软件的 Schematics 环境下，调用库中所需元器件，然后连线组成电路。

(3) 运行 PSPICE 软件中的仿真程序。启动仿真程序的方法有两种，一种是对图形文件执行 Schematics/Analysis/Run PSpice 命令，直接启动(仿真前必须在 Analysis/Setup 命令选项中设置仿真选项和仿真条件等)；另一种是对文本文件，直接启动 PSPICE A/D 程序，然后打开以 .cir 为后缀的要仿真的文件即可。

(4) 输出并观察仿真结果。有三种方法来获取仿真信息，一种是文本输出文件，执行 Schematics/Analysis/Examine Output 命令，可显示输出文件的清单；另一种是图形输出，运行 PSPICE 后，自动运行 Probe(也可以从菜单调用图形后处理程序 Probe)，而后就可以根据仿真设置查看波形图；还有一种是，执行 Schematics/Analysis/Display Results no Schematic 命令中的选项，或单击 V V I I 按钮使仿真结果显示在电路图上(只能显示节点电压和支路电流)。

(5) 分析绘制的电路是否满足设计要求。如果不满足，就要重复以上过程重新绘制电路。

3. PSPICE 软件应用中的一些规定

(1) PSPICE 软件要求不能有悬浮节点。电路中每个节点必须有条通向接地点的直流通路。有两种情况可以形成悬浮节点，电容电路和耦合回路，解决的方法通常是连接一个阻值非常大的电阻到地，以提供一条直流电路，这个电阻对电路的性能不应有影响。

(2) PSPICE 软件要求不能有悬空节点。电路中每个节点至少应连接两个元件，这样才能使节点的电流有进有出。

(3) PSPICE 软件要求不能有零电阻回路。例如纯电感回路，解决的方法通常是串接一个阻值非常小的电阻(如 $\mu\Omega$)。这个电阻对电路的性能不应有影响。

(4) 节点 0 被规定为地节点。PSPICE 软件在分析电路之前自动对电路的节点进行编号，并遵守"先画的元件先编号，后画的元件后编号"的原则，也可以双击节点重新设定节点编号，但地节点必须规定为 0 号。节点编号可以从 Schematics 环境的 Analysis/Examine Netlist 选项中查到。当在 Analysis 菜单中单击 Electrical Rule Check 或 Create Netlist 选项时，PSPICE 软件便自动进行电路检查和生成网表，若有错误，计算机自动给出提示信息。

在 PSPICE 软件中，基本单位为默认量纲，可以省略，如：V 为伏特，A 为安培，Hz 为赫兹，Ω 为欧姆，H 为亨利，F 为法拉，DEG 为度。元件名必须用规定的字母开头，称为关键字，随后可以是字母和数字。PSPICE 软件规定的关键字和元件的对应关系如表 3.1.1 所示。

表 3.1.1　关键字和元件的对应关系表

关键字	电路元件或信号源	关键字	电路元件或信号源
B	砷化镓场效应晶体管	K	互感(变压器)
C	电容	L	电感
D	二极管	M	MOS 场效应晶体管
E	电压控制电压源	V	双极结型晶体管
F	电流控制电流	R	电阻
G	电压控制电流源	S	压控开关
H	电流控制电压源	T	传输线
I	独立电流源	V	独立电压源
J	结型场效应晶体管	W	流控开关

4. 图形文件仿真项目设置说明

对于图形文件的仿真，一项非常重要的工作就是进行仿真项目的设置。这一选项在 Analysis/Setup 菜单中，Setup 的分析设置选项包括以下几个方面：

(1) AC Sweep，交流扫描分析设置。

(2) Load/Save Bias Point，设置调用或保存(指定分析的)偏置点值。

(3) DC Sweep，直流扫描分析设置。

(4) Monte Carlo/Worst Case，蒙特卡罗/最坏情况分析设置。

(5) Bias Point Detail，偏置工作点分析。

(6) Options，任选项设置。

(7) Parametric，参数的(扫描)设置。

(8) Sensitivity，灵敏度分析。

(9) Temperature，温度分析设置。

(10) Transient，瞬态分析设置。

(11) Digital Setup，数字电路分析方面的设置，这里不做介绍。

根据试验内容和需要，现在只讲 AC Sweep(交流扫描分析设置)、DC Sweep (直流扫描分析设置)、Bias Point Detail(直流偏置点分析)和 Transient(瞬态分析设置)。其余选项大部分我们还没学到，如果有的项目在仿真时用到，再做介绍。

5. 画图及仿真实例

1）原理图绘制

直流工作点分析实验电路图如图 3.1.1 所示，电路元件的参数在图中已标明，F_1 为一个电流控制电流源，控制变量是流经 R_3 上的电流，G_1 为一个电压控制电流源，控制电压是 R_2 上的端电压，对该电路进行直流工作点分析，输出各节点电压值及各支路电流值($\alpha=0.4$，$g=0.6$)。

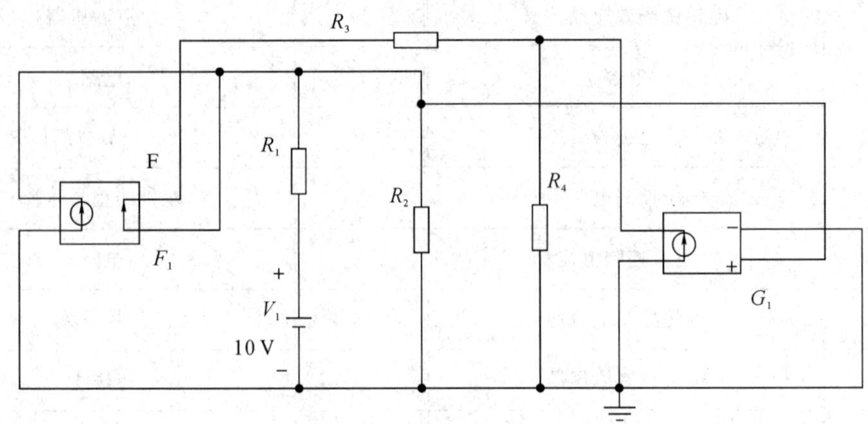

图 3.1.1　直流工作点分析实验电路图

建立电路图形文件的主要步骤：

(1) 打开 Schematics 进入电路原理图编辑状态。

(2) 调用电路元件，选择 Draw 菜单下的 Get New Part 选项，或单击工具栏中的按钮，弹出 Part Browser Basic 对话框，在对话框的 Analog. slb 库中调出 R_1、R_2、R_3、R_4；从 Analog. slb 库中调出 F_1、G_1；从 Source. slb 库中调出 V_1；从 Port. slb 库中调出 Egnd。

(3) 通过对选中元件的移动、翻转(执行 Edit 菜单中的 Rotate 或 Flip 命令，或选中元件后，用 Ctrl+R 键，将元件逆时针旋转 90°；或按 Ctrl+F 键做镜像翻转)、整理等操作，摆好元件位置。

(4) 电路布线。选中 Draw 菜单中的 Wire 命令，或单击按钮进行画线。首先单击鼠标左键为画线的起点，然后单击左键为画线的终点，最后单击右键，结束画线操作。依次画好电路。

(5) 进行元件的参数设置。用鼠标选中欲编辑的元件，再选中 Edit/Attribute 选项，或单击按钮，或直接双击该元件，按弹出的对话框内容设置元件参数，也可以直接单击元件的标号或参数，在弹出的修改参数对话框中进行修改，使图中的 V_1 为 10 V、R_1 为 5 Ω，R_2 为 3 Ω，R_3 为 6 Ω，R_4 为 4 Ω。F_1 的参数 GAIN 为 0.4，G_1 的参数 GAIN 为 0.6。

(6) 通过左键双击节点导线弹出对话框，在对话框中设置电路图的节点序号，以备分析之用。

(7) 画好电路图后存盘，但一定注意，保存文件的所有路径中不能有中文字，包括保存到电脑桌面。到此，绘制电路图的过程结束。

2）仿真设置

（1）选中 Analysis/Setup 选项或单击按钮，在弹出的设置对话框中选中 Bias Point Detail 使之为 Enabled 状态即可。

（2）执行 Analysis/Simulate 命令进行仿真。因为只有偏置工作点的分析，不能看到曲线，只能看输出文本文件或在电路上标注节点电压或支路电流。执行 Schematics/Analysis/Display Results no Schematic 命令，单击 按钮使仿真结果显示在图上，如图 3.1.2 所示。

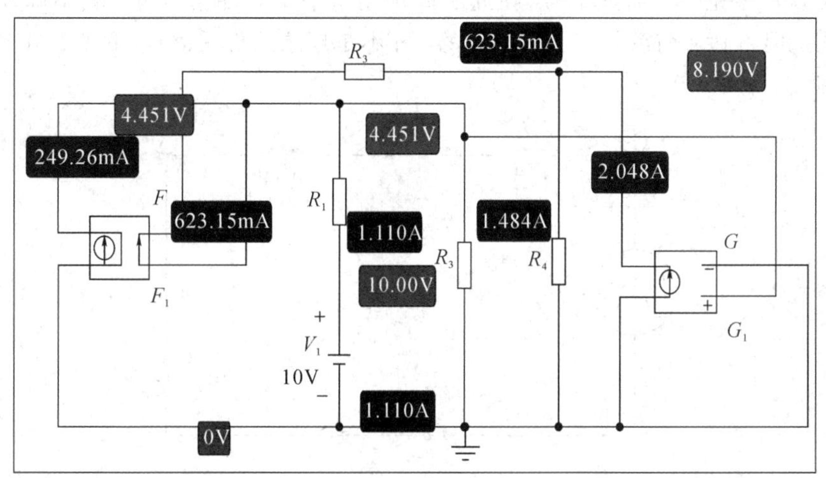

图 3.1.2 仿真结果

五、实验注意事项

（1）绘制电路图时注意导线相交的地方是否有交点。

（2）绘制电路图时注意元器件内部参数的设置，如 F 和 G 的 GAIN 参数。

六、思考题

仿真结果的小数点位数如何选择？

3.2 PSPICE 图形文件的建立（仿真）

一、理论知识预习要求

了解实验的基本内容和步骤。

二、实验目的

（1）掌握 PSPICE 软件绘制原理图及仿真的方法和步骤。

（2）掌握 Probe 绘图仿真的设置方法和查看仿真结果的方法。

三、实验仪器

电脑、PSPICE 软件。

四、实验内容

1. 二阶过阻尼电路的电路图绘制及仿真

本实验电路图如图 3.2.1 所示，电路元件的参数在图中已标明。需要说明的是，该电路所用信号源应该是一个阶跃信号(在此实验中用了一个脉冲信号源，利用脉冲的前沿作为阶跃信号，但是脉冲前沿是有上升时间的，并不是理想的阶跃信号，因此，在分析的时候要注意区别)。

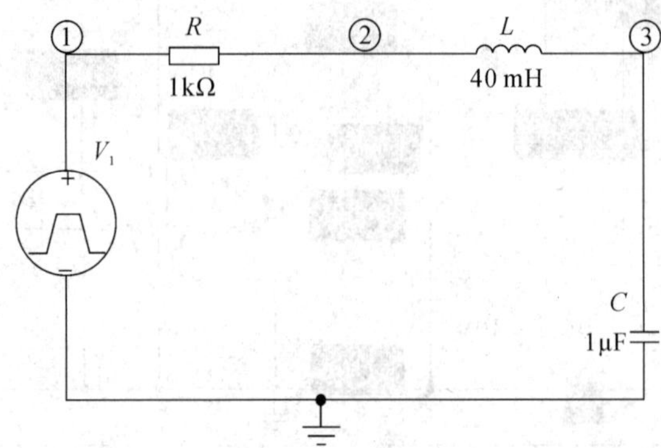

图 3.2.1　二阶过阻尼线性电路的瞬态分析实验电路

(1) 电路图绘制。

绘制电路图步骤简单说明如下：R、L、C 的绘制方法基本同 3.1 节，都从 Analog.slb 库中调用，不再详述；从 Source.slb 库中调用 Vpulse 信号源，并进行参数设定，参数 DC 为 0、AC 为 0、V_1 为 0、V_2 为 10 V、TD 为 0、TR 为 0、TF 为 0、PW 为 20 ms、PER 为 30 ms，并选中参数设定对话框下边的两个选项；其他元件的参数设置和前面讲过的方法相同。

(2) 仿真。

选中 Analysis/Setup 选项或单击按钮，在弹出的设置对话框中选中 Transient 瞬态分析设置，如图 3.2.2 所示。

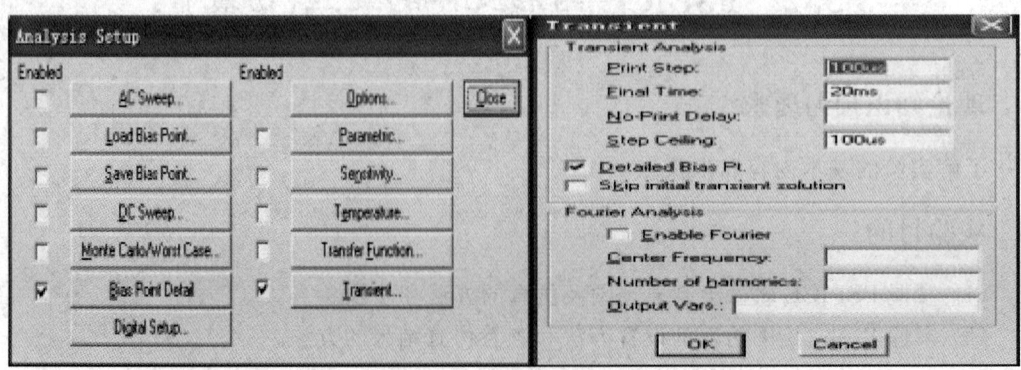

图 3.2.2　仿真设置界面

在 Transient 对话框中进行瞬态分析设置：打印步长 Print Step 为 100 μs，终止时间 Final Time 为 20 ms，打印延迟时间为 0，内时间步长的最大值为 Step Ceiling 为 100 μs，最后单击 OK 按钮完成设置。接着执行 Analysis/Simulate 命令进行仿真，在弹出的对话框中单击 OK 按钮，自动执行 Probe 程序，再执行 Probe 界面菜单 Trace/Add 命令，弹出的对话框如图 3.2.3 所示，在对话框选择显示变量 $V(3)$，单击 OK 按钮，即可看到曲线。

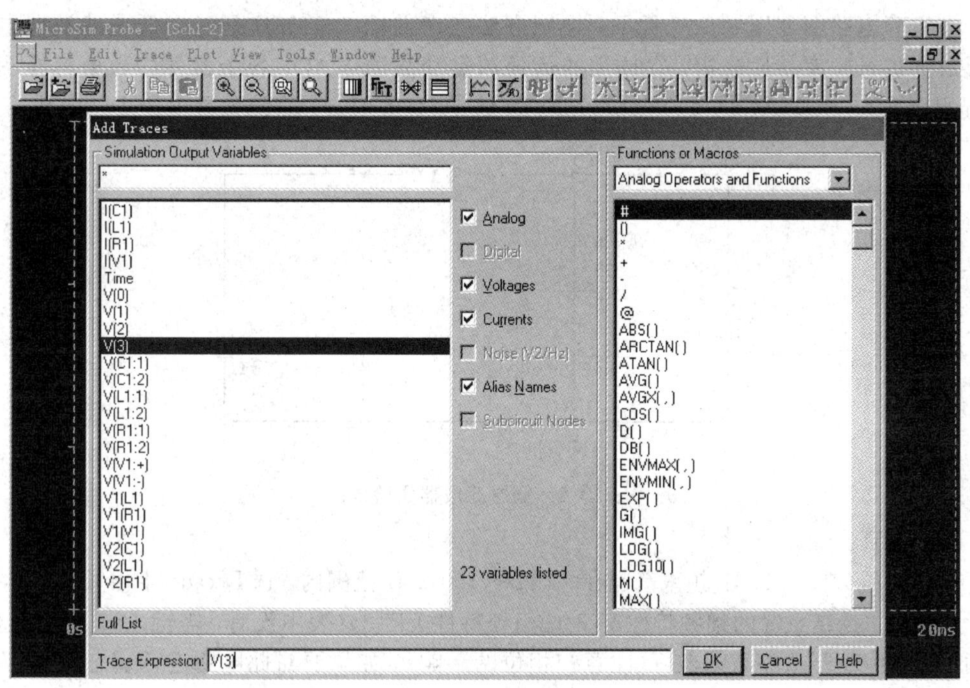

图 3.2.3 仿真绘图界面

2. 二阶欠阻尼线性电路的电路图绘制及仿真

(1) 电路图绘制。

本实验电路图如图 3.2.4 所示，电路元件的参数在图中已标明。绘制方法参考前面 3.1 节，需要说明的是，该电路所用信号源是一个独立分段线性信号源 Vpwl(当然也可用一个脉冲信号源，利用脉冲的前沿作为阶跃信号，注意两者的区别)，从 Source.slb 库中调用信号源 Vpwl，参数 $T_1=0$，$V_1=0$，$T_2=1\ \mu$s，$V_2=1$ V。

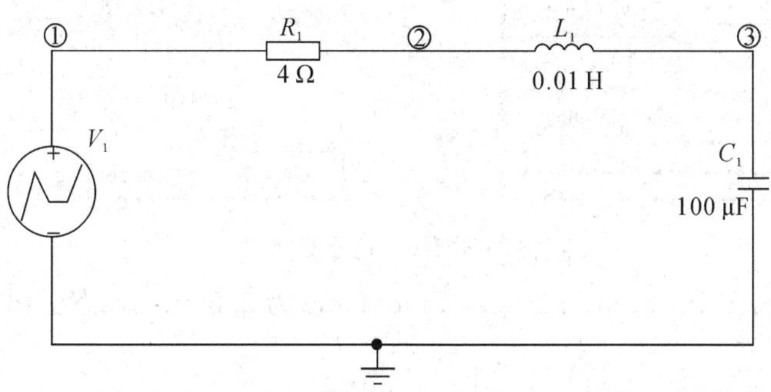

图 3.2.4 二阶欠阻尼线性电路的瞬态分析实验电路

(2) 仿真。

在 Transient 对话框中进行瞬态分析设置：Print Step 为 5 μs、Final Time 为 16 ms、Step Ceiling 为 5 μs，观察节点①、②、③的电压瞬态变化曲线。

3. 低通滤波电路的电路图绘制及仿真

(1) 电路图绘制。

本实验电路图如图 3.2.5 所示，绘制方法参考前面 3.1 节这是一个低通滤波器电路，将要对它进行频率特性分析，它选用的信号源是交流源 VAC，各个器件的数值标在图上。V_1选用 VAC，ACMAG 为 12 V(Magnitude 数量(有效值))，直流偏置电压 DC 为 0。

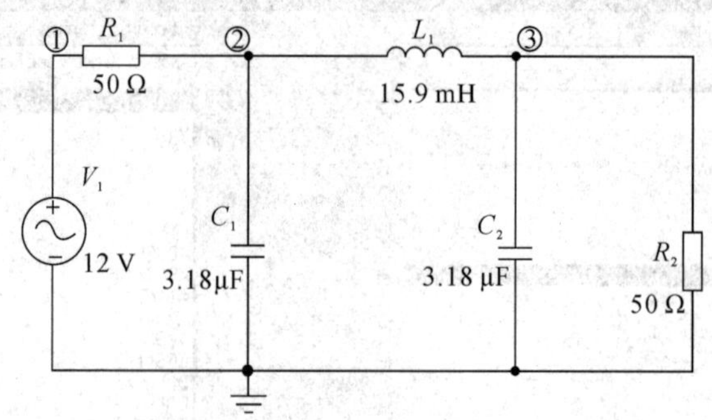

图 3.2.5 低通滤波器实验电路

(2) 仿真。

分析设置如图 3.2.6：频率范围在 10 Hz～100 kHz 范围内，选 Decade 十倍频程显示，在显示曲线时，选结点③的幅频特性 $V(3)$、相频特性 $VP(3)$(表中没有，需键入)。显示时可选用两个 Y 轴，这样观察效果较好(注意初相位的影响)。如果要对此电路进行瞬态分析，V_1就必须选 V_{SIN}正弦波信号源，V_{SIN}的 AC、DC、V_{OFF}设为 0，Vampl 为 12 V，Freq 为 1000 Hz。

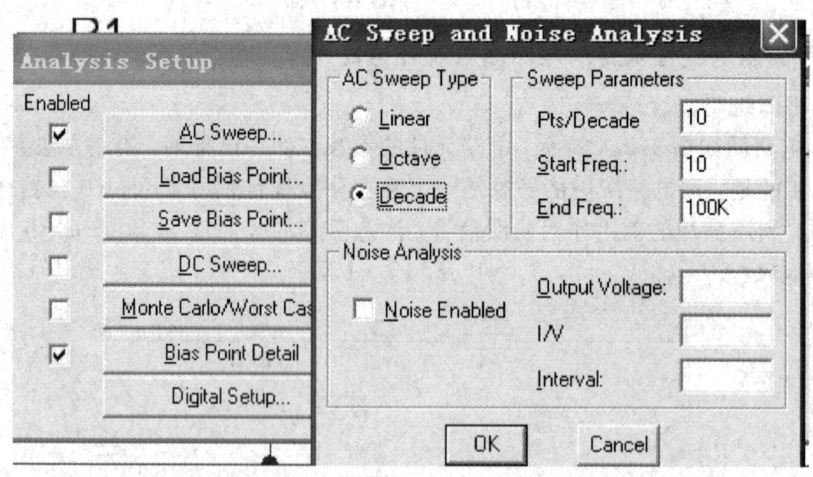

图 3.2.6 仿真设置

瞬态分析设置：Print Step 为 10 μs，Find Time 为 2.5 ms，稳态输出仍为正弦波，但有相位移。

4. 并联谐振电路的电路图绘制及仿真

并联谐振电路中的 R、C、L 的参数如图 3.2.7 所示。对图中的并联谐振电路要进行瞬

态分析，V_1 要用正弦波信号源 V_{sin}，打开参数设置对话框，它的参数设置如下：DC 为 0，AC 为 5 V，V_{OFF} 为 0 V，Vampl 为 5 V(Amplitude(幅值))，Freq 为 500 Hz。

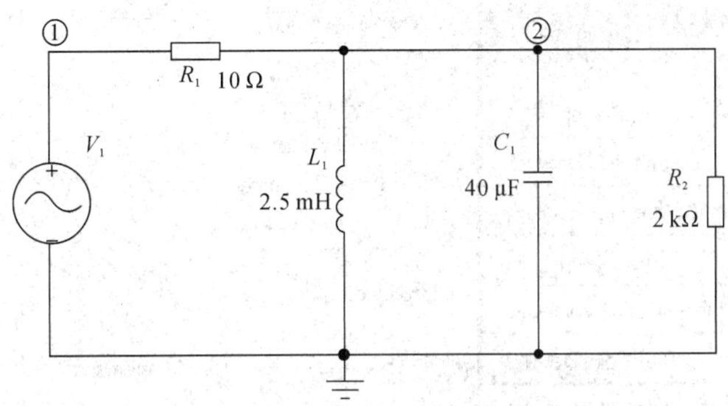

图 3.2.7 并联谐振电路

V_1 用正弦波信号源 V_{sin}，因为正弦波信号源能进行瞬态分析和交流扫描分析两项分析，打开参数设置对话框，它的参数设置如下：DC 为 0、AC 为 5 V、V_{OFF} 为 0 V、Vampl 为 5 V(Amplitude(幅值))、Freq 为 500 Hz。进行瞬态分析时，Print Step 设置为 0.1 ms、Final Time 设置为 8 ms、Step Ceiling 设置为 10 μs 即可。进行交流分析时，AC Sweep Type 设置为 Decade、Pts/Decade 设置为 3、Start Freq 设置为 1 Hz，End Freq 设置为 100 MHz。最后观察仿真结果。

5. 直流扫描分析中的嵌套扫描分析

在此以晶体管的输出特性曲线为例，说明直流扫描分析中嵌套扫描分析的方法。根据晶体管输出特性曲线的定义，基极电压 V_b 要有多个取值，每个取值在 V_c 由 0 逐渐增大的连续变化中，都会有一条 I_c 的曲线与之对应，多个 V_b 的取值，就会产生 I_c 的曲线族，这就是该晶体管的输出特性曲线。

(1) 电路图绘制。

电路原理图如图 3.2.8 所示，从元件库中调出 V2N3904、VDC、GND，并连线绘制电路图，然后进行嵌套扫描分析设置。V_c 为第一扫描变量(设置的类型和数值如图 3.2.9 所示)，V_b 为第二扫描变量，设置完 V_c 后单击对话框中的 Nested Sweep... 按钮，对 V_b 进行设置(设置的类型和数值见图 3.2.10 所示)，注意对 ☑ Enable Nested Sweep 选项打钩，单击 OK 按钮，完成设置。

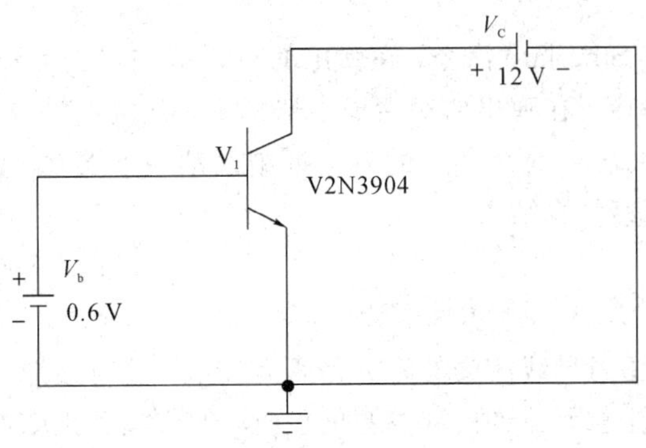

图 3.2.8 电路原理图

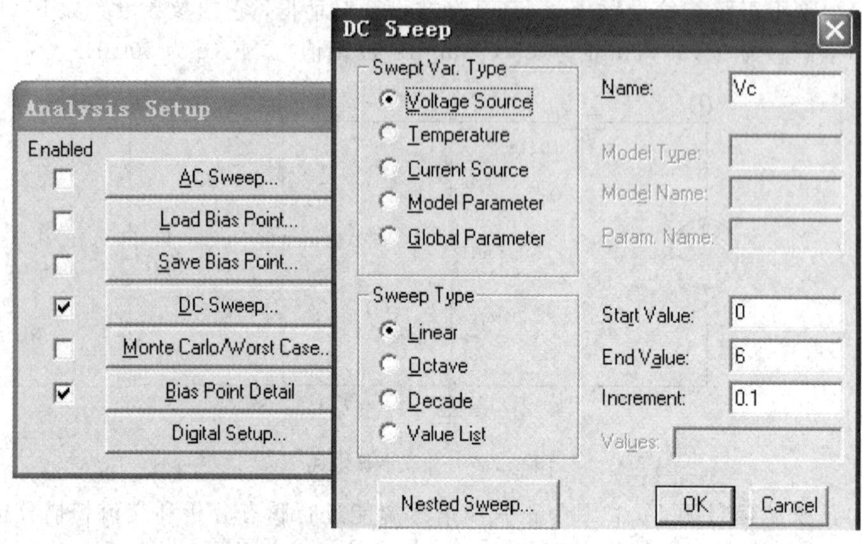

图 3.2.9　仿真设置界面(V_c 设置)

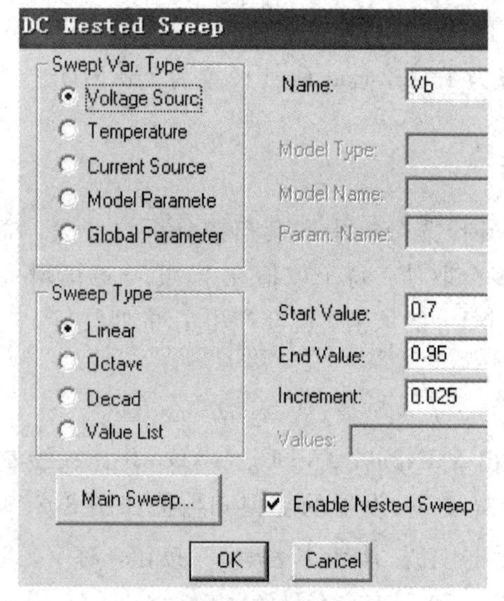

图 3.2.10　仿真设置界面(V_b 设置)

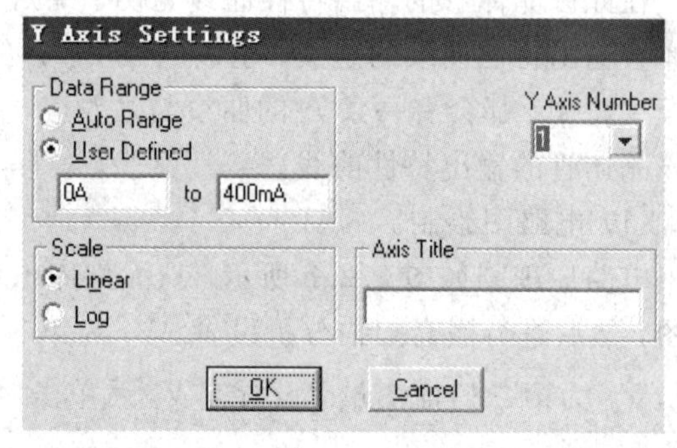

图 3.2.11　设置 Y 轴范围界面

(2) 仿真。

执行仿真 Analysis/Simulate 命令，在弹出的对话框中单击 OK 按钮，自动启动 Probe 界面菜单 Trace/Add 命令，在弹出的对话框中选择 I_c(V(1))变量，然后单击 OK 按钮。另外需在 Plot/Y Axis Settings 命令菜单的对话框中改动一下 Y 轴的范围即可，设置界面如图3.2.11 所示。最后观察仿真结果。

五、实验注意事项

(1) 绘制电路图时注意导线相交的地方是否有交点，注意接地。

(2) 绘制电路图时注意元器件内部参数的设置，如方波和正弦波电源的参数。

六、思考题

在仿真曲线上标示坐标时，如何在不同的曲线间切换？

3.3　单级放大电路(仿真)

一、理论知识预习要求

(1) 预习单级放大电路原理。

(2) 了解实验的基本内容和步骤。

二、实验目的

(1) 掌握 PSPICE 软件绘制电路原理图及仿真的方法和步骤。

(2) 掌握 Probe 绘图仿真的设置方法和查看仿真结果的方法。

三、实验仪器

电脑、PSPICE 软件。

四、实验内容

单级放大电路原理图如图 3.3.1 所示，晶体管用 V2N2222 代替了 3DG6，在 Eval. slb 库中调用。输入信号源需用正弦信号源 V_{sin}，在属性对话框中设置 DC 为 0、AC 为 1、V_{OFF} 为 0、VMAPL 为{V_x}、Freq 为 1000。可调电阻 R_P 的数值设置为{R_x}。还需从 Special. slb 库中调用 PARAMETERS 文字符号，并双击它进行设置，NAME1 为 V_x，VALUE1 为 1.5 V，NAME2 为 R_x，VALUE2 为 26.5 kΩ。其他元件的参数设置和前面讲过的方法相同。

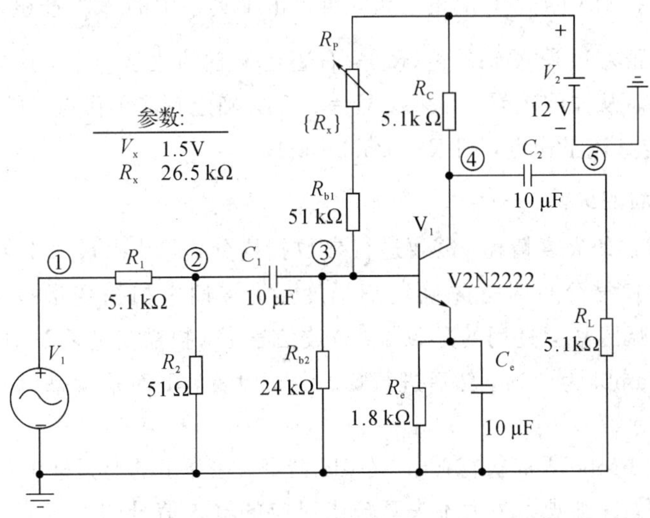

图 3.3.1　单级放大电路原理图

本实验要进行以下的几项内容：

1. 静态工作点的选择

电路图中的 R_P 的数值设置为{R_x}，一定要用大括号括起来。再执行菜单 Analysis Setup/DC Sweep 命令，设置直流扫描分析选项。直流扫描对话框的设置如图 3.3.2 所示。

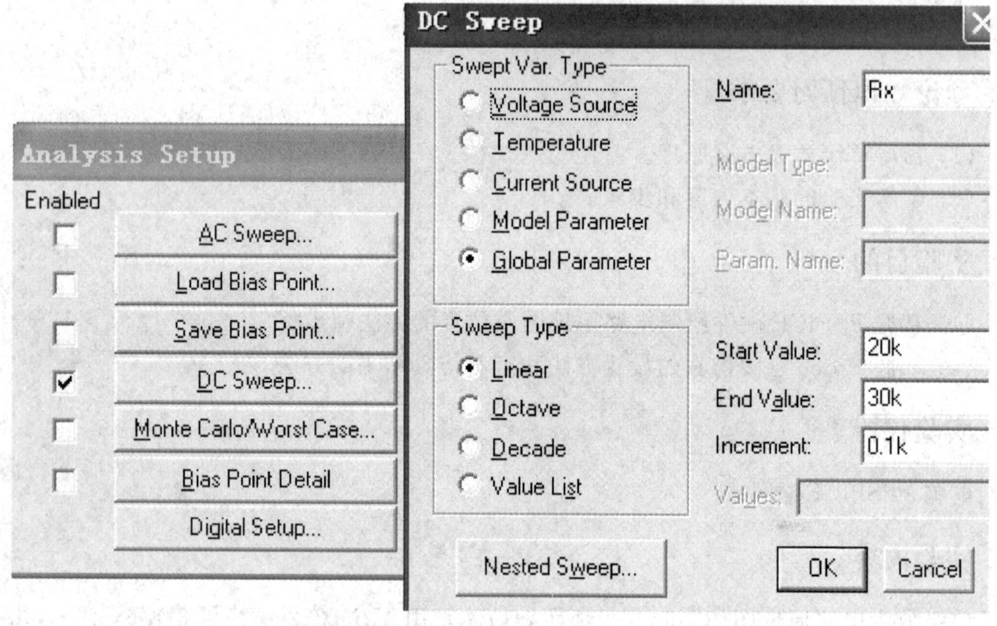

图 3.3.2 直流扫描分析设置

执行 Analysis/Simulate 命令进行仿真，自动启动 Probe 界面，单击 Trace/Add 命令，在弹出的对话框中选中变量 $V[4]$，然后单击 OK 按钮，在电脑屏幕上就出现了集电极电压随 R_P 变化的曲线。单击工具栏中的按钮启动十字标线，按住左键移动可以沿曲线改变十字坐标的位置，找到 $V[4]=6$ V 的位置，再单击工具栏中的按钮，在曲线上标注坐标值。标注的坐标值左边是 X 轴的值(R_x)，右边是 Y 轴的值($V[4]$)，这样就可以确定放大器的直流工作点了。从曲线上看，如果按 $V_e=2.2$ V 确定直流工作点，则 $R_P=23.7$ kΩ；如果按 $V_c=6$ V 确定直流工作点，则 $R_P=26.36$ kΩ。

2. 观察放大器的失真

为了观察放大器的失真情况，需要进行参数扫描分析，找出最大不失真输出时对应的输入值。进行参数扫描分析时首先确定扫描变量。本例中扫描变量是 V_i 的电压值参数 Vampl，输入信号源是 V_1，选用的是 V_{sin} 正弦波信号源，扫描变量是 V_{sin} 的 Vampl，在属性对话框中，设置 Vampl 为{V_x}。然后进行瞬态分析设置，下面是瞬态扫描分析中的参数设置，如图 3.3.3 所示。

设置完成后在 Probe 界面执行 Trace/Add 命令，在弹出的对话框中观察变量 $V[5]$，并观察输出的波形图。仔细观察最大不失真输出对应的输入信号的近似值。如果看到严重失真情况，可以增大 V_1 的值，如图 3.3.4 所示。

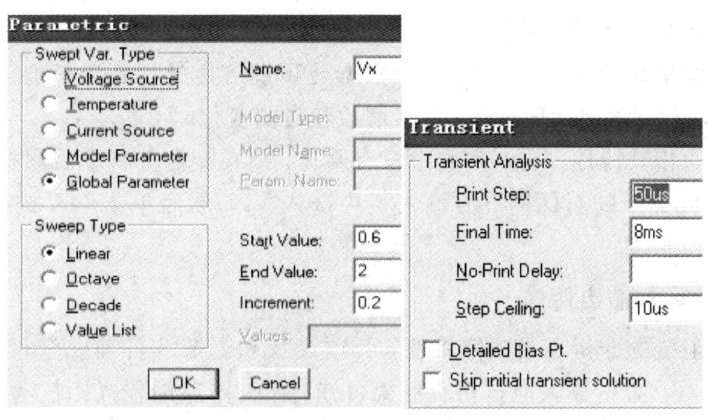

图 3.3.3　参数扫描分析和瞬态扫描分析设置

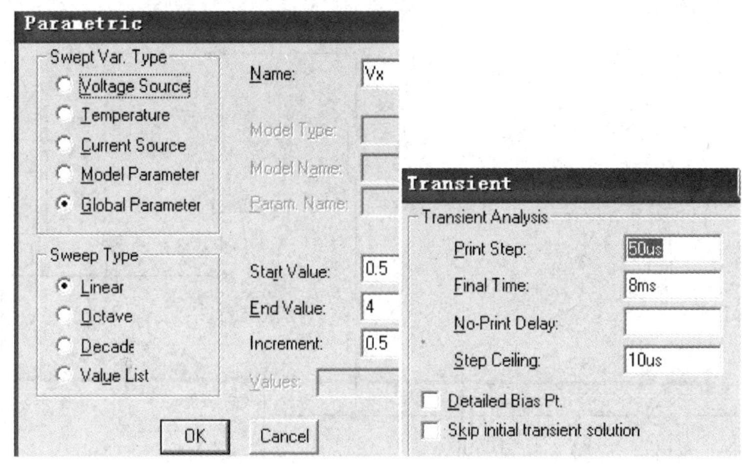

图 3.3.4　查看失真结果设置

3. 放大器的幅频特性

放大器的电压增益 A_u（包括空载和有负载）、通频带、输入输出阻抗，都是放大器的频率特性，所以要进行交流扫描分析。先进行放大器的幅频特性、相频特性和带宽分析。设置如图 3.3.5 所示。

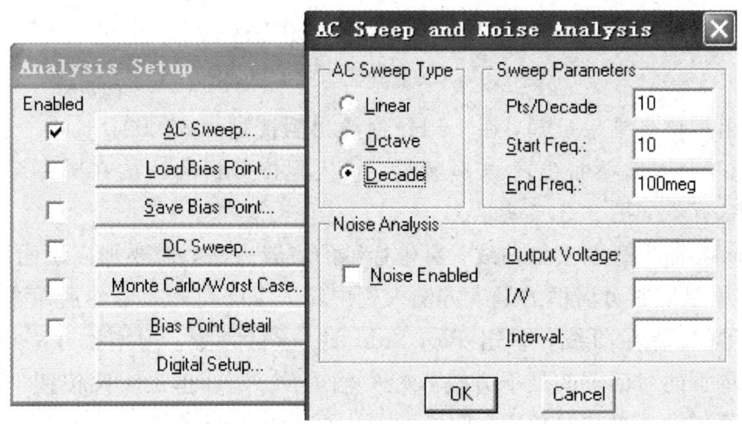

图 3.3.5　交流扫描分析查看幅频特性

在 Probe 界面观察增益特性曲线时，观察的变量应该是 $V[5]/V[2]$，在曲线上要标注电压增益的最大值坐标和 f_L、f_H 的坐标，根据通频带的定义计算出带宽。把 R_L 断开，输出端开路时，再进行一次 AC Sweep，观察增益和带宽变化。

关于放大器的相频特性，在本实验中没有要求，但在交流分析中观察相频特性很容易。只要在 Trace/Add 命令的对话框下方输入栏中键入 V_P，然后单击 OK 按钮就可以观察到放大器的相频特性曲线。

4. 放大器的输入输出阻抗

放大器输入阻抗的分析也是频率特性，各项设置和上节 3 各项完全相同，仿真后观察 $V[2]/I[C1]$的曲线。分析输入阻抗仿真结果可知，在 1 kHz 时输入阻抗为 3.8 kΩ。

根据输出阻抗的定义，把电路图改为输出阻抗测试电路，其他设置不变，再进行交流扫描分析，电路如图 3.3.6 所示。

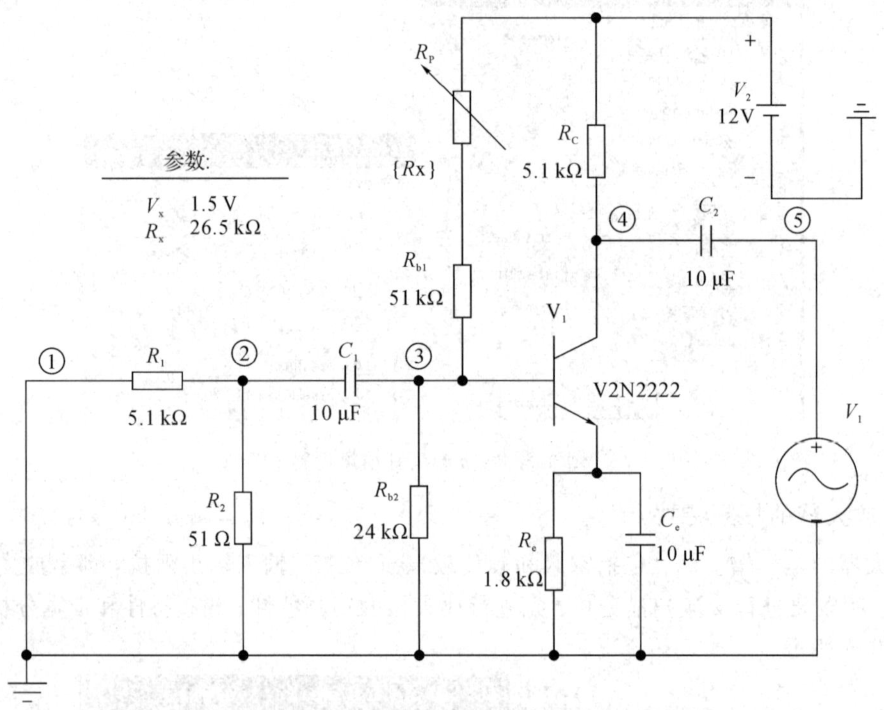

图 3.3.6 测量输出阻抗的原理图

分析输出阻抗仿真结果可知，在 1 kHz 时输出阻抗是 4.85 kΩ。

如果把幅频特性(增益曲线)、相频特性、输入阻抗分析曲线放在同一图中，可以用三个 Y 轴来分别表示，如图 3.3.7 所示。

要在 Probe 界面上显示三条曲线，对坐标轴的设置方法，需要加以说明：打开界面后，在 Trace/Add 菜单下的对话框的最下方输入栏中输入 $V(5)/V(2)$，然后单击 OK 按钮，则显示出增益的幅频特性曲线。单击 Plot/Add Y Axis 命令，则增加了一个 Y 轴。再在 Trace/Add 菜单下的对话框的最下方输入栏中输入 $V_p(5)$，单击 OK 按钮，则显示出相频特性曲线，注意 Y 轴的单位是角度。同样的方法再增加一个 Y 轴，在 Trace/Add 菜单下的对话框的最下方输入栏中输入 $V(2)/I(C1)$，单击 OK 按钮，则显示出输入特性曲线，这个

Y 轴的单位是 Ω。

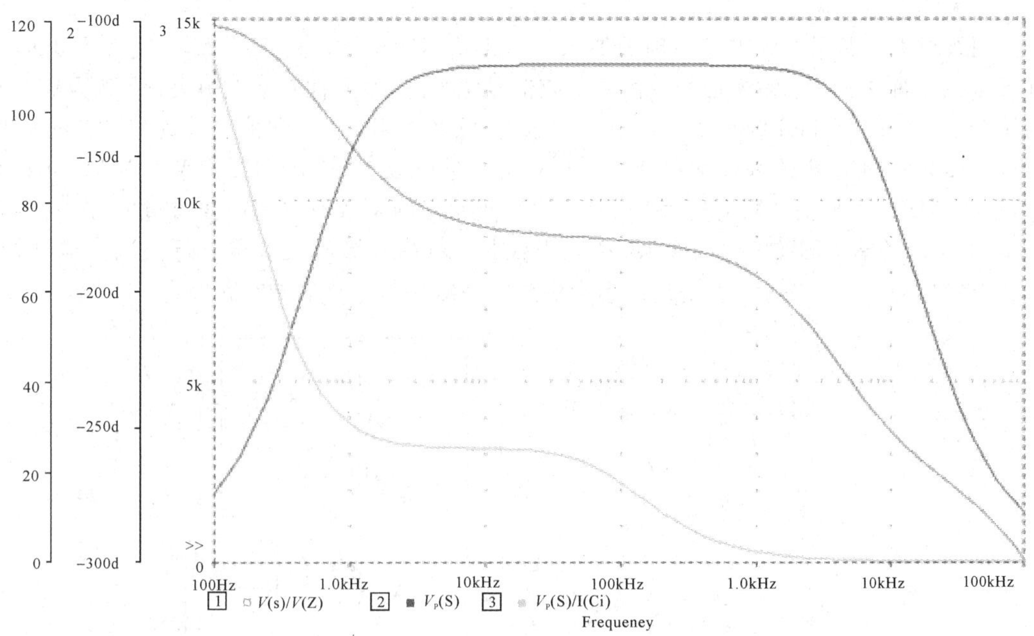

图 3.3.7 幅频特性、输入、输出阻抗仿真结果置于一图

五、实验注意事项

(1) 绘电路图时注意导线相交的地方是否有交点，注意接地。

(2) 绘电路图时注意元器件内部参数的设置，如方波和正弦波电源的参数。

(3) 输出阻抗测量时注意电路原理图的改变。

六、思考题

如何在一个仿真界面上画出多个曲线，并分别设置坐标？

3.4 两级放大电路(仿真)

一、理论知识预习要求

了解本次实验的基本原理和步骤。

二、实验目的

(1) 掌握 PSPICE 软件绘制电路原理图及仿真的方法和步骤。

(2) 掌握 Probe 绘图仿真的设置方法和查看仿真结果的方法。

三、实验仪器

电脑、PSPICE 软件。

四、实验内容

两级放大电路第一级电路原理图如图 3.4.1 所示，晶体管用 V2N2222 代替了 3DG6，在 Eval.slb 库中调用。输入信号源需用正弦信号源 V_{sin}，在属性对话框中设置 DC 为 0、AC 为 1、V_{OFF} 为 0、Vmapl 为{V_X}、Freq 为 1000。可调电阻 R_{P1} 的数值设置为{R_x}。还需从 Special.slb 库调用 PARAM 文字符号，并双击它进行设置，NAME1 为 V_x、VALUE1 为 1 V、NAME2 为 R_x、VALUE2＝2.5 MΩ。其他元件的参数设置和前面讲过的方法相同。R_L 是第二级的输入阻抗，用约 3 kΩ 的电阻代替。对第一级放大电路进行交流扫描分析，参数设置如图 3.4.2 所示，在输出波形中观察第一级放大电路的带宽和增益。

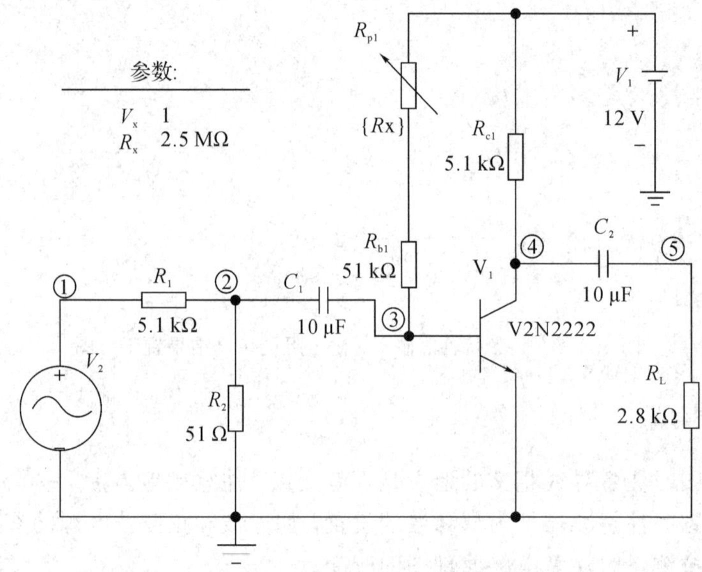

图 3.4.1　两级放大电路的第一级电路图

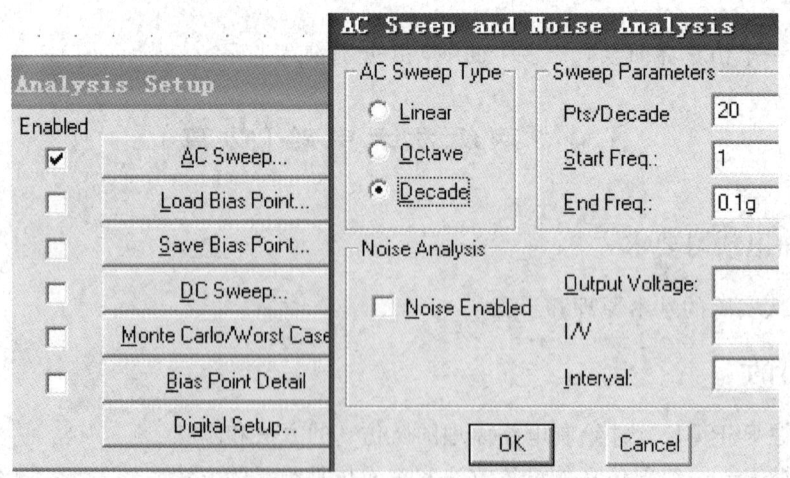

图 3.4.2　第一级放大电路的交流分析设置

第二级的电路图与设置说明：第二级的直流工作点没有用 DC Sweep 去确定，而是通过调节可调电阻的 SET 参数来实现的，它的设置和电路原理图如图 3.4.3 所示。

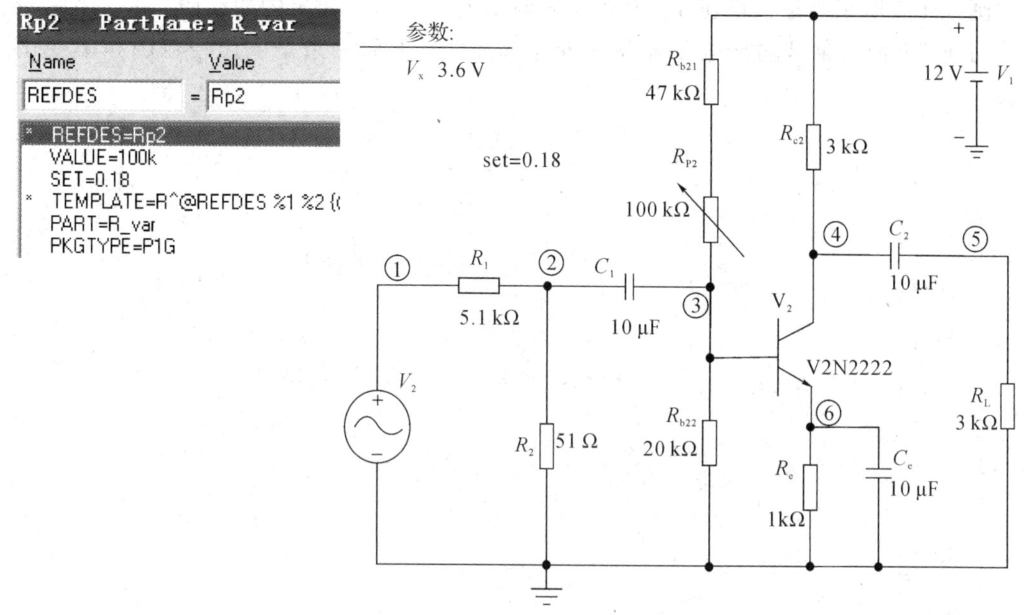

图 3.4.3　两级放大电路的第二级电路图

对第二级放大电路进行交流分析，参数设置仍如图 3.4.2 所示，在输出波形中观察第二级放大电路的带宽和增益。第二级由于工作电流的增大，增益 A_u 则提高，带宽变窄，尤其是在低频端变化更大。

图 3.4.4 是两级放大电路级联以后的电路图，所有设置和各自电路独立时一样。对级联后的电路进行 AC Sweep 扫描分析，然后把第一级、第二级、级联后这三种情况进行比较，观察它们的增益、带宽的变化，并和理论值进行比较。

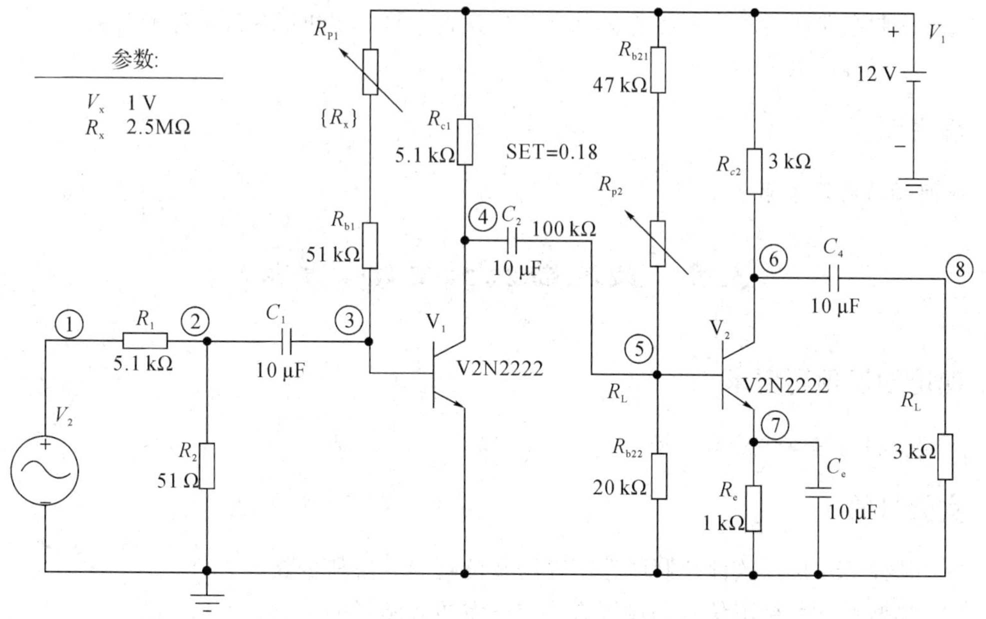

图 3.4.4　两级放大电路的电路图

图 3.4.5 所示为输入电压 V_2 为 0.2 V 时交流分析仿真输出的曲线图。在一个图中有两条曲线，上面一条是输出电压随频率变化的曲线，下面一条是电压增益随频率变化的曲线。

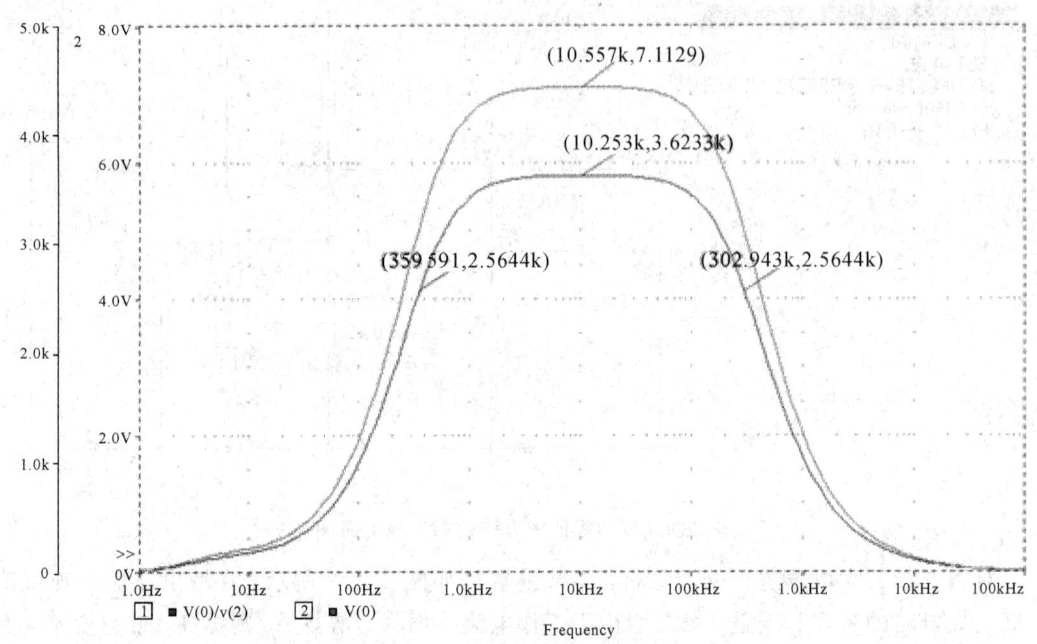

图 3.4.5　两级放大电路的电路图仿真结果

五、实验注意事项

（1）绘制电路图时注意导线相交的地方是否有交点，注意接地。

（2）绘制电路图时注意元器件内部参数的设置，如方波和正弦波电源的参数。

（3）注意可调电阻的设置。

六、思考题

如何调节可调电阻的阻值？

3.5　负反馈放大电路（仿真）

一、理论知识预习要求

了解实验的基本内容和步骤。

二、实验目的

（1）掌握 PSPICE 软件绘制电路原理图及仿真的方法和步骤。

（2）掌握 Probe 绘图仿真的设置方法和查看仿真结果的方法。

三、实验仪器

电脑、PSPICE 软件。

四、实验内容

分别分析开环电路和闭环电路，用 AC Sweep 分别测出 A_u、f_H、f_L、BW、R_i 等参数，然后计算出反馈系数 F，并说明负反馈对放大器频率特性的影响。

1. 开环电路的分析

开环电路原理图如图 3.5.1 所示，晶体管用 V2N2222 代替了 3DG6，可在 Eval.slb 库中调用。输入信号源采用正弦信号源 V_{sin}，属性对话框中各个分量设置如图 3.5.2 所示。

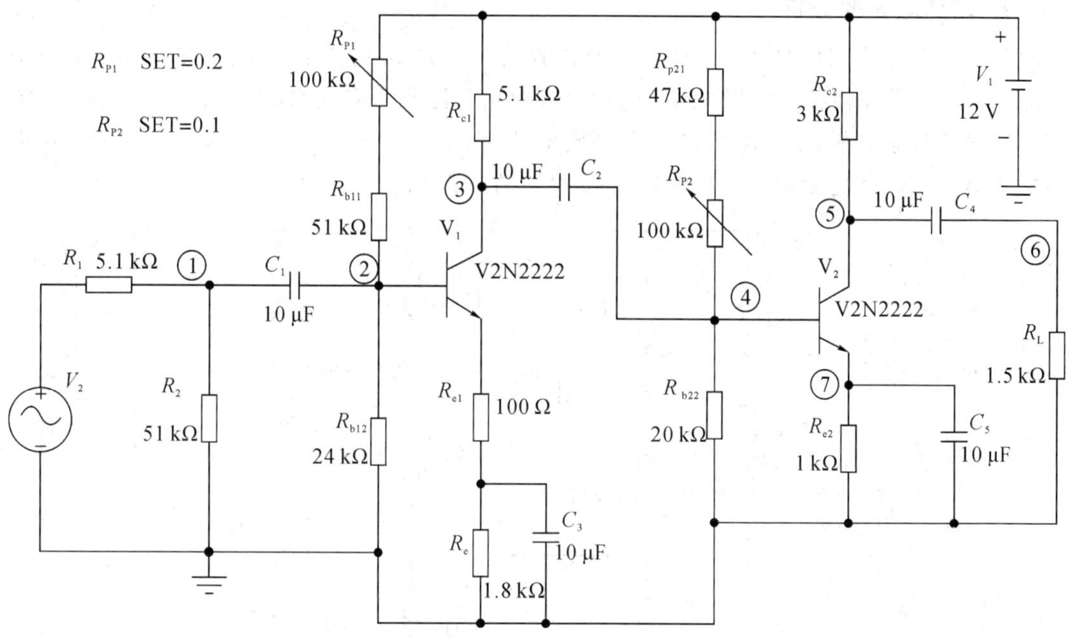

图 3.5.1 开环电路原理图

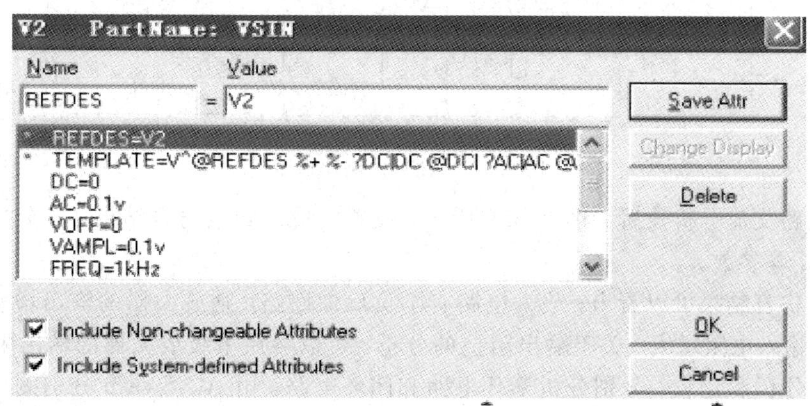

图 3.5.2 正弦信号源属性设置

开环电路的交流和瞬态分析设置如图 3.5.3 所示，设置完成后观察仿真结果，并分析 A_u、f_H、f_L、BW、R_i 等参数。

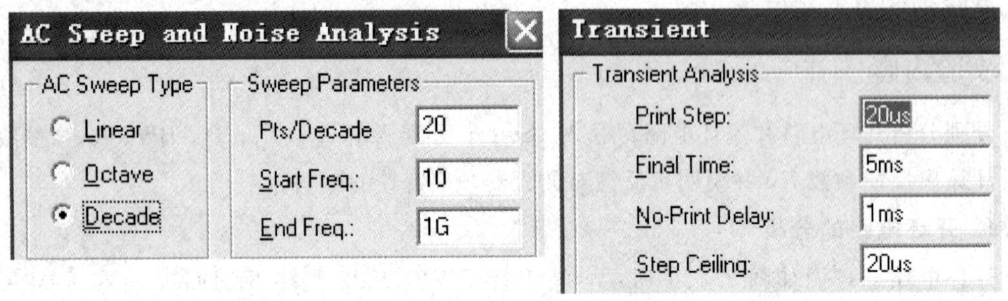

图 3.5.3　开环电路的仿真设置

2. 闭环电路的分析

闭环电路原理图如图 3.5.4 所示，晶体管用 V2N2222 代替了 3DG6，在 Eval.slb 库中调用。为了熟悉各种源的使用，图中的信号源由正弦源改为交流源(由 V_{sin} 改为 V_{ac})，交流源不能进行瞬态分析，用 AC Sweep 分别测出 A_u、f_H、f_L、BW、R_i 等参数，并说明负反馈对放大器频率特性的影响。信号源 V_3 的属性设置如图 3.5.5 所示。

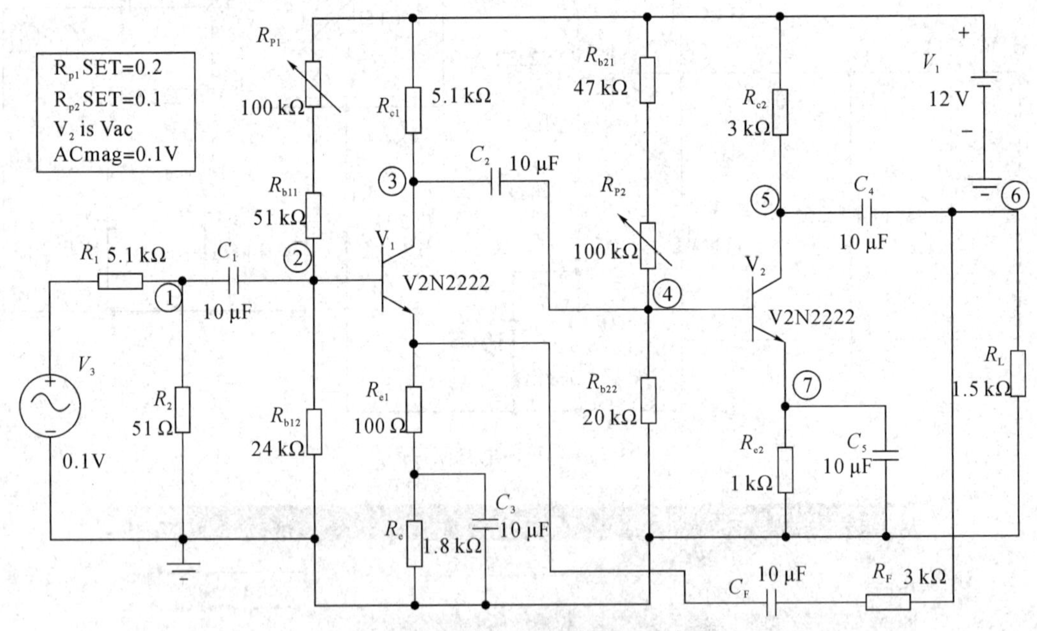

图 3.5.4　闭环电路原理图

闭环电路交流分析设置如图 3.5.6 所示，设置完成后观察仿真结果，并分析 A_u、f_H、f_L、BW、R_i 等参数。

从分析仿真结果可以看出，放大电路有了负反馈回路，则放大器的输出增益下降，通频带变宽，输入电阻增大。关于输出阻抗的分析，可以参照单级放大器的输出阻抗电路的原理，自行分析和比较。分别分析开环电路和闭环电路，用 AC Sweep 分别测出 A_u、f_H、f_L、BW、R_i 等参数，然后计算反馈系数 F，并说明负反馈对放大器频率特性的影响。

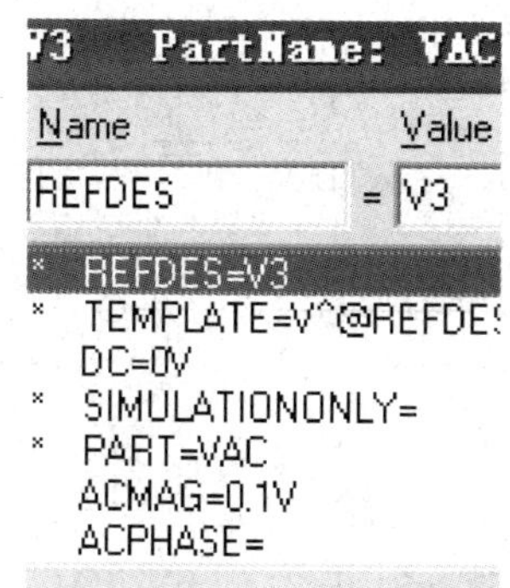

图 3.5.5　交流信号源属性设置

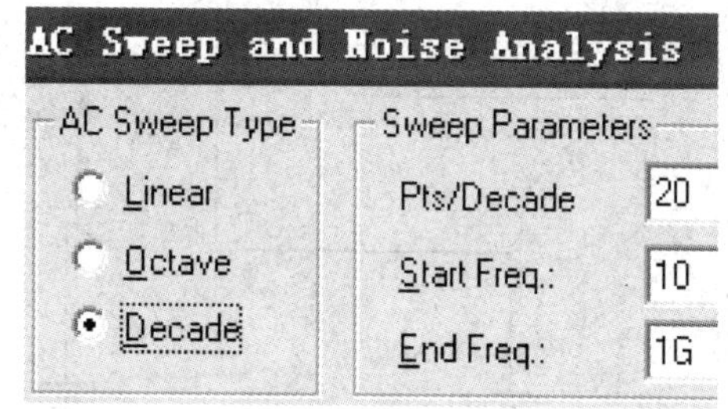

图 3.5.6　闭环状态的仿真设置

五、实验注意事项

(1) 绘制电路图时注意导线相交的地方是否有交点，注意接地。

(2) 绘制电路图时注意元器件内部参数的设置，如方波和正弦波电源的参数。

(3) 注意可调电阻的设置。

六、思考题

开环、闭环电路的区别是什么？如何判断电路是正反馈还是负反馈？

3.6　比例求和运算电路(仿真)

一、理论知识预习要求

了解实验的基本内容和步骤。

二、实验目的

(1) 掌握 PSPICE 软件绘制电路原理图及仿真的方法和步骤。

(2) 掌握 Probe 绘图仿真的设置方法和查看仿真结果的方法。

三、实验仪器

电脑、PSPICE 软件。

四、实验内容及实验步骤

1. 电压跟随器原理图绘制及仿真

(1) 根据图 3.6.1 所示的电压跟随器原理图中所给的元件，从元件库中调用元件，通过对元件的移动、翻转、整理等操作，摆放好元件位置，并用导线将各元件连接。

(2) 对各个元件的参数进行设置。

(3) 设置电路图中的节点序号，设计完成的电路图如图 3.6.1 所示。

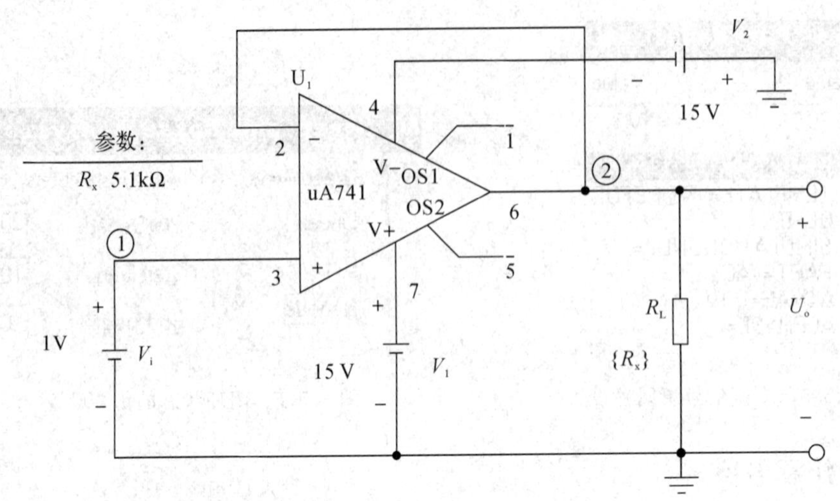

图 3.6.1　电压跟随器原理图

(4) 在菜单选中 Analysis setup/DC Sweep 和 Parametric 命令，并进行瞬态分析参数设置，设置界面如图 3.6.2 所示。

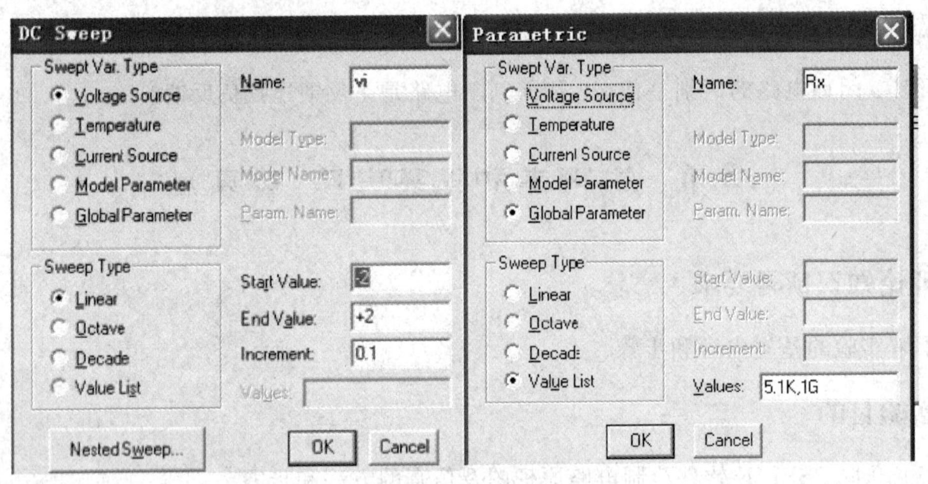

图 3.6.2　电压跟随器仿真设置

(5) 执行 Analysis/Simulate 命令，自动启动 Probe 界面，再单击 Trace/Add 命令，在弹出的对话框中选中 $V(2)$变量，然后单击 OK 按钮，就会显示出仿真曲线。如果两条曲线基本重合，说明负载对电压输出基本没有影响，即说明电压跟随器的负载能力很强。

(6) 单击工具栏上的按钮启动十字标线，用鼠标拖动找到合适的位置后松开鼠标，再单击工具栏上的按钮，在曲线上依次标注 V_1 为−2 V、−0.5 V、0 V、+0.5 V、+1 V 时的坐标值。

2. 反相比例放大器原理图绘制及仿真

(1) 根据图 3.6.3 所示反相比例放大电路中所给的元件，从元件库中调用元件，通过对元件的移动、翻转、整理等操作，摆放好元件位置，并用导线将各元件连接。

(2) 对各个元件的参数进行设置。

(3) 设置电路图中的节点序号，设计完成的电路图如图 3.6.3 所示。

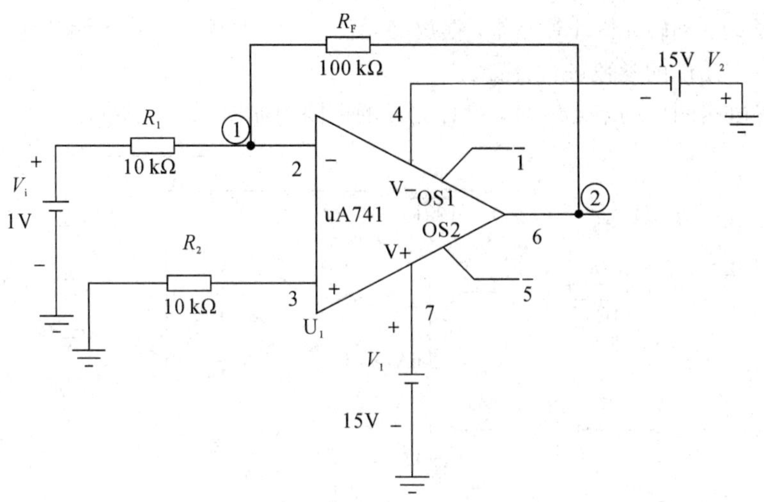

图 3.6.3　反相比例放大电路图

(4) 在菜单选中 Analysis Setup/DC Sweep 和 Bias Point Detail 命令，并进行直流扫描分析参数设置，设置界面如图 3.6.4 所示。

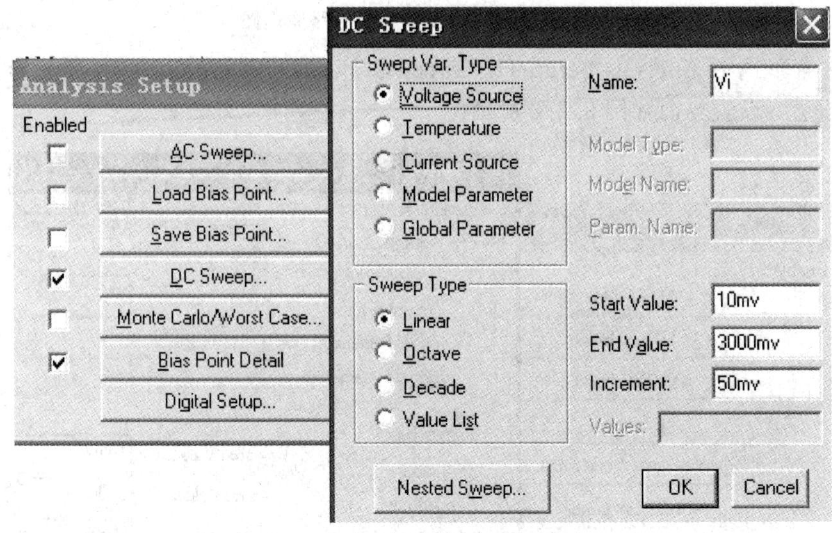

图 3.6.4　反相比例放大仿真设置

(5) 执行 Analysis/Simulate 命令，自动启动 Probe 界面，单击 Trace/Add 命令，在弹出对话框中选中 $V(2)$ 变量，然后单击 OK 按钮，就会显示出仿真结果曲线。

(6) 单击工具栏上的按钮启动十字标线，用鼠标拖动找到合适的位置后松开鼠标，再单击工具栏的按钮，在曲线上依次标注 V_1 为 30 mV、100 mV、300 mV、1000 mV 和 3000 mV 时的坐标值。

3. 同相比例放大器原理图绘制及仿真

(1) 根据图 3.6.5 所示的同相比例放大电路中所给的元件，从元件库中调用元件，通过对元件的移动、翻转、整理等操作，摆放好元件位置，并用导线将各元件连接。

(2) 对各个元件的参数进行设置。

(3) 设置电路图中的节点序号，设计完成的电路图如图 3.6.5 所示。

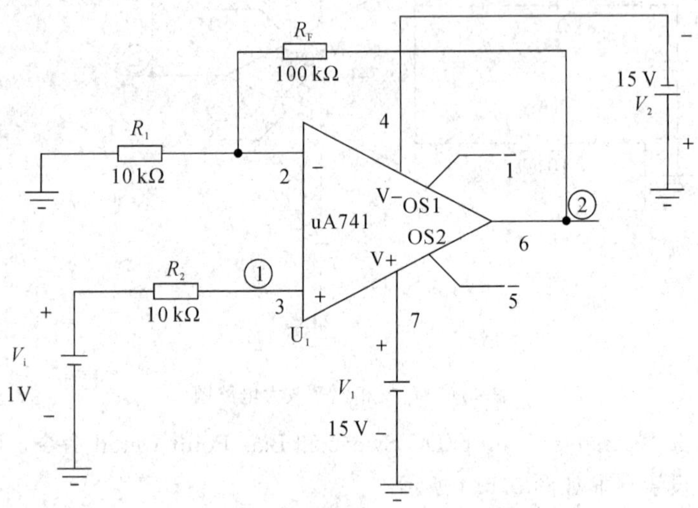

图 3.6.5 同相比例放大电路原理图

(4) 在菜单选中 Analysis Setup/DC Sweep 和 Bias Point Detail 命令，并进行直流扫描分析参数设置，设置界面如图 3.6.6 所示。

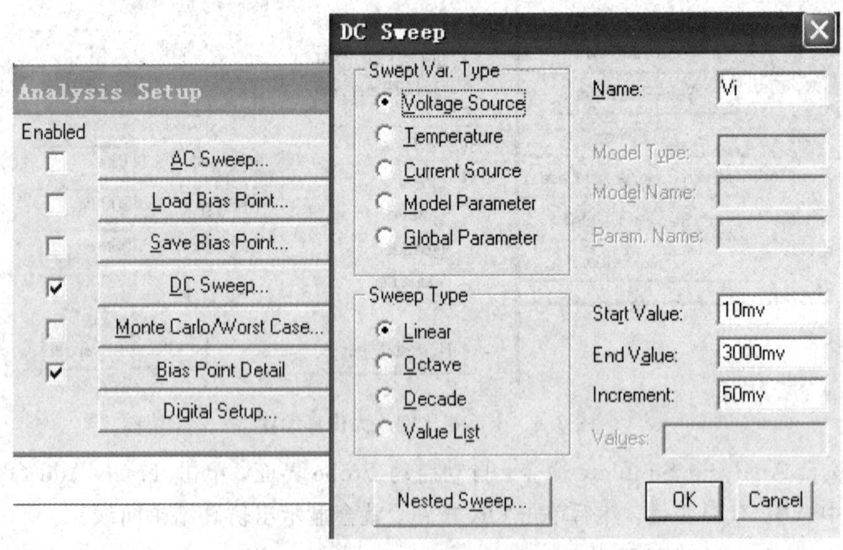

图 3.6.6 同相比例放大电路仿真设置

(5) 执行 Analysis/Simulate 命令，自动启动 Probe 界面，单击 Trace/Add 命令，在弹出对话框中选中 $V(2)$变量，单击 OK 按钮，就会显示出仿真的变化曲线。

(6) 单击工具栏上的 按钮启动十字标线，用鼠标拖动找到合适的位置后松开鼠标，再用工具栏的按钮，在曲线上依次标注 V_1 为 30 mV、100 mV、300 mV、1000 mV 和 3000 mV 时的坐标值。

4. 反相求和放大器原理图绘制及仿真

(1) 根据图 3.6.7 所示的反相求和放大器电路中所给的元件，从元件库中调用元件，通过对元件的移动、翻转、整理等操作，摆放好元件位置，并用导线将各元件连接。

(2) 对各个元件的参数进行设置。

(3) 设置电路图中的节点序号，设计完成的电路图如图 3.6.7 所示。

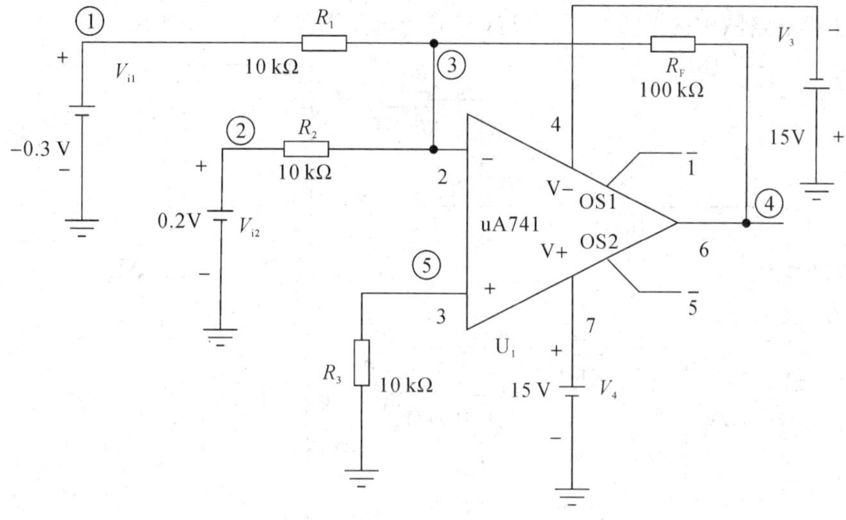

图 3.6.7　反相求和放大电路原理图

(4) 在菜单选中 Analysis Setup/DC Sweep 和 Bias Point Detail 命令，并进行直流扫描分析参数设置，设置界面如图 3.6.8 所示。

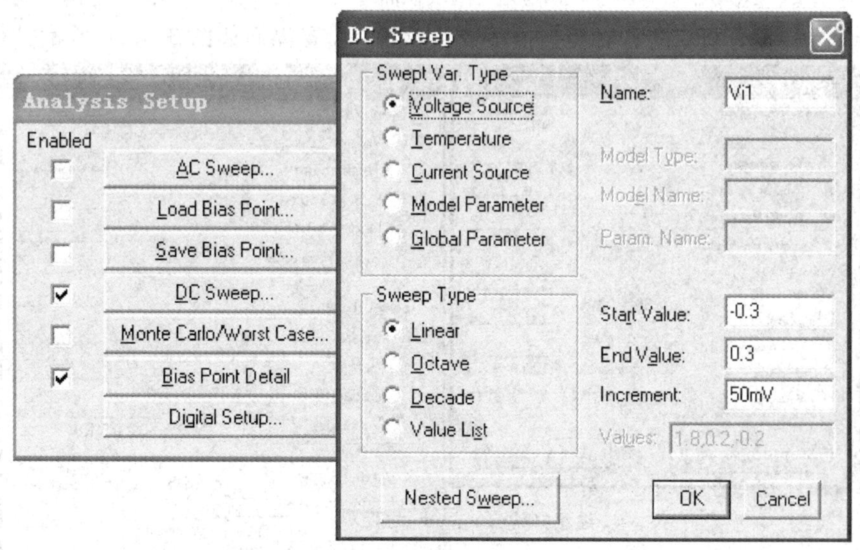

图 3.6.8　反相求和放大电路仿真设置

(5) 执行 Analysis/Simulate 命令，自动启动 Probe 界面，单击 Trace/Add 命令，在弹

出对话框中选中 $V(4)$ 变量，单击 OK 按钮，就会显示出仿真的变化曲线。

(6) 单击工具栏的按钮启动十字标线，用鼠标拖动找到合适的位置后松开鼠标，再单击工具栏的按钮，在曲线上依次标注出 V_{i2} 为 0.2 V、V_{i1} 为 0.3 V 和－0.3 V 时的坐标值。

5. 双端输入求和放大器原理图绘制及仿真

(1) 根据图 3.6.9 所示的双端输入和放大电路中所给的元件，从元件库中调用元件，通过对元件的移动、翻转、整理等操作，摆放好元件位置，并用导线将各元件连接。

(2) 各个对元件的参数进行设置。

(3) 设置电路图中的节点序号，设计完成的电路图如图 3.6.9 所示。

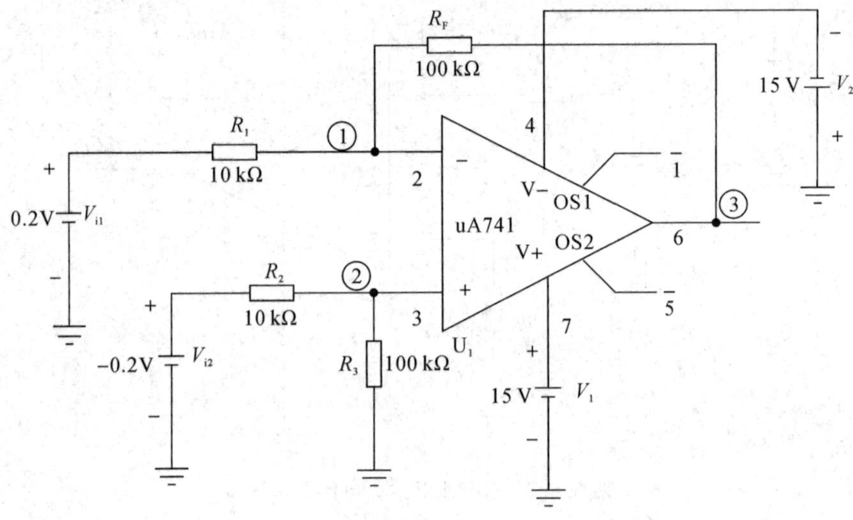

图 3.6.9　双端输入求和放大电路原理图

(4) 在菜单选中 Analysis Setup/DC Sweep 命令，因为 V_{i1}、V_{i2} 都在变化，所以要用嵌套 DC Sweep 扫描分析，注意嵌套扫描参数的设置。设置界面如图 3.6.10 所示。

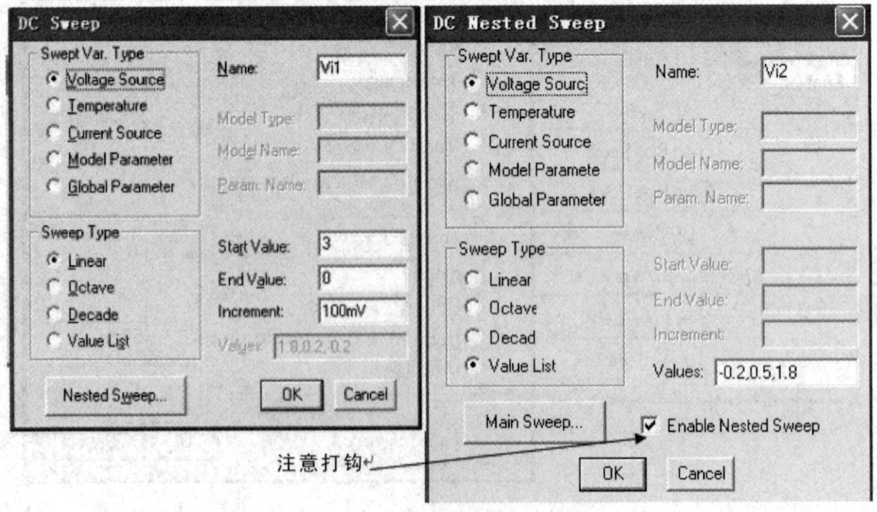

图 3.6.10　双端输入求和放大电路仿真设置

(5) 执行 Analysis/Simulate 命令，自动启动 Probe 界面，单击 Trace/Add 命令，在弹出对话框中选中 $V(3)$变量，单击 OK 按钮，就会显示出仿真的变化曲线。

(6) 单击工具栏上的按钮启动十字标线，用鼠标拖动找到合适的位置后松开鼠标左键，再单击工具栏的按钮，在曲线上依次标注出 V_{i1} 为 0.2 V、1 V 和 2 V 时，V_{i2} 为 −0.2 V、+0.5 V 和+1.8 V 时的坐标值。

五、实验注意事项

(1) 绘制电路图时注意导线相交的地方是否有交点，注意接地。

(2) 绘制电路图时注意元器件内部参数的设置，如方波和正弦波电源的参数。

(3) 注意嵌套分析的设置。

(4) 需注意运放电路的同相、反相输入端。

六、思考题

各种运放电路的输入输出关系是什么?

3.7　积分与微分电路(仿真)

一、理论知识预习要求

了解实验的基本内容和步骤。

二、实验目的

(1) 掌握 PSPICE 软件绘制电路原理图及仿真的方法和步骤。

(2) 掌握 Probe 绘图仿真的设置方法和查看仿真结果的方法。

三、实验仪器

电脑、PSPICE 软件。

四、实验内容

1. 积分电路

(1) 根据图 3.7.1 所示的积分电路中所给的元件，从元件库中调用元件，通过对元件的移动、翻转、整理等操作，摆放好元件位置，并用导线将各元件连接。

(2) 对元件的参数进行设置(设置电压源 V_{pulse} 的 $V_1=0$、$V_2=-1$、TD=0、TR=0、TF=0、PW=20 ms、PER=40 ms)。

(3) 设置电路图中的节点序号，设计完成的电路图如图 3.7.1 所示。

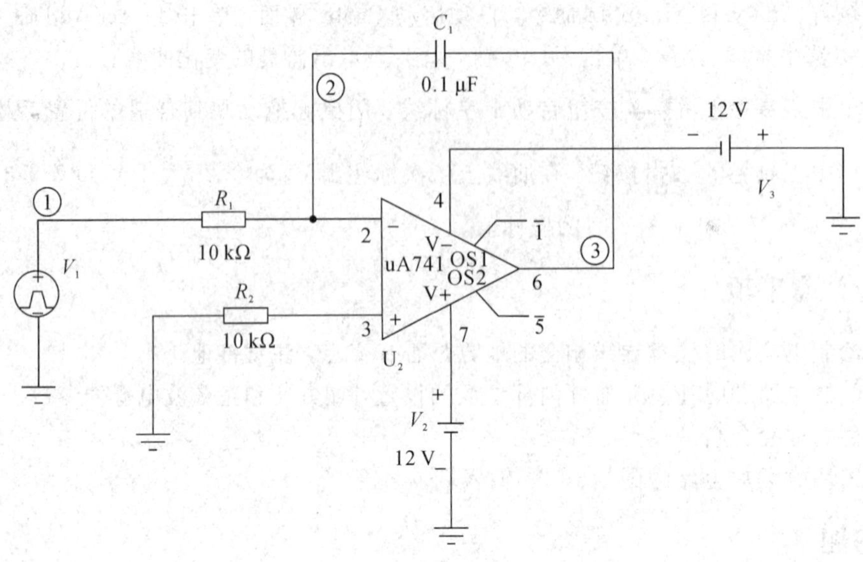

图 3.7.1 基本积分电路原理图

(4) 在菜单选中 Analysis Setup/Transient 和 Bias Point Detail 命令，并进行瞬态分析参数设置，设置界面如图 3.7.2 所示。

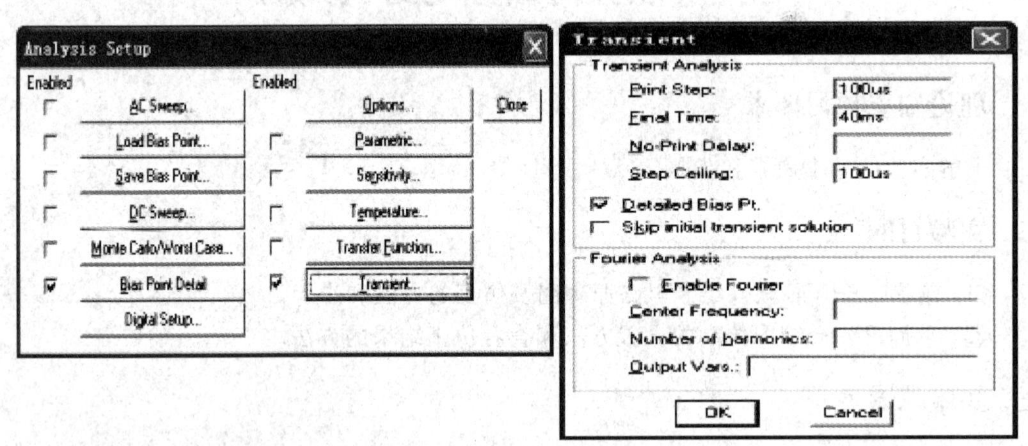

图 3.7.2 基本积分电路仿真设置

(5) 执行 Analysis/Simulate 命令，自动启动 Probe 界面，单击 Trace/Add 命令，在弹出对话框中选中 $V(3)$变量，单击 OK 按钮，就会显示出仿真的变化曲线。

(6) 单击工具栏上的按钮启动十字标线，用鼠标拖动找到合适的位置后松开鼠标左键，再单击工具栏上的按钮，在曲线上标出坐标值。

2. 改进后的积分电路原理图绘制及仿真

(1) 根据图 3.7.3 所示的改进后的积分电路图中所给的元件，从元件库中调用元件，通过对元件的移动、翻转、整理等操作，摆放好元件位置，并用导线将各元件连接。

(2) 对元件的参数进行设置(设置电压源 V_{pulse} 的 $V_1=1$、$V_2=-1$、TD=0、TR=0、

TF＝0、PW＝5 ms、PER＝10 ms)。

(3) 设置电路图中的节点序号，设计完成的电路图如图 3.7.3 所示。

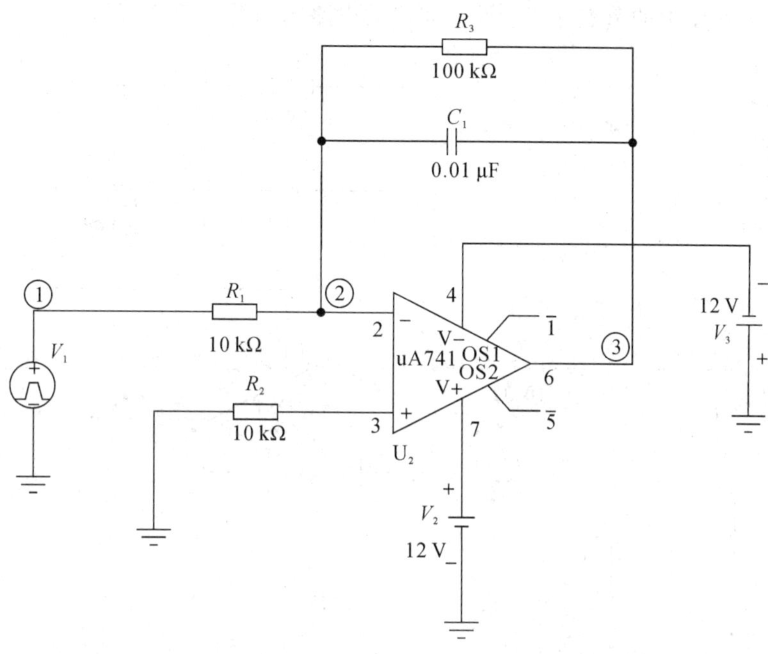

图 3.7.3　改进后的积分电路原理图

(4) 在菜单选中 Analysis/Setup/Transient 和 Bias Point Detail 命令，并进行瞬态分析参数设置，设置界面如图 3.7.4 所示。

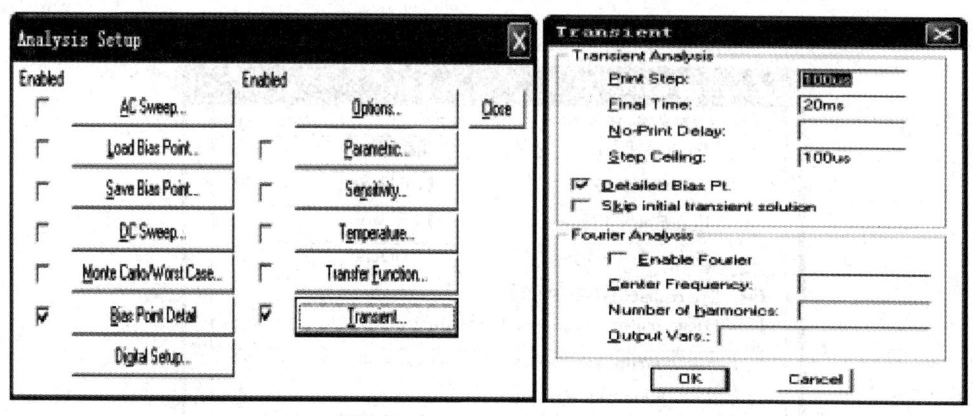

图 3.7.4　改进后的积分电路仿真设置

(5) 执行 Analysis/Simulate 命令，自动启动 Probe 界面，单击 Trace/Add 命令，在弹出的对话框中选中 $V(3)$变量，单击 OK 按钮，就会显示出仿真的变化曲线。并观察改进后的积分电路仿真结果。

3. 三角波发生电路原理图绘制及仿真

(1) 根据图 3.7.5 所示的三角波发生电路图中所给的元件，从元件库中调用元件，通过对元件的移动、翻转、整理等操作，摆放好元件位置，并用导线将各元件连接。

(2) 对各个元件的参数进行设置(设置电压源 V_{pulse} 的 $V_1=1$、$V_2=-1$、TD=0、TR=0、TF=0、PW=5 ms，PER=10 ms)。

(3) 设置电路图中的节点序号，设计完成的电路图如图 3.7.5 所示。

R3
100 kΩ
C1
0.01 μF
1
R1
10 kΩ
2
V1
R2
10 kΩ
uA741
V−
V+
OS1
OS2
4
6
7
3
1
5
U2
V3
12 V
V2
12V

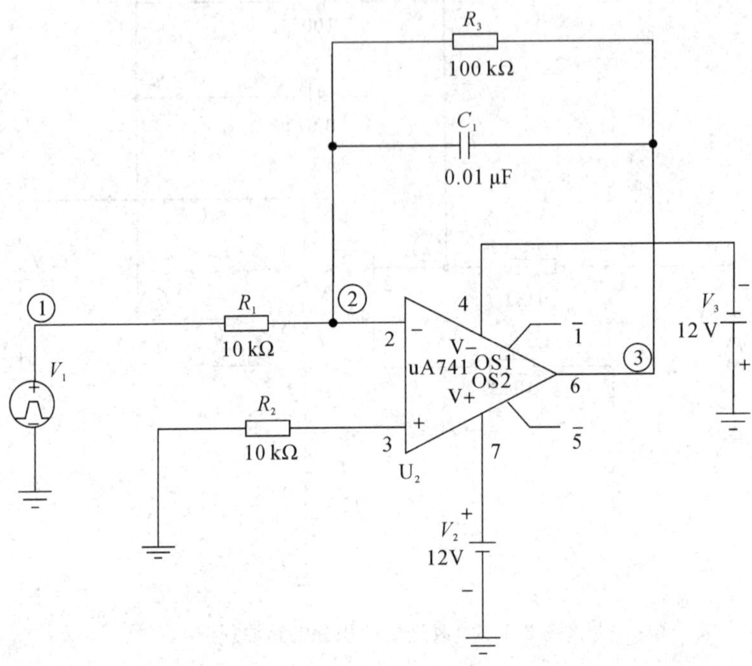

图 3.7.5 三角波发生电路原理图

(4) 在菜单选中 Analysis Setup/Transient 命令，并进行瞬态分析参数设置，设置界面如图 3.7.6 所示。

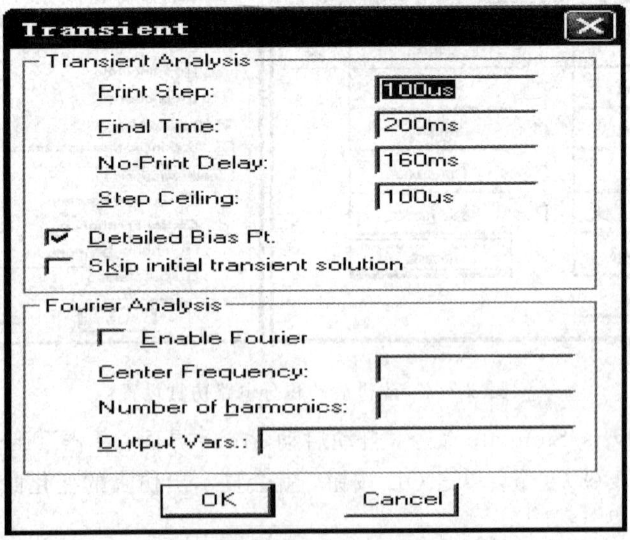

Transient
Transient Analysis
Print Step:
100us
Final Time:
200ms
No-Print Delay:
160ms
Step Ceiling:
100us
Detailed Bias Pt.
Skip initial transient solution
Fourier Analysis
Enable Fourier
Center Frequency:
Number of harmonics:
Output Vars.:
OK
Cancel

图 3.7.6 三角波发生电路仿真设置

(5) 执行 Analysis/Simulate 命令，自动启动 Probe 界面，单击 Trace/Add 命令，在弹出对话框中选中 $V(3)$ 和 $V(1)$ 变量，单击 OK 按钮，就会显示出仿真的变化曲线。

4. 输入为正弦波的积分电路原理图绘制及仿真

（1）根据图 3.7.7 所示的输入为正弦波的积分电路图中所给的元件，从元件库中调用元件，通过对元件的移动、翻转、整理等操作，摆放好元件位置，并用导线将各元件连接。

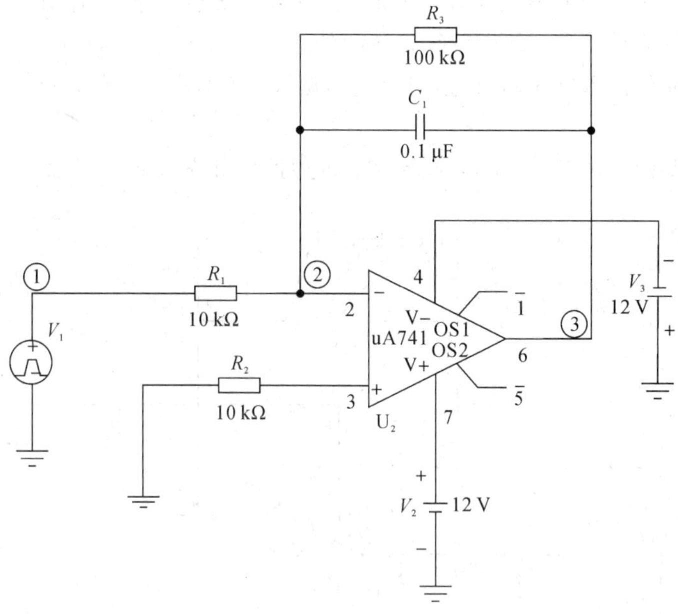

图 3.7.7　输入为正弦波的积分电路

（2）对各个元件的参数进行设置(设置电压源 V_{sin} 的 DC=0、AC=1、V_{OFF}=0，V_{mapl}=2、FEQ=100)。

（3）设置电路图中的节点序号，设计完成的电路图，如图 3.7.7 所示。

（4）在菜单选中 Analysis Setup/Transient 命令，并进行瞬态分析参数设置，设置界面如图 3.7.8 所示。

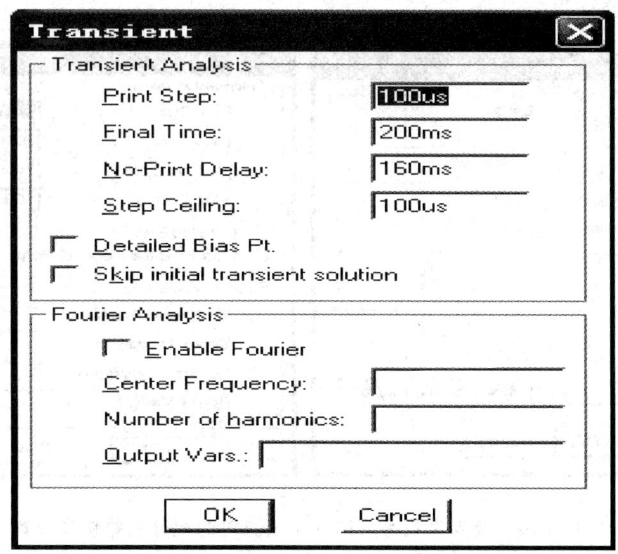

图 3.7.8　输入为正弦波的积分电路仿真设置

(5) 执行 Analysis/Simulate 命令，自动启动 Probe 界面，单击 Trace/Add 命令，在弹出对话框中选中 $V(3)$ 和 $V(1)$ 变量，单击 OK 按钮，就会显示出仿真的变化曲线。

5. 输入为频率可调的正弦波的积分电路原理图绘制及仿真

(1) 根据图 3.7.9 中所给的元件，从元件库中调用元件，通过对元件的移动、翻转、整理等操作，摆放好元件位置，并用导线将各元件连接。

(2) 对各个元件的参数进行设置(设置电压源 V_{sin} 的 DC=0、AC=1、$V_{OFF}=0$、$V_{mapl}=2$、FEQ=$\{V_x\}$)。

(3) 设置电路图中的节点序号，设计完成的电路图如图 3.7.9 所示。

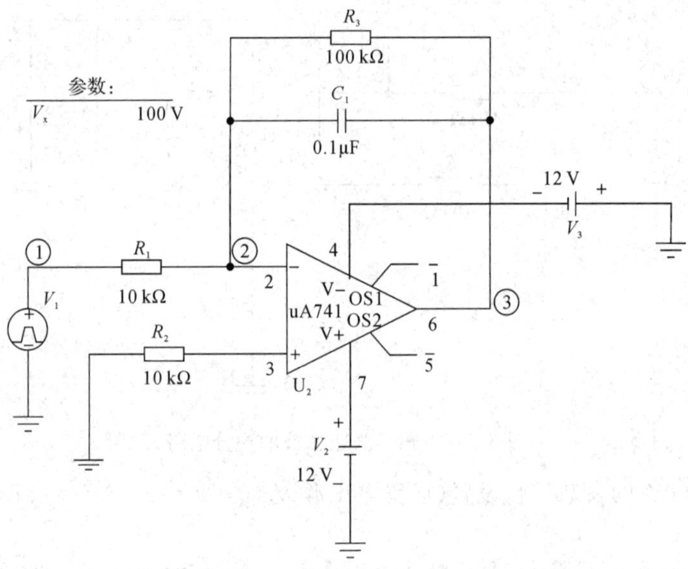

图 3.7.9 输入为频率可调的正弦波的积分电路

(4) 在菜单选中 Analysis Setup/Transient、AC Sweep 和 Parametric 命令，并进行瞬态分析参数设置，设置界面如图 3.7.10 所示。

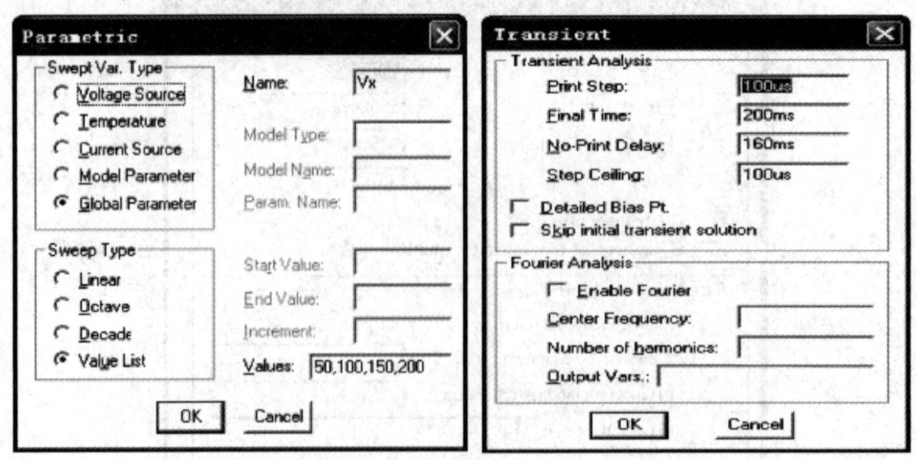

图 3.7.10 输入为频率可调的正弦波时的积分电路仿真设置

(5) 执行 Analysis/Simulate 命令，自动启动 Probe 界面。先选中 Transient 选项，单击

Trace/Add 命令，在弹出对话框，选中 $V(3)$变量，单击 OK 按钮，就会显示出仿真的瞬态分析曲线图；然后选中 Plot 下的 AC 选项，然后单击 Trace/Add 命令，在弹出对话框，选中 $V(3)$变量，单击 OK 按钮，就会出现仿真的交流分析曲线图。

6. 基本微分电路原理图绘制及仿真

(1) 根据图 3.7.11 中所给的元件，从元件库中调用元件，通过对元件的移动、翻转、整理等操作，摆放好元件位置，并用导线将各元件连接。

(2) 对各个元件的参数进行设置(设置电压源 V_{pulse} 的 $V_1=1$、$V_2=-1$、TD=0、TR=0、TF=0、PW=1 ms、PER=2 ms)。

(3) 设置电路图中的节点序号，设计完成的电路图如图 3.7.11 所示。

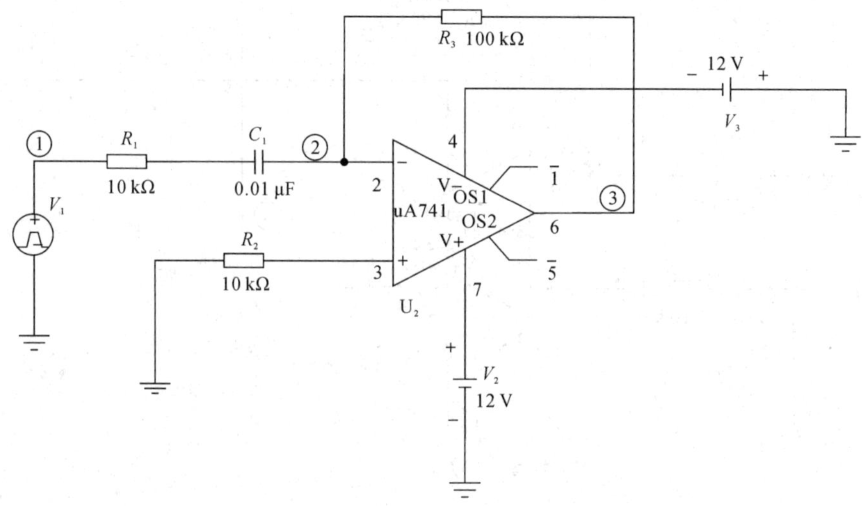

图 3.7.11　基本微分电路原理图

(4) 在菜单选中 Analysis Setup/Transient 命令，并进行瞬态分析参数设置，设置界面如图 3.7.12 所示。

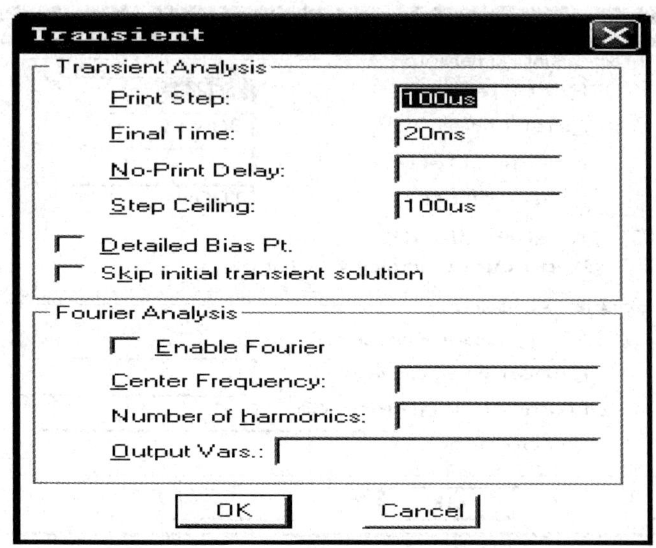

图 3.7.12　基本微分电路仿真设置

(5) 执行 Analysis/Simulate 命令，自动启动 Probe 界面，单击 Trace/Add 命令，在弹出对话框中选中 $V(1)$ 和 $V(3)$ 变量，单击 OK 按钮，就会显示出仿真的变化曲线。

7. 输入为正弦波的微分电路原理图绘制及仿真

(1) 根据图 3.7.13 所示的输入为正弦波的微分电路图中所给的元件，从元件库中调用元件，通过对元件的移动、翻转、整理等操作，摆放好元件位置，并用导线将各元件连接。

(2) 对各个元件的参数进行设置(设置电压源 V_{sin} 的 DC＝0、AC＝1、V_{OFF}＝0、V_{ampl}＝1.4、FREQ＝160、TD＝0、DF＝0)。

(3) 设置电路图中的节点序号，设计完成的电路图如图 3.7.13 所示。

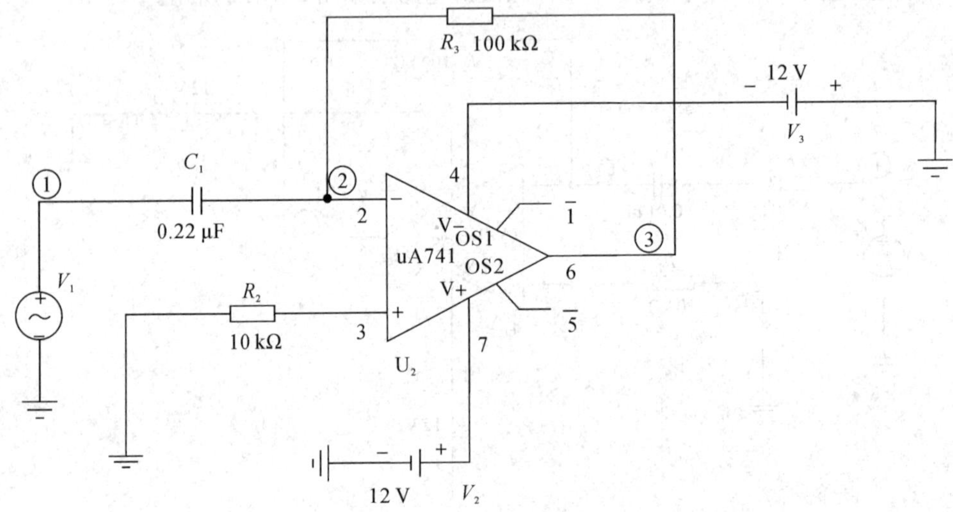

图 3.7.13　输入为正弦波的微分电路原理图

(4) 在菜单选中 Analysis Setup/Transient 命令，并进行瞬态分析参数设置，设置界面如图3.7.14 所示。

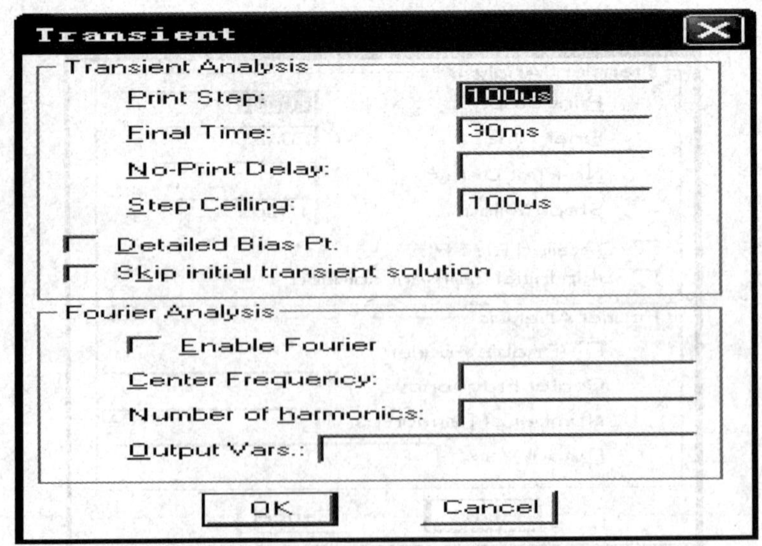

图 3.7.14　输入为正弦波的微分电路仿真设置

(5) 执行 Analysis/Simulate 命令，自动启动 Probe 界面，单击 Trace/Add 命令，在弹出对话框中选中 $V(1)$ 和 $V(3)$ 变量，单击 OK 按钮，就会显示出仿真的变化曲线。

8. 输入为频率变化(20 Hz～400 Hz)的正弦波的微分电路(低频时有自激)原理图绘制及仿真

(1) 根据图 3.7.15 所示的输入频率变化的正弦波的微分电路图中所给的元件，从元件库中调用元件，通过对元件的移动、翻转、整理等操作，摆放好元件位置，并用导线将各元件连接。

(2) 对各个元件的参数进行设置(设置电压源 V_{sin} 的 DC＝0、AC＝1、V_{OFF}＝0、V_{ampl}＝1.4、FREQ＝$\{V_x\}$、TD＝0、DF＝0)。

(3) 设置电路图中的节点序号，设计完成的电路图如图 3.7.15 所示。

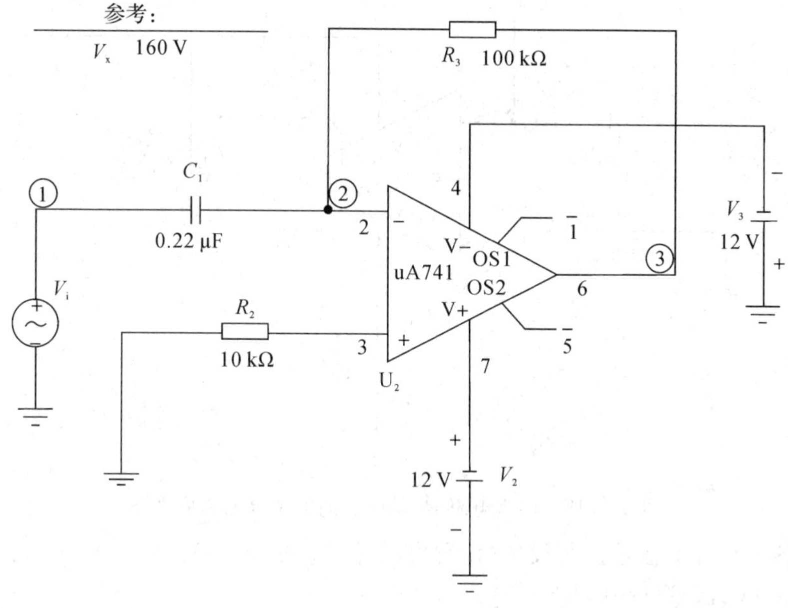

图 3.7.15　输入为频率变化的正弦波的微分电路原理图

(4) 在菜单选中 Analysis Setup/Transient 和 Parametric 命令，并进行瞬态分析参数设置，设置界面如图 3.7.16 所示。

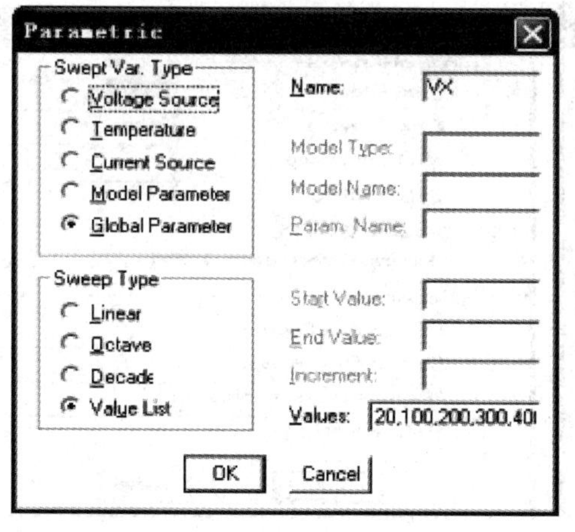

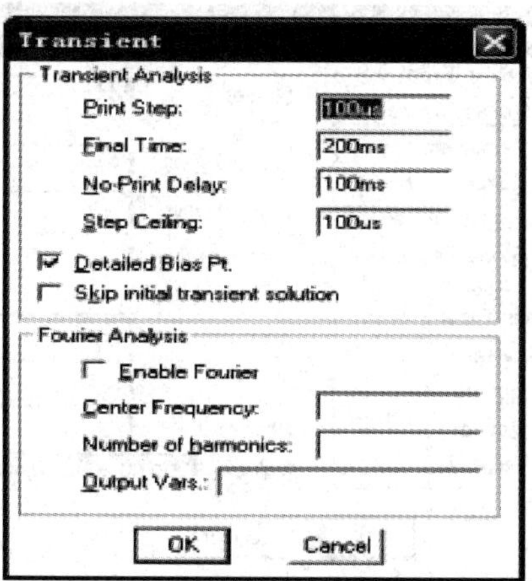

图 3.7.16　输入为频率变化的正弦波的微分电路仿真设置

(5) 执行 Analysis/Simulate 命令，自动启动 Probe 界面，单击 Trace/Add 命令，在弹出对话框中选中 $V(3)$ 变量，单击 OK 按钮，就会显示出仿真的变化曲线。

9. 串入电阻 R_1 消除自激的微分电路原理图绘制及仿真

(1) 根据图 3.7.17 所示的串入电阻 R_1 消除自激的微分电路图中所给的元件，从元件库中调用元件，通过对元件的移动、翻转、整理等操作，摆好元件位置，并用导线将各元件连接。

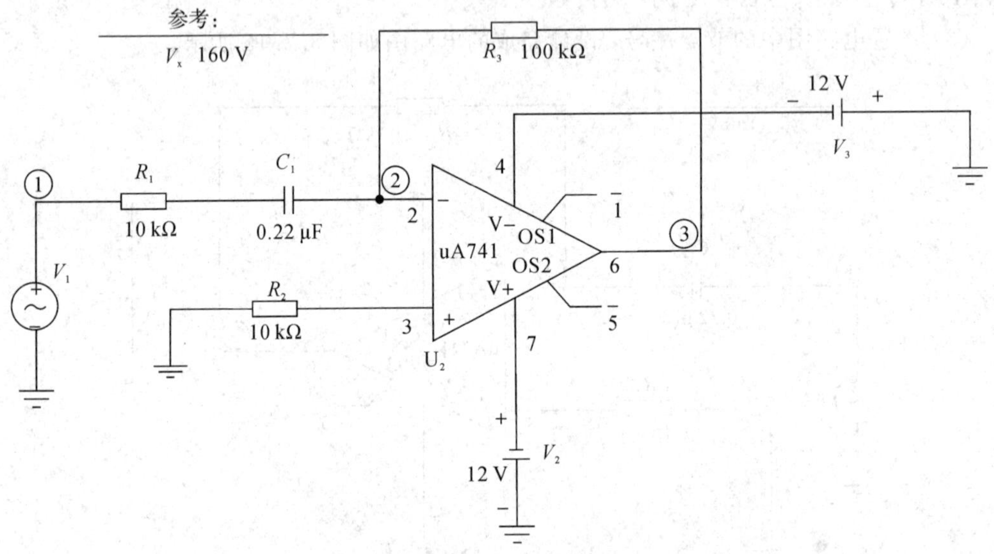

图 3.7.17 串入电阻 R_1 消除自激的微分电路原理图

(2) 对各个元件的参数进行设置(设置电压源 V_{sin} 的 DC=0、AC=1、V_{OFF}=0、V_{AMPL}=1.4、FREQ={V_x}、TD=0、DF=0)。

(3) 设置电路图中的节点序号，设计完成的电路图如图 3.7.17 所示。

(4) 在菜单选中 Analysis Setup/Transient 和 Parametric 命令，并进行瞬态分析参数设置，设置界面如图 3.7.18 所示。

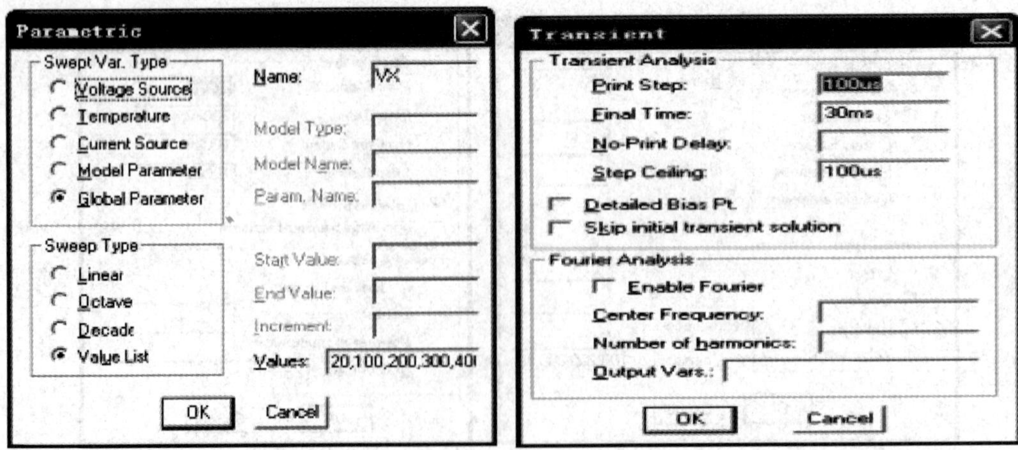

图 3.7.18 串入电阻 R_1 消除自激的微分电路仿真设置

(5) 执行 Analysis/Simulate 命令，自动启动 Probe 界面，单击 Trace/Add 命令，在弹出对话框中选中 $V(3)$ 变量，单击 OK 按钮，就会显示出仿真的变化曲线。

10. 输入为 300 Hz 方波的微分电路原理图绘制及仿真

(1) 根据图 3.7.19 所示的输入为 300 Hz 方波的微分电路中所给的元件，从元件库中调用元件，通过对元件的移动、翻转、整理等操作，摆放好元件位置，用导线将各元件连接。

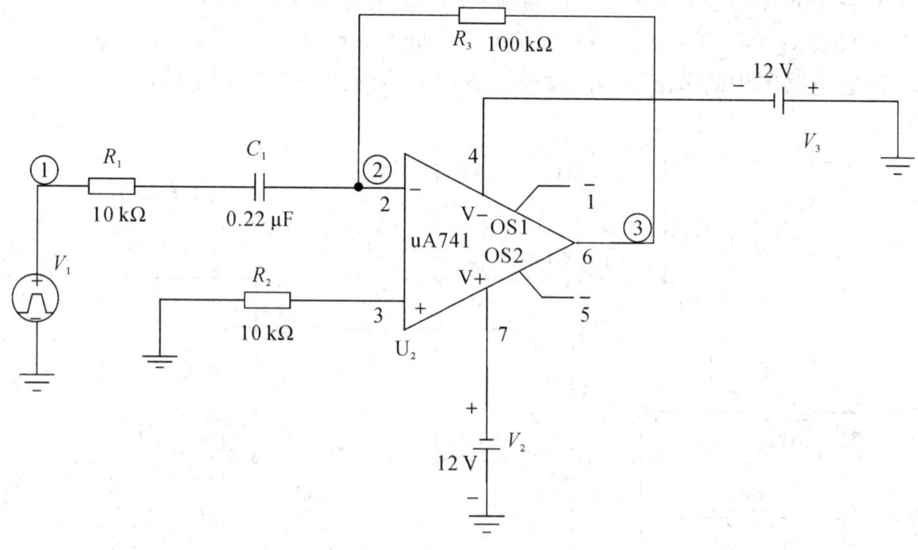

图 3.7.19　输入为 300 Hz 方波的微分电路原理图

(2) 对各个元件的参数进行设置(设置电压源 V_{pulse} 的 DC=0、AC=0、$V_1=5$、$V_2=-5$、TD=0、TR=0、TF=0、PW=1.66 ms、PER=3.33 ms)。

(3) 设置电路图中的节点序号，设计完成的电路图如图 3.7.19 所示。

(4) 在菜单选中 Analysis Setup/Transient 和 Bias Point Detail 命令，并进行瞬态分析参数设置，设置界面如图 3.7.20 所示。

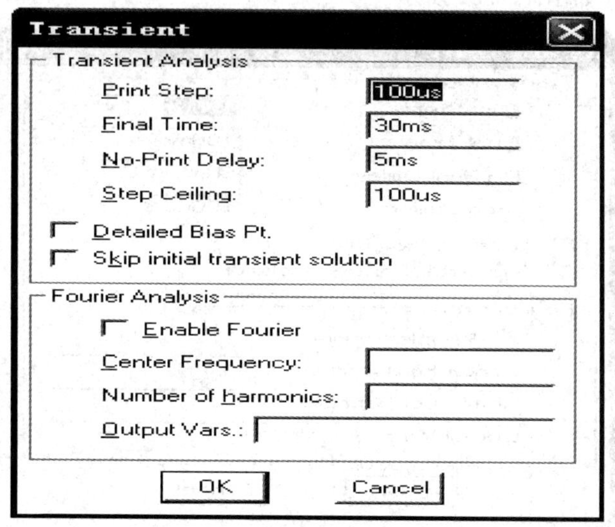

图 3.7.20　输入为 300 Hz 方波的微分电路仿真设置

(5) 执行 Analysis/Simulate 命令，自动启动 Probe 界面，单击 Trace/Add 命令，在弹出对话框中选中 $V(1)$ 和 $V(3)$ 变量，单击 OK 按钮，就会显示出仿真的变化曲线。

11. 积分电路和微分电路的级联电路(信号源是 200 Hz 的方波)原理图绘制及仿真

(1) 根据图 3.7.21 所示的积分电路和微分电路的级联电路图中所给的元件，从元件库中调用元件，通过对元件的移动、翻转、整理等操作，摆放好元件位置，并用导线将各元件连接。

(2) 对各个元件的参数进行设置(设置电压源 V_{pulse} 的 DC＝0、AC＝0、$V_1=5$、$V_2=-5$、TD＝0、TR＝0、TF＝0、PW＝2.5 ms、PER＝5 ms)。

(3) 设置电路图中的节点序号，设计完成的电路图如图 3.7.21 所示。

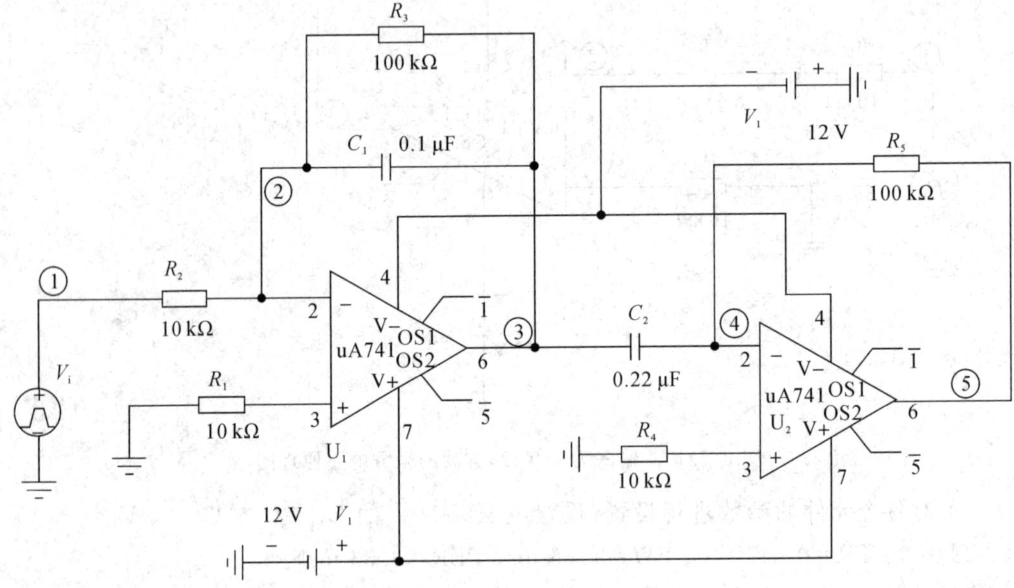

图 3.7.21　积分微分级联电路原理图(信号源为 200 Hz)

(4) 在菜单选中 Analysis Setup/Transient 和 Bias Point Detail 命令，并进行瞬态分析参数设置，设置界面如图 3.7.22 所示。

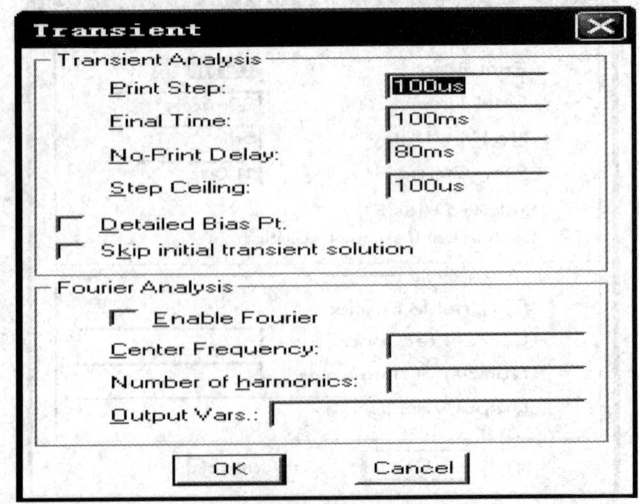

图 3.7.22　积分微分级联电路仿真设置(信号源为 200 Hz)

(5) 执行 Analysis/Simulate 命令，自动启动 Probe 界面，单击 Trace/Add 命令，在弹出对话框中选中 $V(1)$、$V(3)$和 $V(5)$变量，单击 OK 按钮，就会显示出仿真的变化曲线。

12. 积分电路和微分电路的级联电路(信号源是 500 Hz 的方波)原理图绘制及仿真

(1) 根据图 3.7.23 所示的积分电路和微分电路的级联电路图中所给的元件，从元件库中调用元件，通过对元件的移动、翻转、整理等操作，摆放好元件位置，并用导线将各元件连接。

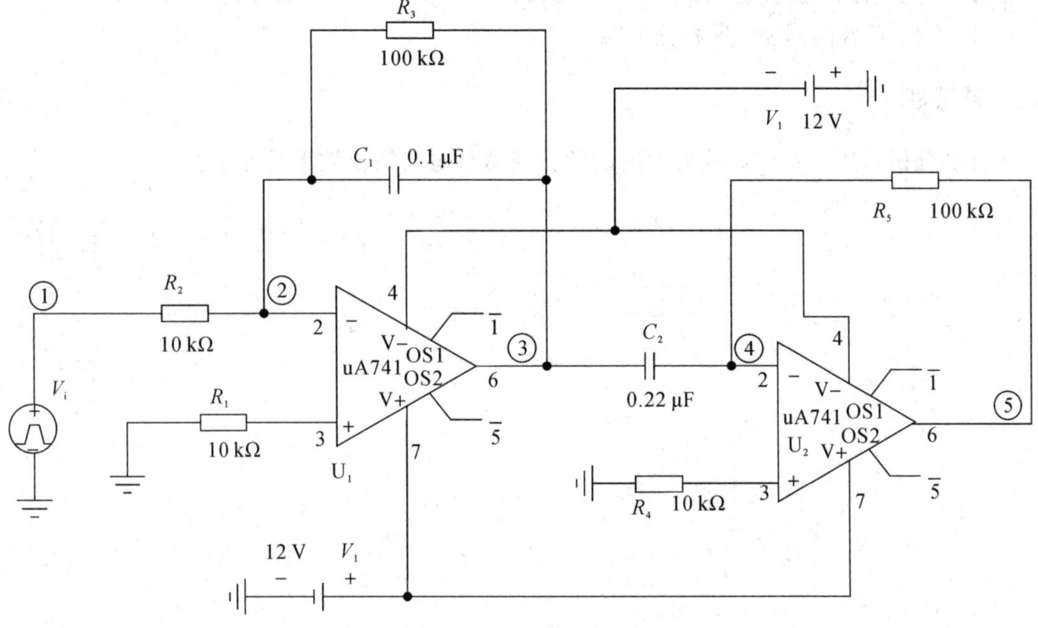

图 3.7.23 积分微分级联电路原理图(信号源为 500 Hz)

(2) 对各个元件的参数进行设置(设置电压源 V_{pulse}的 DC=0、AC=0、$V_1=5$、$V_2=-5$、TD=0、TR=0、TF=0、PW=1 ms、PER=2 ms)。

(3) 设置电路图中的节点序号，设计完成的电路图如图 3.7.23 所示。

(4) 在菜单选中 Analysis Setup/Transient，进行瞬态分析参数设置，如图 3.7.24 所示。

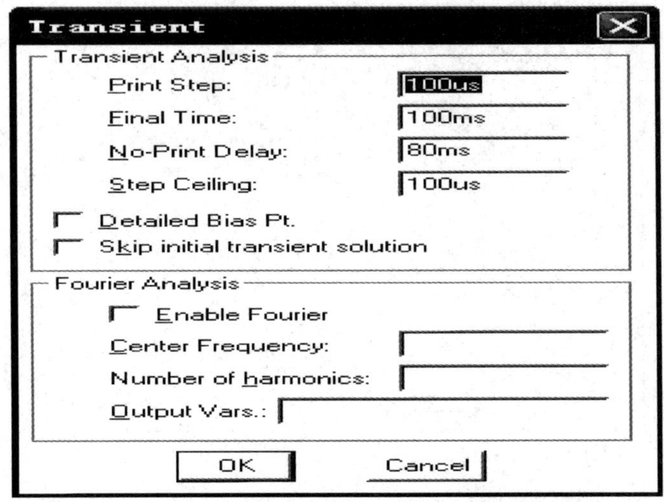

图 3.7.24 积分微分级联电路仿真设置(信号源为 500 Hz)

(5) 执行 Analysis/Simulate 命令，自动启动 Probe 界面，单击 Trace/Add 命令，在弹出对话框中选中 $V(1)$、$V(3)$ 和 $V(5)$ 变量、单击 OK 按钮，就显示出仿真的变化曲线。

五、实验注意事项

(1) 绘制电路图时注意导线相交的地方是否有交点，注意接地。

(2) 绘制电路图时注意元器件内部参数的设置，如方波和正弦波电源的参数。

(3) 注意运放的同相、反相输入端。

六、思考题

分别分析输入为正弦波或方波时的积分或微分电路输出波形是什么？

第四章　模拟电子技术基础型实验

4.1　常用电子仪器的使用

一、理论知识预习要求

(1) 预习有关仪器的原理、指标、调试及使用方法。

(2) 阅读实验指导书，了解实验的基本内容和步骤。

二、实验目的

学习、掌握常用电子仪器的调试和正确使用方法。

三、实验原理

1. 示波器

示波器是电子测量中一种最常用的仪器，它可以将被测信号(电量或非电量转换成的电信号)随时间变化的规律，直观形象地用图形表示出来。示波器除了可以直接观察被测信号的波形外，还可以定量地测量信号的一系列参数，如信号的电压、电流、周期、频率、相位等。在测量脉冲信号时，还可以测量脉冲的幅度、上升或下降时间、重复周期等。

2. 信号发生器

EE1661型函数/任意波形发生器采用直接数字合成(DDS)技术，可生成精确、稳定、纯净、低失真的输出信号。产品提供了便捷的操作界面、先进的技术指标及人性化的图形风格，可帮助使用者更快地完成工作任务，大大提高工作效率。产品标配USB Host接口，可选配USB Device和LAN和GPIB接口。该信号发生器性能稳定、功能齐全、测量范围宽、灵敏度高、动态范围大、精度高、体积小、使用方便可靠。

3. 交流毫伏表

EE1912型交流毫伏表是一种通用型的智能化数字交流毫伏表，该仪器采用放大—检波工作原理，并且采用了高档单片机控制技术，适用于测量频率5 Hz～3 MHz，电压100 μV～400 V_{rms}的正弦波。本仪器采用LED显示，读数清晰、视觉好、寿命长；同时具有测量精度高、测量速度快、输入阻抗高、频率响应误差小等优点。整机功耗低、体积小、重量轻，具备自动/手动测量功能，可以同时显示电压值和dB/dBm值，以及量程和通道状态，显示清晰直观。

4. 数字频率计

NFC－3000C 型多功能计数器是一种精密的测试仪器，因其具有频率测量、周期测量、计数等功能，故命名为多功能计数器。本系列仪器适合通信、电子实验室、生产线及数学、科研之用。

5. 直流稳压电源

直流稳压电源用来提供恒定的直流电压源或电流源。WYJ 系列直流稳压电源输出电压范围为 0 V～30 V，输出电流范围为 0 A～3 A。

6. 数字万用表

MY64 型数字万用表可进行交、直流电压、电流和电阻的测量。使用时先将 ON/OFF 开关置于 ON 位置，测量之前，开关应置于所需要的量程。

四、实验仪器

实验仪器：(1) 示波器；(2) 信号发生器；(3) 数字万用表；(4) 交流毫伏表；(5) 直流稳压电源；(6) 数字频率计。

五、实验内容

1. 信号发生器、交流毫伏表、数字频率计的使用

用信号发生器按表 1－1 所示数值调节输出信号的频率及电压幅度，用数字频率计测量信号发生器输出的信号频率，用交流毫伏表测量信号发生器输出信号电压有效值，并填入表 4.1.1 中。

表 4.1.1　交流信号测量数据表

信号频率	电压峰-峰值 U_{P-P}	数字频率计测量值	交流毫伏表测电压有效值
50 Hz	1 V		
500 Hz	2.8 V		
1 kHz	8 V		
35 kHz	15 V		
540 kHz	20 V		

2. 示波器的使用

(1) 接通示波器电源，预热后调节“辉度”旋钮，将触发方式开关置 AUTO，并使 Y 轴和 X 轴位移旋钮置中，屏幕上则出现一条扫描基线，调节“聚焦”旋钮使基线细而清晰。

(2) 将信号发生器的输出作为示波器的输入信号，调节有关旋钮，使屏幕上显示出清晰而稳定的完整波形，用示波器观测表 4.1.2 中所示参数信号波形并记录。

逐一了解示波器各旋钮的功能，注意每操作一个旋钮，操作完后恢复原状，再操作另一个旋钮。

表 4.1.2　示波器使用

信号发生器输出		500 Hz，2.8 V	1 kHz，8 V	35 kHz，15 V
示波器	U/div 位置			
	U_{P-P}所占格数			
	U_{P-P}电压读数/V			
	time/div 位置			
	一个周期水平格数			
	周期/s			
	频率/Hz			

3. 直流稳压电源与数字万用表的使用

按表 4.1.3 所示数值，调节直流稳压电源输出，并用数字万用表测量直流稳压电源输出直流电压的值。

表 4.1.3　直流电源测量数据表

直流稳压电源输出值	2 V	5 V	8 V	10 V	12 V
数字万用表测量值					

六、实验注意事项

(1) 用数字万用表测直流电压时应将万用表功能旋钮旋至直流电压挡，并将万用表的红表笔接高电位端。

(2) 使用示波器时，为避免损坏荧光屏，不要将光点长时间停驻在一处，也不要将波形轨迹调得太亮。

七、思考题

(1) 简述示波器“辉度”“Y 轴”“X 轴位移”“聚焦”旋钮的作用。

(2) 测量一个频率为 1 kHz、电压为 1 V 的信号，应选用何种仪器测量？

4.2　单级放大电路的测量

一、理论知识预习要求

(1) 预习共射极单管放大电路工作原理。

(2) 预习放大器静态及动态参数的测量方法。

(3) 对实验内容与步骤中的待测量进行理论估算。(设三极管 $\beta=50$，$r_{be}=1\ k\Omega$)

二、实验目的

(1) 熟悉电子元器件及其在面包板上连接电路的方法。

(2) 掌握放大器静态工作点的测量和调试方法及其对放大器性能的影响。

(3) 掌握共射极放大电路动态指标(A_u、R_i、R_O)的测量方法。

(4) 掌握通频带的测量方法。

三、实验原理

单管共射极放大电路如图 4.2.1 所示，该电路基极电位 U_b 基本稳定，利用发射极电流 I_e 在 R_e 上产生的压降 U_e 来调节 U_{be}，当 I_c 因温度 T 升高而增大时，U_e 将使 I_b 减小，于是 I_c 的增加量便减小了，则放大电路处于静态工作点。稳定静态工作点的过程可表示如下：

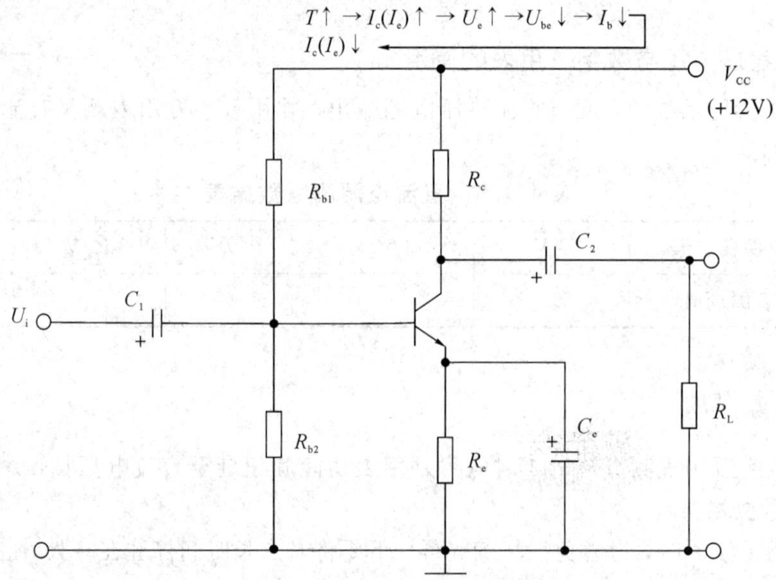

图 4.2.1　单管共射放大器电路图

该电路静态工作点的估算公式如下：

$$\begin{cases} U_{bQ} = \dfrac{R_{b2}}{R_{b1} + R_{b2}} V_{CC} \\ U_{eQ} = U_b - U_{be} \\ I_{eQ} = \dfrac{U_e}{R_e} \approx I_{cQ} \\ I_{bQ} = \dfrac{I_{eQ}}{(1+\beta)} \\ U_{ceQ} \approx V_{CC} - I_{cQ}(R_c + R_e) \end{cases}$$

显然，在调整静态工作点时，以改动 R_{b1} 阻值为首选方案。R_{b1} 越大，U_{bQ} 越低，则 I_{cQ} 越小，电路易进入截止状态。反之，R_{b1} 较小时，电路易进入饱和状态。

该电路动态指标的计算：

电压放大倍数：

$$A_u = -\frac{\beta(R_c//R_L)}{r_{be}}$$

输入电阻：

$$R_i = R_{b1}//R_{b2}//r_{be}$$

输出电阻：

$$R_o = R_c$$

四、实验仪器及电子元器件

实验仪器：(1) 示波器；(2) 信号发生器；(3) 数字万用表；(4) 交流毫伏表；(5) 直流稳压电源；(6) 数字频率计。

电子元器件：(1) 三极管(3DG6 一只)；(2) 电位器(680 kΩ 一只)；(3) 电阻(51 kΩ 一只，5.1 kΩ 三只，24 kΩ 一只，1.8 kΩ 一只，51 Ω 一只)；(4) 电解电容(10 μF 三只)；(5) 导线若干。

五、实验内容

1. 连接电路

按图 4.2.2 所示单管共射放大器实验电路图，在面包板上连接电路，接线完毕检查无误后，接通预先调整好的直流+12 V 直流电压源。

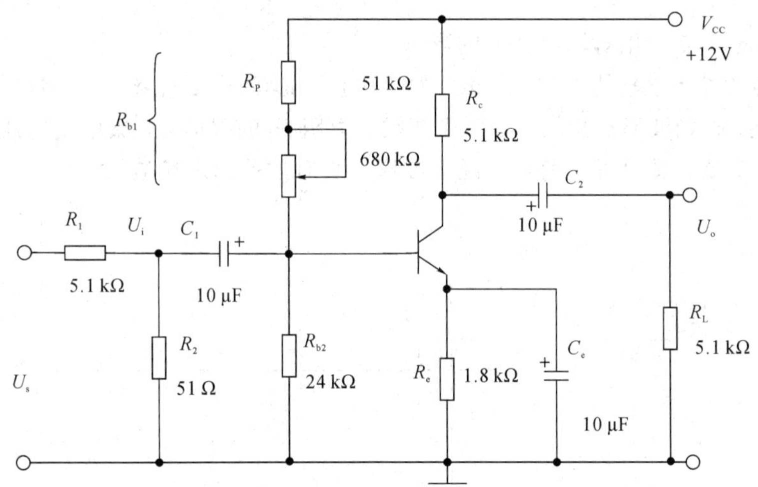

图 4.2.2　单管共射放大器实验电路

2. 静态调整

调整 R_P，使 $U_e=2.2$ V，按表 4.2.1 所示要求测量 U_b、U_c、U_{be}、U_{ce}、I_c的值，并填入该表中。注意测量 I_c时应把电流表串入电路中。

表 4.2.1　静态工作点测量数据

	U_b/V	U_c/V	U_{be}/V	U_{ce}/V	I_c/mA
测量值					
理论值					

3. 动态研究

(1) 断开负载 R_L，将信号发生器调到 f 为 1 kHz，幅值为 1 V，接到放大器输入端，用毫伏表测量电容 C_1 的负极端为 10 mV，作为输入电压 U_i，用示波器观察 U_o 波形并测量 U_o 电压值，填入表 4.2.2 中。

(2) 将信号发生器调到 f 为 1 kHz，幅值为 2 V，接到放大器输入端，用毫伏表测量电容 C_1 的负极端电压为 20 mV，作为输入电压 U_i，然后用示波器观察输出电压 U_o 波形并测量 U_o 电压值，填入表 4.2.2 中。

(3) 接入负载 R_L＝5.1 kΩ，重复(1)(2)过程，并将测量数据填入表 4.2.2 中。

表 4.2.2 放大倍数测量数据

给定条件	测量数据		测算值	理论值
	U_i/mV	U_o/V	A_u	A_u
$R_L=\infty$	10			
	20			
R_L＝5.1 kΩ	10			
	20			

(4) 观察工作点变化对输出波形的影响。

在放大器的输入端输入 U_i 为 20 mV 的正弦波，逐渐增大电阻 R_P 的阻值，观察输出电压波形的变化，直到波形产生失真；再逐渐减小电阻 R_P 的阻值，观察输出电压波形的变化，直到波形产生失真。画出以上两种情况下波形失真时的输出电压波形。

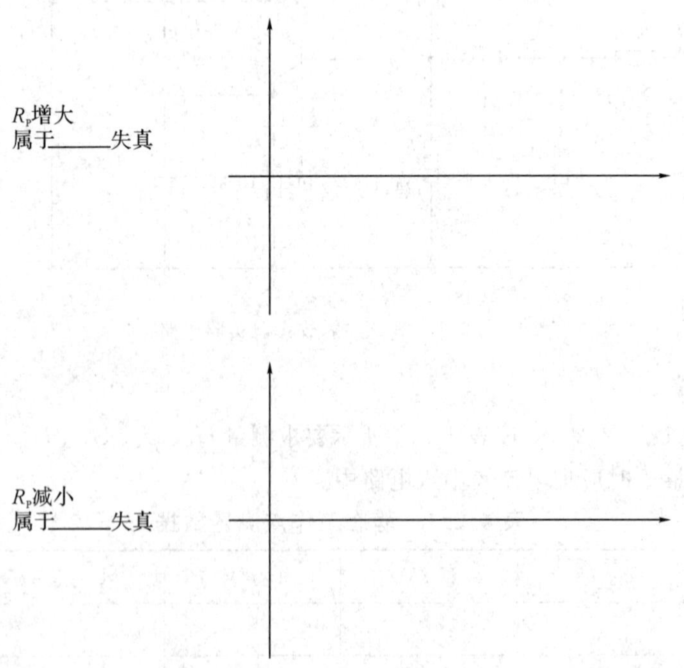

4. 测量放大器输入、输出电阻

(1) 测量输入电阻。

测量输入电阻电路如图 4.2.3 所示，在输入端接一个 5.1 kΩ 电阻 R_1，调节信号发生器的输出电压幅值为 0.1 V，接到 1、2 两端，测量信号源电压 U_s 与放大器输入端电压 U_i，根据下式计算输入电阻 R_i，并填入表 4.2.3 中。

$$R_i = \frac{U_i}{U_s - U_i} R_1$$

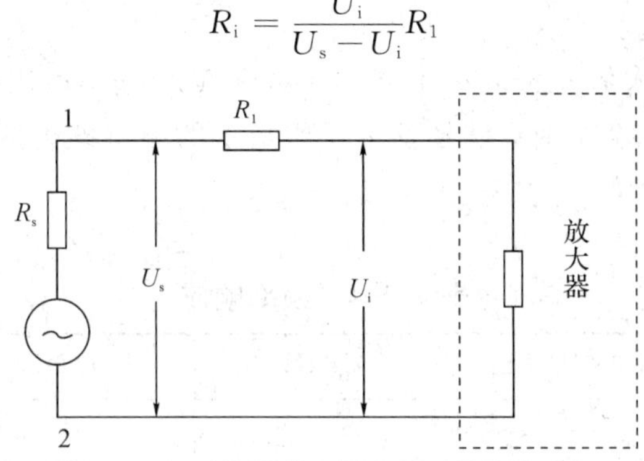

图 4.2.3　测量输入电阻电路

表 4.2.3　输入电阻

输入电阻			输出电阻		
实测值		测算值	实测值		测算值
U_s/mV	U_i/mV	R_i	U_L/V	U_o/V	R_o

(2) 测量输出电阻。

① 按图 4.2.4 所示的输出电阻测量电路在输出端接入 R_L 为 5.1 kΩ 电阻作为负载，调节信号发生器的输出电压，用示波器观察输出波形，使放大器输出不失真，用毫伏表测量此时的输出电压 U_L，填入表 4.2.3 中。

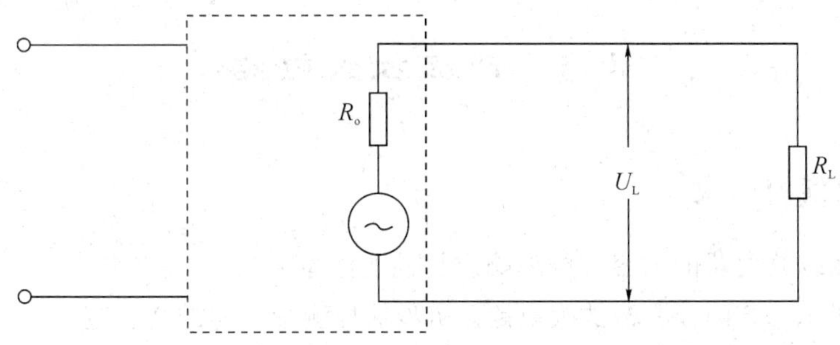

图 4.2.4　输出电阻测量电路

② 将负载电阻 R_L 断开，在上步条件不变的情况下，用毫伏表测量空载时的输出电压 U_o 的值，按下式计算出 R_o 并填入表 4.2.3 中。

$$R_o = \frac{U_o - U_L}{U_L} R_L$$

5. 测量单级共射放大电路的通频带

(1) 当输入信号的 $U_i=20\ \text{mV}$，$f=1\ \text{kHz}$，$R_L=5.1\ \text{k}\Omega$ 时，测出放大器的中频输出电压 U_{OPP}(或计算出电压增益)。填入表 4.2.4。

(2) 调节信号发生器的频率旋钮，增加输入信号的频率(保持 $U_i=20\ \text{mV}$)，此时输出电压会减小，当其下降到中频区输出电压的 0.707 时，信号发生器所指示的频率即为放大电路的上限截止频率 f_H。

(3) 同理，降低输入信号的频率(保持 $U_i=20\ \text{mV}$)，输出电压同样会减小，当其下降到中频区输出电压的 0.707 时，信号发生器所指示的频率即为放大电路的下限截止频率 f_L。

(4) 通频带 $\text{BW}=f_H-f_L$。

表 4.2.4 频率响应

U_{OPP}	$0.707U_{OPP}$	f_H/Hz	f_L/Hz	BW

六、实验注意事项

(1) 组装电路时，不要弯曲三极管的三个电极，应将它们垂直地插入面包板中。

(2) 分别调整好直流稳压电源并组装好电路，经检查无误后，再将直流稳压电源接入电路，打开电源开关。

(3) 测静态工作点时，应使 U_i 为 0。

七、思考题

(1) 调试电路的静态工作点时，电阻 R_{b1} 为什么需要用一只固定电阻与可调电阻相串联?

(2) 改变负载 R_L 阻值时会对电路的输入电阻和输出电阻产生影响吗?

4.3 两级放大电路

一、理论知识预习要求

(1) 复习多级放大器的内容及频率响应特性的测量方法。

(2) 分析图 4.3.2 两极交流放大电路，初步估计测量内容的变化范围。

二、实验目的

(1) 掌握如何合理设置静态工作点。

(2) 学会放大器频率特性的测试方法。

(3) 了解放大器的失真及消除方法。

三、实验原理

阻容耦合两级放大电路原理如图 4.3.1 所示，第一级采用的是基本共射极放大电路，第二级采用的是共射极工作点稳定电路，由于 U_{o1} 等于 U_{i2}，所以该放大电路的电压放大倍数为

$$A_u = \frac{U_o}{U_i} = \frac{U_{o1}}{U_i} \cdot \frac{U_o}{U_{i2}} = A_{u1} \cdot A_{u2} \tag{4.3-1}$$

在计算第一级放大电路的电压放大倍数时，应将第二级的输入电阻 R_{i2} 作为第一级的负载电阻，则各级放大电路的放大倍数为

$$A_{u1} = -\beta \frac{R_{c1} \mathbin{/\!/} R_{b21} \mathbin{/\!/} R_{b22} \mathbin{/\!/} r_{be2}}{r_{be1}} \tag{4.3-2}$$

$$A_{u2} = -\beta \frac{R_{c2} \mathbin{/\!/} R_L}{r_{be2}} \tag{4.3-3}$$

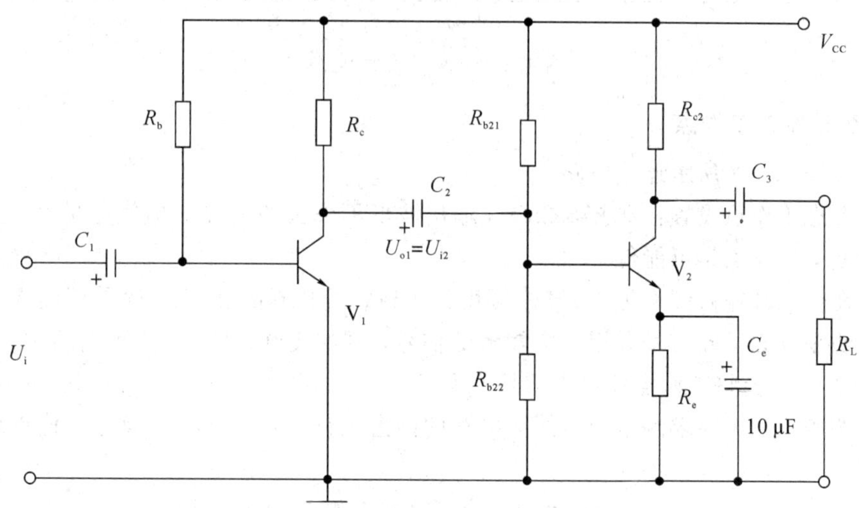

图 4.3.1　阻容耦合两级放大电路原理图

多级放大电路的输入电阻就是输入级的输入电阻，输出电阻就是输出级的输出电阻。可直接利用已有的公式计算。

四、实验仪器及电子元器件

实验仪器：(1) 示波器；(2) 数字万用表；(3) 信号发生器；(4) 交流毫伏表；(5) 直流稳压电源；(6) 数字频率计。

电子元器件：(1) 三极管(3DG6 两只)；(2) 电位器(100 k 一只，680 k 一只)；(3) 电阻(51 k 一只，47 k 一只，20 k 一只，5.1 k 两只，3 k 两只，1 k 一只，51 Ω 一只)；(4) 电解电容(10 u 四只)；(5) 导线若干。

五、实验内容及实验步骤

两级放大电路如图 4.3.2 所示。

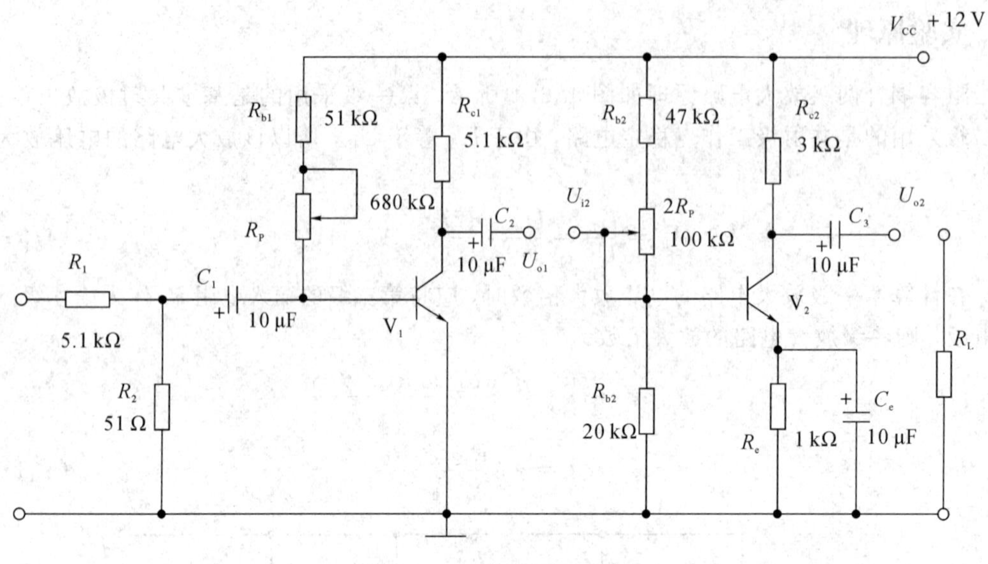

图 4.3.2　两级放大电路图

1. 设置静态工作点

(1) 按图 4.3.2 所示连接电路。

(2) 静态工作点设置：要求第二级在输出波形不失真的前提下幅值尽量大；第一级为增加信噪比，工作点尽可能低。

(3) 在输入端输入频率为 1 kHz、幅度为 1 mV 的交流信号。(一般采用输入端电阻上加衰减的办法实现，即信号源用一个较大的信号，例如 100 mV，在输入端经 100∶1 衰减电阻降为 1 mV)调整工作点使输出信号不失真。

(4) 按表 4.3.1 要求测量两极放大电路的静态工作点，注意测量静态工作点时应断开输入信号。

表 4.3.1　静态工作点

第一级			第二级		
U_{c1}	U_{b1}	U_{e1}	U_{c2}	U_{b2}	U_{e2}

(5) 分别在空载和接入负载 R_L 为 3 kΩ 的情况下，按表 4.3.2 中的要求测量并计算，比较两种情况下的实验结果。

表 4.3.2　放大倍数

	输入/输出电压/mV			电压放大倍数		
				第 1 级	第 2 级	整体
	U_i	U_{o1}	U_{o2}	A_{u1}	A_{u2}	A_u
空载						
R_L = 3 kΩ						

2. 测量两级放大器的频率特性

(1) 将放大器负载断开，先将输入信号频率调到 1 kHz，幅度调到使输出幅度最大而不失真。用示波器检测输出波形。

(2) 保持输入信号幅度不变，改变信号源频率，用毫伏表分别测量对应频率的放大电路输出电压值并填入表 4.3.3 中。

(3) 接上负载，重复上述实验步骤。

表 4.3.3　频率响应

f/Hz		50	100	250	500	1000	2500	5000	10 000	20 000
U_o	$R_L=\infty$									
	$R_L=3\ \mathrm{k\Omega}$									

六、实验注意事项

(1) 测量两级放大电路的静态工作点时，必须保证放大器的输出波形不失真，若电路产生自激振荡，应加消振电容消振。

(2) 测量静态工作点时，应断开交流输入信号。

七、思考题

(1) 两级放大电路设置静态工作点时应注意什么？

(2) 两级放大电路的电压放大倍数以及输入、输出电阻如何计算？

4.4　负反馈放大电路

一、理论知识预习要求

(1) 认真阅读实验原理及实验内容，估计待测量参数的变化趋势。

(2) 计算图 4.4.1 所示电路中放大器的开环和闭环电压放大倍数(三极管 $\beta=50$，$r_{be}=1\ \mathrm{k\Omega}$)。

二、实验目的

(1) 加深理解负反馈对放大器性能的影响。

(2) 掌握负反馈放大器性能的基本测试方法。

三、实验原理

1. 参考电路

负反馈放大电路原理图如图 4.4.1 所示。负反馈共有四种类型，本实验仅对电压串联负反馈进行研究。实验电路由两级共射级放大电路引入电压串联负反馈，构成负反馈放大器。反馈电阻 R_F 为 3 kΩ。

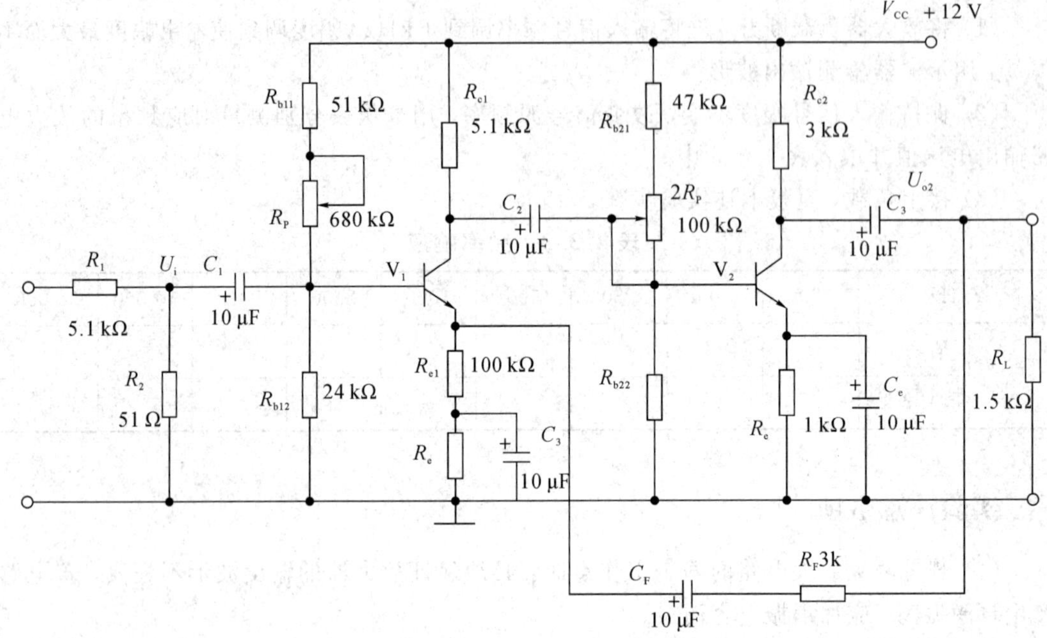

图 4.4.1 负反馈放大电路原理图

2. 电压串联负反馈对放大器性能的影响

(1) 引入负反馈降低了电压放大倍数。

$$A_{uF}=\frac{A_u}{1+A_uF_u} \tag{4.4-1}$$

式中，F_u 是反馈系数，

$$F_u=\frac{U_F}{U_o}=\frac{R_{e1}}{R_{e1}+R_F} \tag{4.4-2}$$

A_u 是放大器开环时的电压放大倍数。

放大电路引入负反馈后，电压放大倍数比没有负反馈时的电压放大倍数 A_u 降低了 $1/(1+A_uF_u)$，$(1+A_uF_u)$ 称为反馈深度，并且 $|1+A_uF_u|$ 越大，放大倍数降低得越多。

(2) 引入负反馈可提高放大倍数的稳定性。

$$\frac{dA_F}{A_F}=\frac{1}{1+A_uF_u}\cdot\frac{dA_u}{A_u} \tag{4.4-3}$$

放大电路引入负反馈后，放大器的闭环放大倍数 A_F 的相对变化量 dA_F/A_F 比开环放大倍数的相对变化量 dA_u/A_u 减少了 $1/(1+A_uF_u)$。

(3) 引入负反馈可扩展放大器的通频带。

放大电路引入负反馈后，放大器的闭环上、下限截止频率分别为

$$f_{Hf}=|1+A_uF_u|f_H$$

$$f_{Lf}=\frac{f_L}{|1+A_uF_u|} \tag{4.4-4}$$

从而使放大电路的通频带得以加宽。

(4) 引入负反馈对输入、输出阻抗的影响。

本实验引入的是电压串联负反馈，所以对整个放大器而言，输入阻抗增加了，则输出阻抗就降低了。它们的增加和降低的程度与反馈深度有关，即

$$R_{iF} = (1 + A_u F_u) R_i$$

$$R_{oF} \approx \frac{R_o}{1 + A_u F_u} \tag{4.4-5}$$

(5) 引入负反馈能减少反馈环内的非线性失真。

综上所述，在放大器内引入电压串联负反馈后，不仅可以提高放大器放大倍数的稳定性，还可以扩展放大器的通频带，提高输入电阻和降低输出电阻，减小非线性失真。

四、实验仪器及电子元器件

实验仪器：(1) 示波器；(2) 信号发生器；(3) 交流毫伏表；(4) 直流稳压电源；(5) 数字频率计。

电子元器件：(1) 三极管(3DG6 两只)；(2) 电位器(100 kΩ 一只，680 kΩ 一只)；(3) 电阻(51 kΩ 一只，47 kΩ 一只，24 kΩ 一只，20 kΩ 一只，5.1 kΩ 两只，3 kΩ 两只，1.8 kΩ 一只，1.5 kΩ 一只，1 kΩ 一只，100 Ω 一只，51 Ω 一只)；(4) 电解电容(10 μF 六只)；(5) 导线若干。

五、实验内容

1. 负反馈放大器开环和闭环放大倍数的测试

(1) 开环电路。

① 按图 4.4.1 所示电路图接线，R_F先不接入电路，电路开环。

② 输入端接入U_i为 1 mV、f为 1 kHz 的正弦波(注意输入 1 mV 信号采用输入端衰减法，见两级放大电路实验)。调整接线和参数使输出不失真且无振荡(参考两级放大电路实验方法)。

③ 按表 4.1.1 中要求用毫伏表进行测量并填表。

④ 根据实测值计算开环放大倍数 A_u。

表 4.4.1　放大倍数

	R_L/kΩ	U_i/mV	U_o/mV	$A_u(A_{uF})$
开环	∞	1		
	1.5	1		
闭环	∞	1		
	1.5	1		

(2) 闭环电路。

① 将反馈电阻 R_F接入电路，按上面(1)的要求调整电路。

② 按表 4.1.1 中要求进行测量并填表，计算 A_{uF}。

③ 根据实测结果，验证 $A_{uF} \approx 1/F_u$。

2. 负反馈对信号失真的改善作用

(1) 将图 4.4.1 所示电路中的 R_F 断开，使电路开环，调节信号发生器幅值，逐步加大 U_i的幅度，使输出信号出现失真(注意不要过分失真)，记录失真波形幅度。

(2) 接上反馈电阻 R_F将电路闭环，观察输出情况，并适当增加 U_i幅度，使输出幅度接近开环时失真波形幅度。

(3) 若 R_F为 3 kΩ 不变，但 R_F接入 T_1 的基极，会出现什么情况？并用实验验证之。

(4) 画出上述各步实验的波形图。

3. 测量放大器的频率特性

(1) 将图 4.4.1 所示电路中的 R_F 断开，使电路先开环，调节 U_i幅度(频率为 1 kHz)，使输出信号在示波器上有满幅正弦波显示。同时用毫伏表监测输出电压的大小。

(2) 保持输入信号幅度 U_i不变，逐步增加频率，直到波形大小减小为原来的 70%(或毫伏表的输出电压值减小到 1 kHz 时电压值的 70%)，此信号频率即为放大器的 f_H。

(3) 条件同上，但逐渐减小频率，测得 f_L 值。

利用公式 $BW=f_H-f_L$ 计算频带宽度。

(4) 将电路闭环，重复(1)～(3)步骤，并将测量结果填入表 4.4.2 中。

表 4.4.2　频率响应

	f_H/Hz	f_L/Hz	BW
开环			
闭环			

六、实验注意事项

(1) 测量两级放大电路的静态工作点时，必须保证放大器的输出波形不失真；若电路产生自激振荡，应加消振电容消振。

(2) 测量静态工作点时，应断开交流输入信号。

七、思考题

(1) 根据实验内容总结负反馈对放大电路性能的影响。

(2) 在图 4.4.1 电路中，如果反馈电阻 R_F左端改接在 V_1管的基极，会发生什么现象，并简述原因。

4.5　差动放大电路

一、理论知识预习要求

(1) 复习差动放大电路的工作原理及各项指标的计算。

(2) 计算图 4.5.1 所示电路的静态工作点(设 $r_{be}=1$ kΩ，$\beta=50$)和电压放大倍数。

二、实验目的

(1) 熟悉差动放大器工作原理。

(2) 掌握差动放大器的基本测试方法。

三、实验原理

恒流源差动放大电路如图 4.5.1 所示。差动放大电路具有放大差模信号、抑制共模干扰信号和零点漂移的功能，恒流源差动放大电路对共模信号的抑制能力更强。

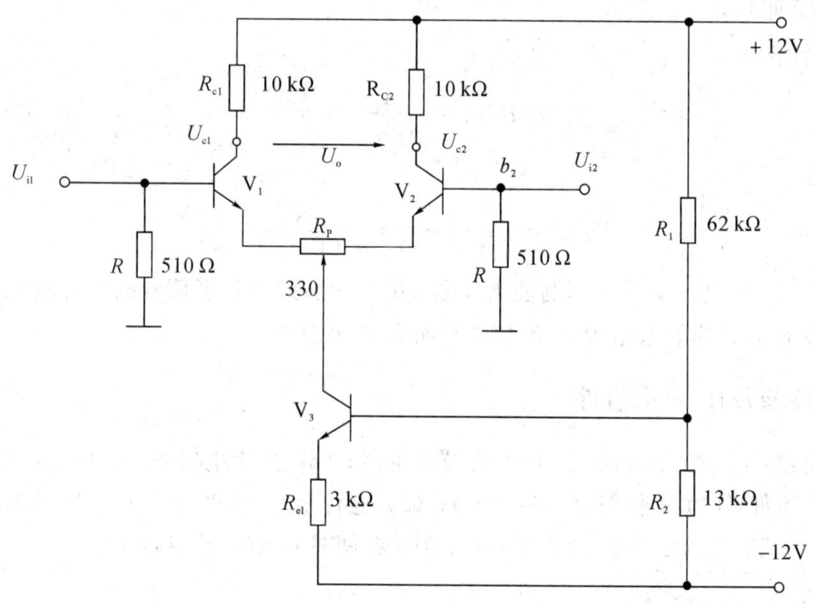

图 4.5.1 恒流源差动放大电路

1. 对差模信号的放大作用

当 V_1、V_2的基极分别接入幅度相等、极性相反的差模信号时，使两管发射极产生大小相等、方向相反的变化电流，这两个电流同时流过发射极电阻(发射极电阻用恒流源代替，其等效电阻很大)，结果互相抵消，发射极没有对差模电压产生影响。但对 V_1、V_2的集电极而言，一个管子的集电极电流增大，另一个管子的集电极电流则减小，于是在两管的集电极之间的输出电压就是放大了的差模输入电压。

双端输出时，差模电压放大倍数为

$$A_{ud}=-\frac{\beta R_c}{r_{be}+(1+\beta)R_p/2} \tag{4.5-1}$$

单端输出时，差模电压放大倍数为

$$A_{ud}=-\frac{\beta R_c}{2[r_{be}+(1+\beta)R_p/2]} \tag{4.5-2}$$

2. 对共模信号的抑制作用

放大电路因温度、电压波动等因素所引起的零点漂移和干扰等都属于共模信号，相当于在差动放大电路的两个管子输入端加上了大小相等、方向相同的信号。共模信号对两管的作用是同向的，从而引起两管电流和电压同向的变化，故从两管的集电极输出的共模电压 U_{oc} 等于 0。差动电路对称时，对共模信号的抑制能力更强。

双端输出时，共模电压放大倍数为

$$A_{uc}=\frac{U_{oc}}{U_{ic}}=\frac{U_{oc1}-U_{oc2}}{U_{ic}}\approx 0 \tag{4.5-3}$$

单端输出时，共模电压放大倍数为

$$A_{uc}=-\frac{\beta R_c}{r_{be}+(1+\beta)(2R_e+R_P/2)}\approx-\frac{R_c}{2R_e} \tag{4.5-4}$$

3. 共模抑制比

双端输出时

$$K_{CMR}=\left|\frac{A_{ud}}{A_{uc}}\right|\approx\infty \tag{4.5-5}$$

单端输出时

$$K_{CMR}=\left|\frac{A_{ud}}{A_{uc}}\right|\approx\frac{\beta R_e}{r_{be}+(1+\beta)R_P/2} \tag{4.5-6}$$

上式表明，R_P 越大，共模抑制能力越弱，R_e 越大，抑制共模信号的能力越强。该电路用恒流源代替 R_e，其等效电阻很大，所以共模抑制比也很大。

四、实验仪器及电子元器件

实验仪器：(1) 数字万用表；(2) 信号发生器；(3) 交流毫伏表；(4) 直流稳压电源。

电子元器件：(1) 三极管(9013 三个)；(2) 电位器(330 Ω 一只)；(3) 电阻(10 kΩ 两只，62 kΩ 一只，13 kΩ 一只，3 kΩ 一只，510 Ω 两只)；(4) 导线若干。

五、实验内容及实验步骤

实验电路如图 4.5.1 所示。

1. 静态工作点

(1) 放大器调零。

先将放大器输入端短路并接地，然后接通直流电源，调节调零电位器 R_P，用万用表测量 U_{c1}、U_{c2} 之间电压 U_o，使双端输出电压 U_o 等于 0。

(2) 测量静态工作点。

用万用表测量 V_1、V_2、V_3 各极对地电压，填入表 4.5.1 中。

表 4.5.1　静态工作点

对地电压	U_{c1}	U_{c2}	U_{c3}	U_{b1}	U_{b2}	U_{b3}	U_{e1}	U_{e2}	U_{e3}
测量值/V									

2. 测量差模电压放大倍数

在放大器输入端加入直流电压信号 U_{id} 为±0.1 V，按表 4.5.2 要求测量并记录数据，由测量数据算出单端和双端输出的电压放大倍数。其中：

$$U_o = U_{c1} - U_{c2},\ A_{d1} = \frac{U_{c1}}{U_{i1}},\ A_{d2} = \frac{U_{c2}}{U_{i2}},\ A_{d双} = \frac{U_o}{U_{i1} - U_{i2}}$$

表 4.5.2　差模放大电路

测量及计算值 / 差模输入信号 U_i	测量值/V			计算值		
	U_{c1}	U_{c2}	U_o	A_{d1}	A_{d2}	$A_{d双}$
$U_{i1}=+0.1$ V						
$U_{i2}=-0.1$ V						

3. 测量共模电压放大倍数

先将放大器输入端 b_1、b_2 短接，然后接到信号源的输入端，信号源另一端接地。按表 4.5.3 要求测量并记录数据，由测量数据算出单端和双端输出的电压放大倍数，并进一步算出共模抑制比 $CMRR = \left|\frac{A_{d双}}{A_{c双}}\right|$。

表 4.5.3　共模放大电路

测量及计算值 / 共模输入信号 U_i	测量值/V			计算值			共模抑制比
	U_{c1}	U_{c2}	U_o	A_{c1}	A_{c2}	$A_{c双}$	CMRR
+0.1 V							

4. 测量单端输入电压放大倍数

在面包板上组成单端输入的差放电路，进行下列实验。

(1) 在图 4.5.1 中将 b_2 端接地，组成单端输入差动放大器，从 b_1 端输入直流信号 $U_i = \pm 0.1$ V，测量单端及双端输出电压值，填入表 4.5.4 中。计算单端输入时单端及双端输出的电压放大倍数，并与双端输入时的单端及双端差模电压放大倍数进行比较。

表 4.5.4　单端输入的差放电路

测量及计算值 / 输入信号	电压值/V				放大倍数 A_u	
	U_{c1}	U_{c2}	单端输出 U_o	双端输出 U_o	单端输出	双端输出
+0.1 V						
− 0.1 V						
正弦信号(50 mV、1 kHz)						

(2) 从 b_1 端加入正弦交流信号 $U_i = 50$ mV、$f = 1$ kHz，分别测量、记录单端及双端输出电压，填入表 4.5.4 中，并计算单端及双端输出的电压放大倍数。

六、实验注意事项

输入交流信号时，用示波器监视U_{c1}、U_{c2}波形，若有失真现象时，可减小输入电压值，使U_{c1}、U_{c2}都不失真为止。

七、思考题

(1) 在图 4.5.1 所示电路图基础上画出单端输入和共模输入的电路。

(2) 总结差动放大电路的性能和特点。

4.6　比例求和运算电路

一、理论知识预习要求

(1) 复习集成运算放大器芯片的管脚排列及由运放组成的基本应用电路工作原理。

(2) 对实验内容中的待测量数据进行理论估算。

二、实验目的

(1) 掌握用集成运算放大器组成各种运算电路的方法。

(2) 学会上述各种运算电路的测试和分析方法。

三、实验原理

1. 电压跟随器

电压跟随器电路如图 4.6.1 所示，此时无论输入电压为何值，输出电压始终等于输入电压，即

$$U_o = U_i \tag{4.6-1}$$

2. 反相比例放大器

反相比例放大器电路如图 4.6.2 所示，此时电路的输出电压与输入电压的关系为

$$U_o = -\frac{R_F}{R_1}U_i \tag{4.6-2}$$

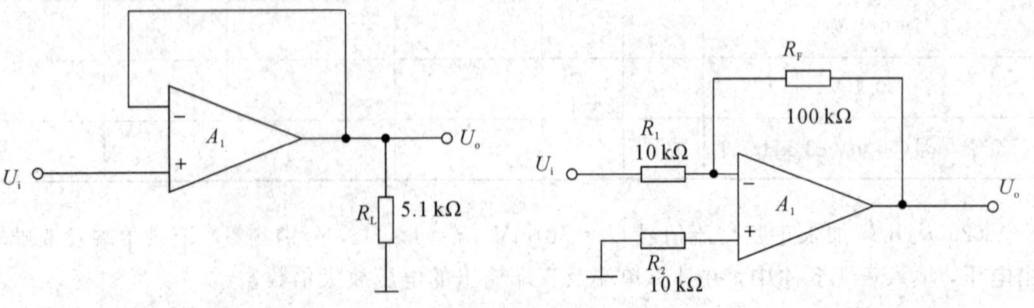

图 4.6.1　电压跟随器电路　　　　图 4.6.2　反相比例放大器电路

3. 同相比例放大器

同相比例放大器电路如图 4.6.3 所示，此时电路的输出电压与输入电压的关系为

$$U_o = \left(1 + \frac{R_F}{R_1}\right) U_i \tag{4.6-3}$$

4. 反相求和放大电路

反相求和放大电路如图 4.6.4 所示。此电路的输出电压与输入电压的关系为

$$U_o = -\left(\frac{R_F}{R_1} U_{i1} + \frac{R_F}{R_2} U_{i2}\right) \tag{4.6-4}$$

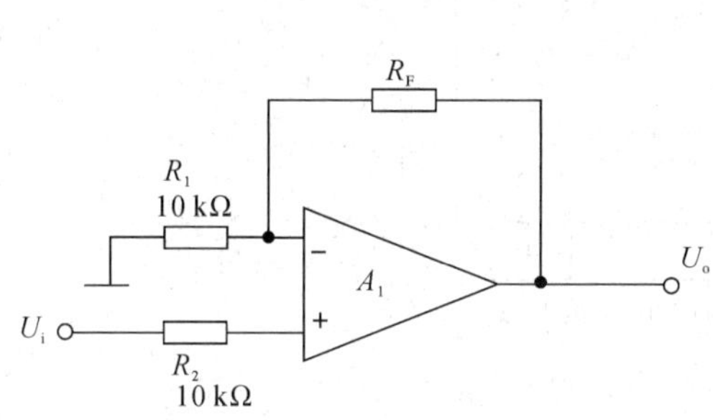

图 4.6.3　同相比例放大器电路

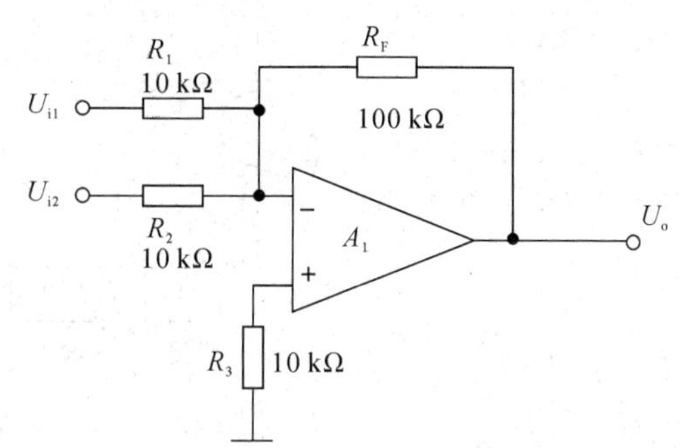

图 4.6.4　反相求和放大电路

5. 双端输入求和放大电路

双端输入求和放大电路如图 4.6.5 所示，R_F 引入电压负反馈，所以，运放工作在线性区，此电路可看成是由反相求和电路和同相求和电路合并而成。

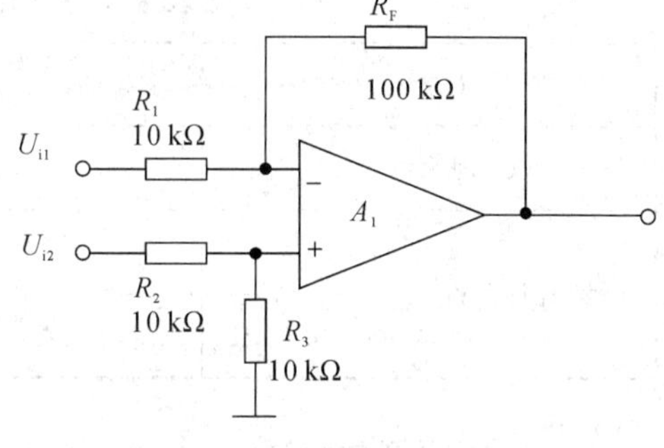

图 4.6.5　双端输入求和放大电路

令 $U_{i2}=0$，在 U_{i1} 作用下，则

$$U_{o1} = -\frac{R_F}{R_1} U_{i1}$$

令 $U_{i1}=0$，在 U_{i2} 作用下，则

$$U_{o2} = \frac{R_3}{R_2 + R_3}\left(1 + \frac{R_F}{R_1}\right) U_{i2}$$

所以得

$$U_o = U_{o1} + U_{o2} = -\frac{R_F}{R_1} U_{i1} + \frac{R_3}{R_2 + R_3}\left(1 + \frac{R_F}{R_1}\right) U_{i2} \tag{4.6-5}$$

四、实验仪器及电子元器件

实验仪器：(1) 数字万用表；(2) 直流稳压电源；(3) 数字频率计。

电子元器件：(1) 运放 741 一只；(2) 电阻六只(10 kΩ 三只，100 kΩ 两只，5.1 kΩ 一只)(3) 导线若干。

五、实验内容

1. 电压跟随器

集成运算放大器芯片的引脚排列图如图 4.6.6 所示，其中 2 端为反相输入端；3 端为同相输入端；6 端为输出端；7、4 分别接正、负电源；1、5 端之间接调零电位器；8 端为接地端。

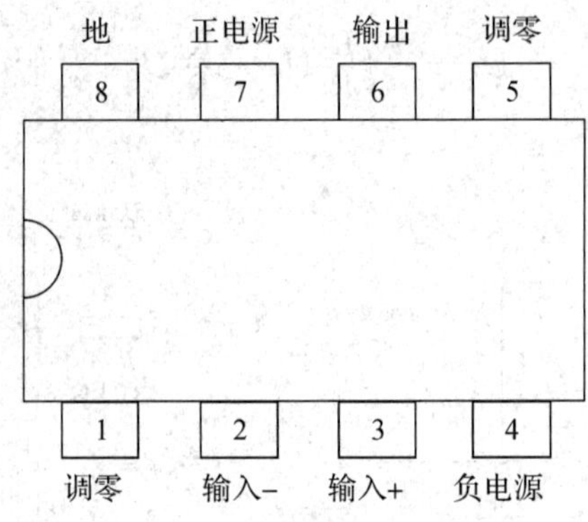

图 4.6.6 集成运放芯片引脚图

按图 4.6.1 所示电路图连接电路，按表 4.6.1 内容实验，并测量和记录数据测量。

表 4.6.1 电压跟随器的测量数据

U_i/V		−2	−0.5	0	+0.5	+1
U_o理论值/V						
测量值 U_o/V	$R_L=\infty$					
	$R_L=5.1\ \text{k}\Omega$					

2. 反相比例放大器

按图 4.6.2 所示电路图连接电路。

(1) 按表 4.6.2 内容实验，并测量和记录数据。

(2) 测量电路的上限截止频率。

表 4.6.2 反相比例放大器测量数据

直流输入电压 U_i/mV		0	100	300	1000	3000
输出电压 U_o	理论估算/mV					
	实测值/mV					
	误差					

3. 同相比例放大器

按图 4.6.3 所示电路图连接电路。

(1) 按表 4.6.3 内容实验，并测量和记录数据。

(2) 测量电路的上限截止频率。

表 4.6.3 同相比例放大器测量数据

直流输入电压 U_i/mV		30	100	300	1000
输出电压 U_o	理论估算/mV				
	实测值/mV				
	误差				

4. 反相求和放大电路

按图 4.6.4 所示电路图连接电路。按表 4.6.4 内容进行实验并测量和记录数据，并与预习计算比较。

表 4.6.4 反相求和放大电路测量数据

U_{i1}/V		0.3	−0.3
U_{i2}/V		0.2	0.2
U_o/V	理论值		
	测量值		

5. 双端输入求和放大电路

按图 4.6.5 所示电路图连接电路，按表 4.6.5 要求实验并测量和记录数据。

表 4.6.5 双端输入求和放大电路测量数据

U_{i1}/V		1	2	0.2
U_{i2}/ V		0.5	1.8	−0.2
U_o/ V	理论值			
	测量值			

六、实验注意事项

(1) 组装电路前必须对所有电阻逐一测量，并做好记录。

(2) 集成运算放大器芯片的各个管脚不要接错，尤其是正、负电源不要接反，否则极易损坏芯片。

七、思考题

(1) 总结本实验中5种运算电路的特点及性能。

(2) 写出5种运算电路的输入、输出电压的关系式。

4.7 积分与微分电路

一、理论知识预习要求

(1) 复习积分与微分电路的原理，写出输入、输出电压关系式。

(2) 估算实验内容中待测量数据的理论值。

二、实验目的

(1) 学会用运算放大器组成积分和微分电路。

(2) 了解积分和微分电路的特点和性能。

三、实验原理

1. 积分电路

积分电路可以完成对输入电压的积分运算，即输出电压与输入电压的积分成正比。由于同相积分电路输入共模分量大，积分误差大，所以通常采用反相积分电路，反相积分电路如图 4.7.1 所示。

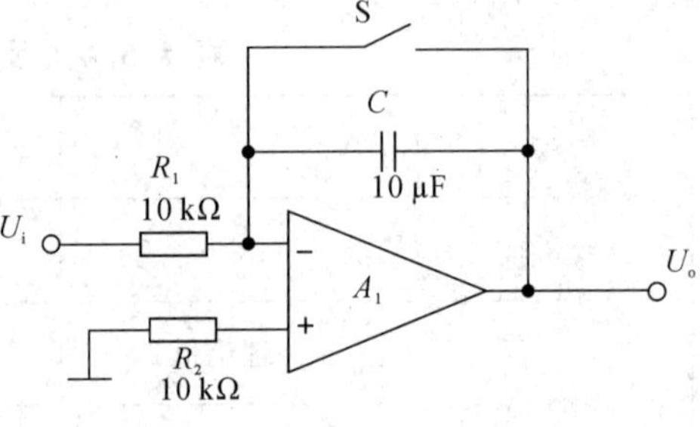

图 4.7.1 反相积分电路

该电路的输入输出电压关系式为

$$U_o = -\frac{1}{RC}\int U_i \mathrm{d}t \tag{4.7-1}$$

2. 微分电路

微分是积分的逆运算，输出电压与输入电压呈微分关系。其电路如图 4.7.2 所示。图中 R_F 引入电压并联负反馈，输入与输出电压的关系为

$$u_o = -RC\frac{\mathrm{d}U_i}{\mathrm{d}t} \tag{4.7-2}$$

可见，输出电压与输入电压的微分成正比。

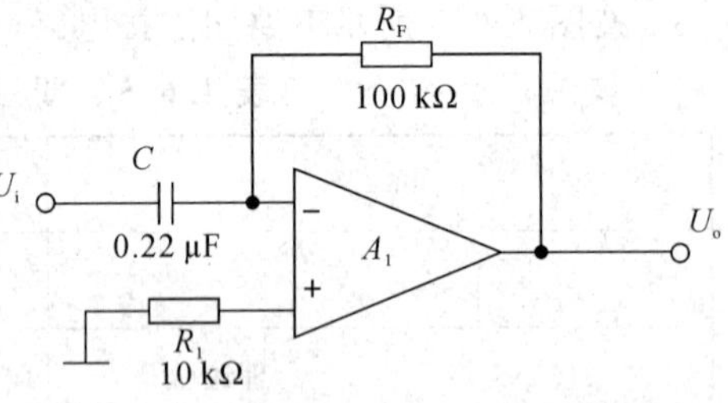

图 4.7.2 微分电路

四、实验仪器及电子元器件

实验仪器：(1) 示波器；(2) 信号发生器；(3) 直流稳压电源；(4) 数字万用表。

电子元器件：(1) 运放 741 两只；(2) 电容(10 μF 一只，0.22 μF 一只，0.1 μF 一只)；(3) 电阻(100 kΩ 一只，10 kΩ 四只)；(4) 导线若干。

五、实验内容

1. 积分电路

实验电路如图 4.7.1 所示。

(1) 取 U_i 值为 −1 V，断开开关 S(开关 S 用一连线代替，拔出连线一端表示断开)，用示波器观察 U_o 变化。

(2) 测量饱和输出电压及有效积分时间。

(3) 把图 4.7.1 所示电路中积分电容改为 0.1 μF，断开 S，U_i 端分别输入频率为 100 Hz、幅值为 2 V 的方波和正弦波信号，观察 U_i 和 U_o 大小及相位关系，并记录波形。

(4) 改变图 4.7.1 所示电路的频率，观察 U_i 与 U_o 的相位、幅值关系。

2. 微分电路

实验电路如图 4.7.2 所示。

(1) 电路输入端输入正弦波信号，频率为 160 Hz，有效值为 1 V，用示波器观察 U_i 与 U_o 波形并测量输出电压。

(2) 改变正弦波频率(20 Hz～400 Hz)，观察 U_i 与 U_o 的相位、幅值变化情况并做好记录。

(3) 输入方波，频率为 300 Hz，幅值为 ±5 V，用示波器观察 U_o 波形，按上述步骤重复实验。

3. 积分-微分电路

实验电路如图 4.7.3 所示。

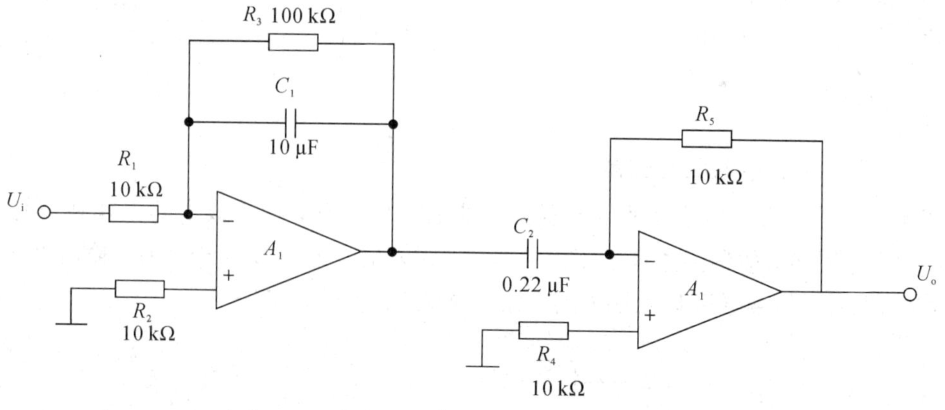

图 4.7.3　积分-微分电路

(1) 在 U_i 端输入频率为 200 Hz，幅值为 ±5 V 方波信号，用示波器观察 U_i 和 U_o 波形并做好记录。

(2) 将频率改为 500 Hz，重复上述实验。

六、实验注意事项

(1) 组装电路前必须对所有元件逐一测量，并做好记录。

(2) 集成运算放大器芯片的各个管脚不要接错，尤其是正、负电源不要接反。

七、思考题

(1) 分析图 4.7.1 所示电路，若输入信号为正弦波，U_o与U_i相位差是多少？当输入正弦波信号频率为 100 Hz，有效值为 2 V 时，U_o为多少？

(2) 分析图 4.7.2 电路，若输入信号为方波，U_o与U_i相位差是多少？当输入方波信号频率为 160 Hz，幅值为 1 V 时，U_o为多少？

(3) 按实验内容，做好实验数据记录。

4.8 电压比较器

一、理论知识预习要求

(1) 预习电压比较器的基本原理。

(2) 分析图 4.8.2 所示电路，并计算以下值：

① 使U_o由U_{oH}变为U_{oL}的U_i临界值。

② 使U_o由U_{oL}变为U_{oH}的U_i临界值。

③ 若U_i端输入有效值为 1 V 正弦波，试画出U_i—U_o波形图。

二、实验目的

(1) 掌握比较器电路的构成及特点。

(2) 学会测试比较器的方法。

三、实验原理

1. 反相输入过零电压比较器

图 4.8.1 所示为反相输入过零电压比较器的实验电路，运算放大器工作在开环状态，它的门限电平是零，故称为过零电压比较器。当输入信号电压U_i大于 0 时，输出电压U_o等于−6 V，当输入信号电压U_i小于 0 时，输出电压U_o等于+6 V。

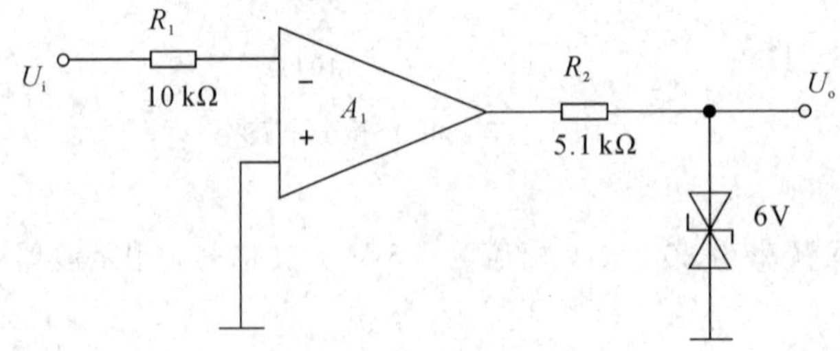

图 4.8.1 反相输入过零电压比较器电路

2. 滞回比较器

反相输入过零电压比较器结构简单，灵敏度高，但抗干扰能力差，如果输入信号电压值在门限电平附近时容易受到干扰信号的影响，将会使输出电压产生不应该出现的跳变。

滞回比较器能够克服反相输入过零电压比较器抗干扰能力差的缺点。图 4.8.2 所示为反相滞回比较器电路。滞回比较器有两个门限电平，可通过电路引入正反馈获得。

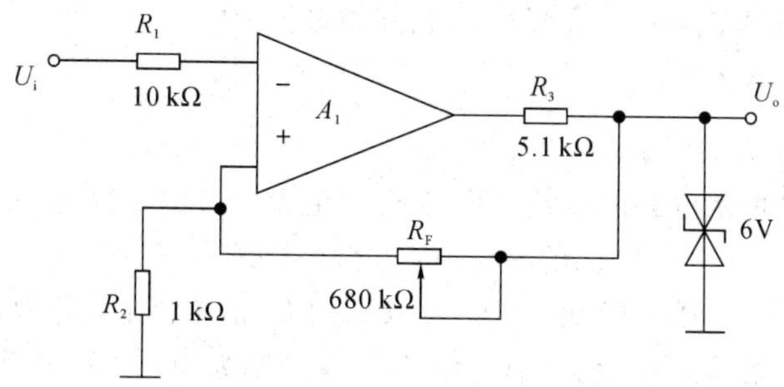

图 4.8.2　反相滞回比较器电路

根据运算放大器非线性应用的特点可知，输出电压发生跳变的临界条件是：U_- 等于 U_+，由此可推得图 4.8.2 所示的反相滞回比较器的两个门限电平分别为

$$U_{TH+}=\frac{R_2}{R_2+R_F}U_{oH} \tag{4.8-1}$$

$$U_{TH-}=\frac{R_2}{R_2+R_F}U_{oL} \tag{4.8-2}$$

反相滞回比较器传输特性如图 4.8.3 所示。

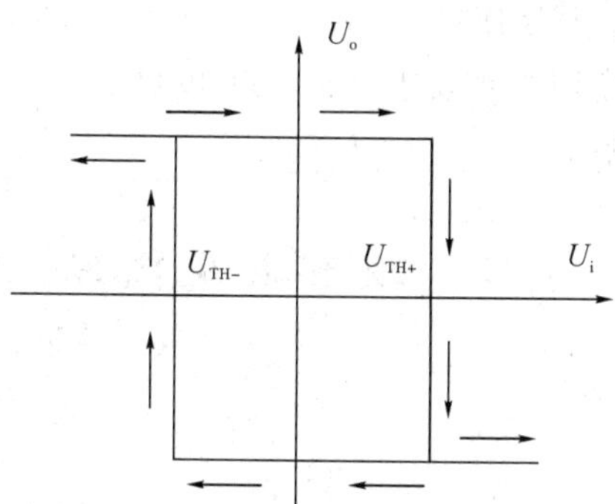

图 4.8.3　反相滞回比较器传输特性

四、实验仪器及电子元器件

实验仪器：(1) 示波器；(2) 数字万用表；(3) 信号发生器；(4) 直流稳压电源。

电子元器件：(1) 集成运算放大器芯片 741 一只；(2) 电位器 680 kΩ 一只；(3) 5.1 V 稳压管两只；(4) 电阻(10 kΩ 两只，5.1 kΩ 一只)；(5) 导线若干。

五、实验内容

1. 反相输入过零比较器

实验电路如图 4.8.1 所示。

(1) 按图 4.8.1 所示电路图接线，U_i悬空时测 U_o电压。

(2) 将信号发生器接入 U_i输入端，输入信号是频率为 500 Hz、有效值为 1 V 的正弦波，用示波器观察 U_i、U_o波形并做好记录。

(3) 改变输入信号 U_i幅值，观察 U_o变化并做好记录。

(4) 改变输入信号 U_i频率，观察 U_o变化并做好记录。

2. 反相滞回比较器

实验电路如图 4.8.2 所示。

(1) 按图 4.8.2 所示电路图接线，并将 R_F阻值调为 100 kΩ，输入信号 U_i接直流电压源，测出 U_o由 $+U_{om}\rightarrow-U_{om}$时 U_i的临界值，并做好记录。

(2) 实验条件同上，测出 U_o由 $-U_{om}\rightarrow+U_{om}$时 U_i 的临界值，并做好记录。

(3) 将信号发生器接入 U_i输入端，输入信号是频率为 500 Hz、电压有效值为 1 V 的正弦信号，用示波器观察并记录 U_i、U_o波形。

(4) 将电路中 R_F阻值调为 200 kΩ，重复上述实验。

六、实验注意事项

(1) 组装电路前必须对所有元件逐一测量，并作好记录。

(2) 运放的各个管脚不要接错，尤其是正、负电源不要接反。

七、思考题

(1) 比较器是否要调零？原因何在？

(2) 比较器两个输入端电阻是否要求对称？为什么？

(3) 总结几种比较器特点。

4.9 波形发生电路

一、理论知识预习要求

(1) 分析图 4.9.1 所示电路的工作原理，定性画出 U_o和 U_C波形。

(2) 若图 4.9.1 所示电路中 R 为 10 kΩ，计算 U_o的频率。

(3) 在图 4.9.2 所示电路中如何使输出信号波形占空比变大？

(4) 在图 4.9.3 所示电路中，如何改变输出信号频率？

(5) 在图 4.9.4 所示电路中如何连续改变振荡频率？并画出相应电路图。

二、实验目的

(1) 掌握波形发生电路的特点及分析方法。

(2) 熟悉波形发生器的设计方法。

三、实验原理

1. 矩形波发生电路

矩形波发生电路如图 4.9.1 所示。图中通过电阻 R_4 和双向稳压管对输出信号电压限幅，使输出电压正、负幅度对称，即 $U_{oH}=+6$ V，$U_{oL}=-6$ V。同相端电位由 U_o通过电阻 R_1、R_2分压后得到，这是引入了正反馈；反相端电位受积分器电容两端电压 U_C控制。

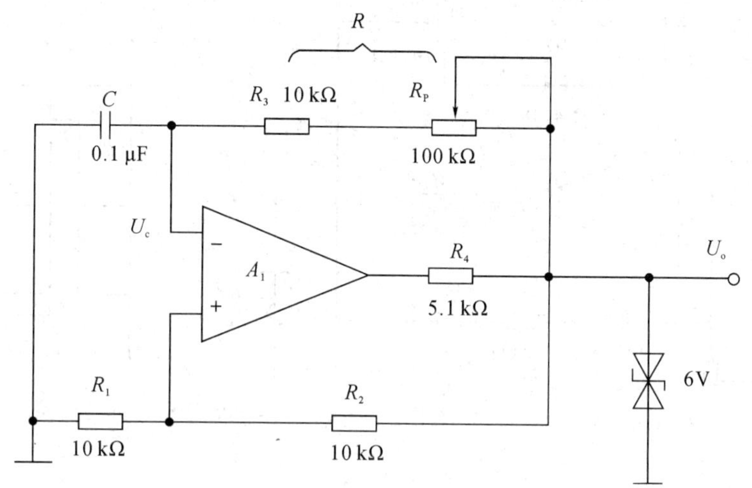

图 4.9.1　矩形波产生电路

当电路接通电源时，U_+、U_-必存在差别，因此输出电压 U_o为+6 V(或−6 V)，这是随机的。设 t 为 0 时(电源则接通时刻)，电容两端电压 U_C为 0，输出电压 U_o为+6 V，则运放同相输入端电位为

$$U_+=\frac{R_1}{R_1+R_2}\times 6\ \mathrm{V} \tag{4.9-1}$$

此时输出电压通过 R 对电容 C 充电，使得 $U_-=U_C$，并由零逐渐上升，当电容电压上升到使 U_-大于 U_+时，输出电压由+6 V 跳变为−6 V。

当输出 $U_o=-6$ V 时，运放同相输入端电位也随之变为

$$U_+=-\frac{R_1}{R_1+R_2}\times 6\ \mathrm{V} \tag{4.9-2}$$

同时电容 C 通过 R 放电，使得 $U_-=U_C$，并逐渐下降，当电容电压下降到使 U_-小于 U_+时，输出电压又由−6 V 跳变为+6 V。如此周而复始，从而电路输出矩形波。

矩形波的高、低电平时间为

$$T_1=T_2=RC\ \ln\left(1+\frac{2R_1}{R_2}\right) \tag{4.9-3}$$

矩形波的周期为

$$T=T_1+T_2=2RC\ \ln\left(1+\frac{2R_1}{R_2}\right) \tag{4.9-4}$$

矩形波的高电平时间 T_2与周期 T 之比为占空比 D，即 $D=T_2/T$。占空比可调的矩形波发生电路如图 4.9.2 所示。该电路的占空比为

$$D=\frac{T_2}{T}=\frac{R'_P+r_{d1}+R_1}{R_P+r_{d1}+r_{d2}+2R_1} \tag{4.9-5}$$

r_{d1}、r_{d2}分别是二极管 V_{D1}、V_{D2}导通时的电阻。

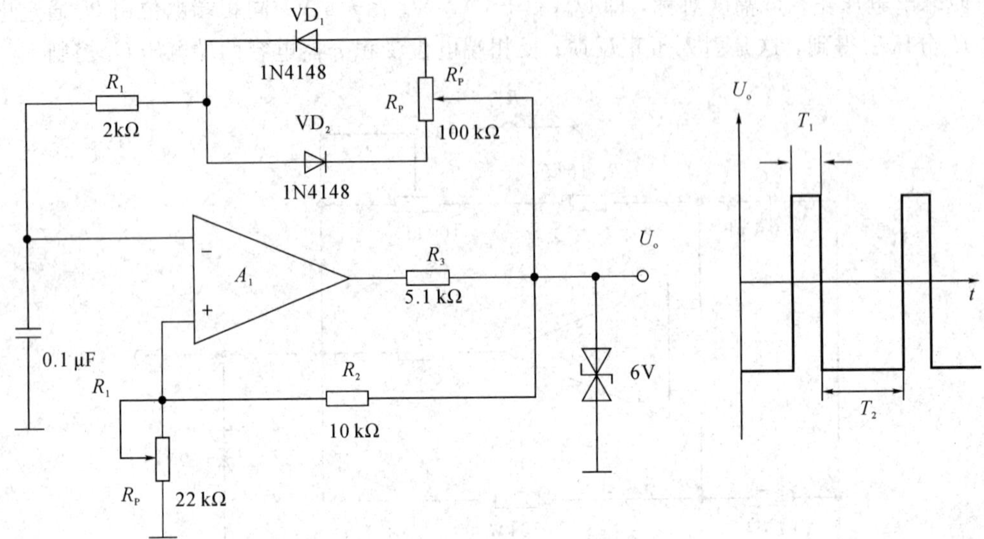

图 4.9.2　占空比可调的矩形波发生电路

2. 三角波发生电路

三角波发生电路如图 4.9.3 所示。其中运算放大器 A_1 组成滞回比较器，运算放大器 A_2 组成反相积分器。

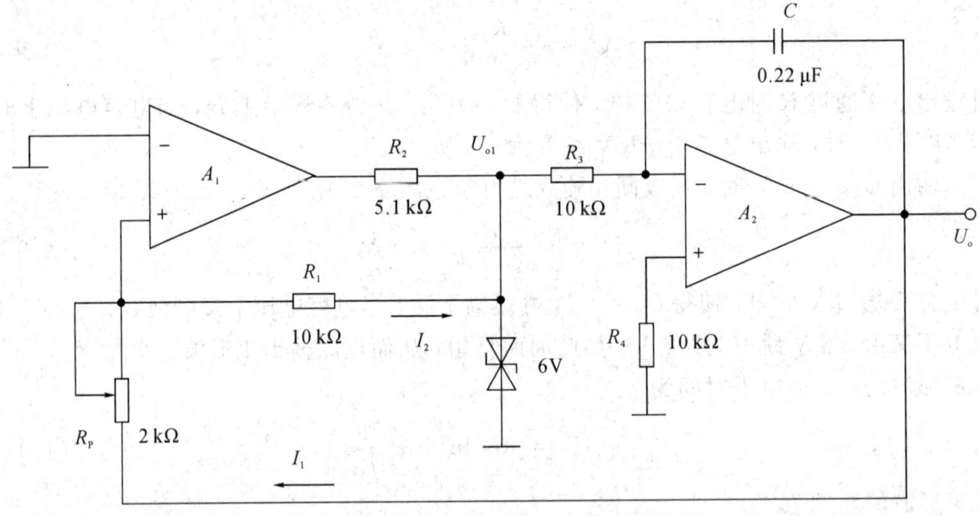

图 4.9.3　三角波发生电路

接通电源时，由于 A_1 工作在正反馈状态，输出电压即达到稳定值，即 U_{o1} 为 -6 V，A_1 同相输入端电压 U_+ 由 U_{o1} 和 U_o 叠加而成，即

$$U_+=\frac{R_P}{R_1+R_P}\times(-6\ \text{V})+\frac{R_1}{R_1+R_P}U_o \tag{4.9-6}$$

U_{o1} 为 -6 V 期间，A_2 的反相积分器使 U_o 输出正向斜波电压，当 U_o 增大使 A_1 的 U_+ 大于等于 U_- 时，U_{o1} 由 -6 V 跃变到 $+6$ V，此时 A_1 同相输入端电压 U_+ 为

$$U_+=\frac{R_P}{R_1+R_P}\times 6\ \text{V}+\frac{R_1}{R_1+R_P}U_o \tag{4.9-7}$$

A_2的反相积分器使U_o输出负向斜波电压，当U_o减小到使A_1的U_+小于等于U_-时，U_{o1}由$+6$ V跃变到-6 V，如此周期性地变化，则A_1输出为方波，A_2输出为三角波。

三角波的周期为

$$T=\frac{4R_P R_3 C}{R_1} \tag{4.9-8}$$

3. 锯齿波发生电路

锯齿波发生电路如图 4.9.4 所示。它与三角波发生电路基本相同，只是在积分器的输入端增加了可调电位器及两个二极管，用来改变积分器的正、反方向积分时间常数，则三角波就可变成锯齿波。由图可见，在运算放大器 A_2 中的正向积分时间常数为 $R_{P下}C$，而负向积分时间常数为 $R_{P上}C$。

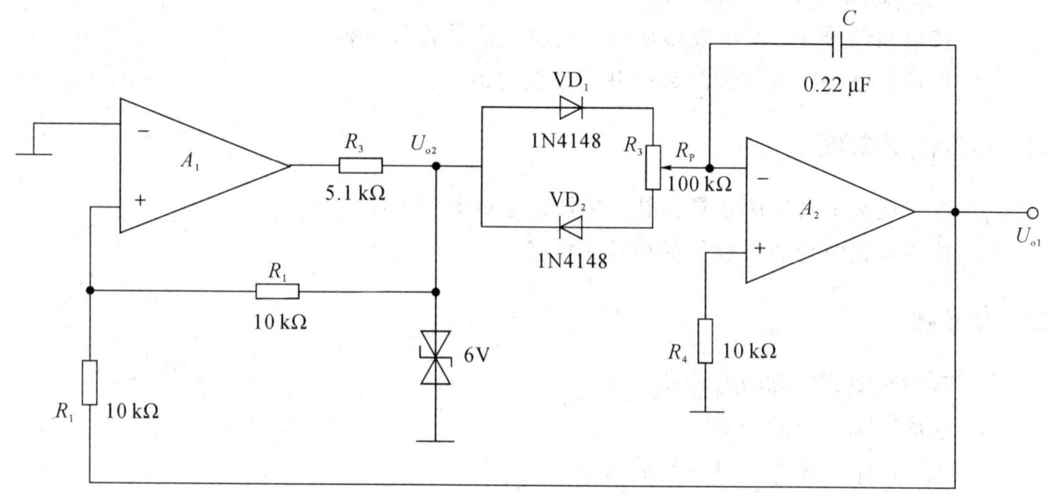

图 4.9.4　锯齿波发生电路

四、实验仪器及电子元器件

实验仪器：(1) 示波器；(2) 数字万用表；(3) 直流稳压电源；(4) 数字频率计；(5) 交流毫伏表。

电子元器件：(1) 运放 741 两只；(2) 电位器(100 kΩ 一只，22 kΩ 一只)；(3) 电阻(10 kΩ 三只，5.1 kΩ 一只，2 kΩ 一只)；(4) 5.1 V 稳压二极管两个；(5) 二极管 1N4148 两只；(6) 导线若干。

五、实验内容

1. 方波发生电路

实验电路如图 4.9.1 所示，双向稳压管稳压值一般为 5 V～6 V。

(1) 按电路图接线，用示波器观察U_C及U_o波形及频率，并与预习分析结果比较。

(2) 分别测出 R 为 10 kΩ、110 kΩ 时输出信号的频率、输出幅值，并与预习分析结果比较。

2. 占空比可调的矩形波发生电路

实验电路如图 4.9.2 所示。

(1) 按电路图接线，观察并测量电路的振荡频率、幅值及占空比。

(2) 若要使占空比增大，应如何选择电路参数并用实验验证。

3. 三角波发生电路

实验电路如图 4.9.3 所示。

(1) 按电路图接线，用示波器分别观测 U_{o1} 及 U_{o2} 的波形并做好记录。

(2) 如何改变输出波形的频率？按预习方案分别实验并做好记录。

4. 锯齿波发生电路

实验电路如图 4.9.4 所示。

(1) 按电路图接线，用示波器观测电路输出信号波形和频率。

(2) 按预习方案改变锯齿波频率并测量变化范围。

六、实验注意事项

(1) 注意运放的各管脚不要接错，特别是正负电源不能接反。

(2) 连接电路时稳压二极管的极性不要接反。

七、思考题

(1) 总结波形发生电路的特点。

(2) 波形发生电路需调零吗？

(3) 波形发生电路有没有信号输入端？

4.10 集成电路 *RC* 正弦波振荡器

一、理论知识预习要求

(1) 复习 *RC* 桥式振荡器的工作原理。

(2) 完成下列填空题：

① 图 4.10.1 所示电路中正反馈支路是由______组成，这个网络具有______特性，要改变振荡频率，只要改变______或______的数值即可。

② 图 4.10.1 所示电路中，R_{P2} 和 R_1 组成______反馈，其中是______用来调节放大器的放大倍数，使 $A_u \geqslant 3$。

二、实验目的

(1) 掌握桥式 *RC* 正弦波振荡器的电路组成及工作原理。

(2) 熟悉正弦波振荡器的调整、测试方法。

(3) 观察 *RC* 参数对振荡频率的影响；学习振荡频率的测定方法。

三、实验原理

RC 正弦波振荡器电路如图 4.10.1 所示。其放大电路为同相比例电路，反馈网络和选频网络由 RC 串并联电路组成。

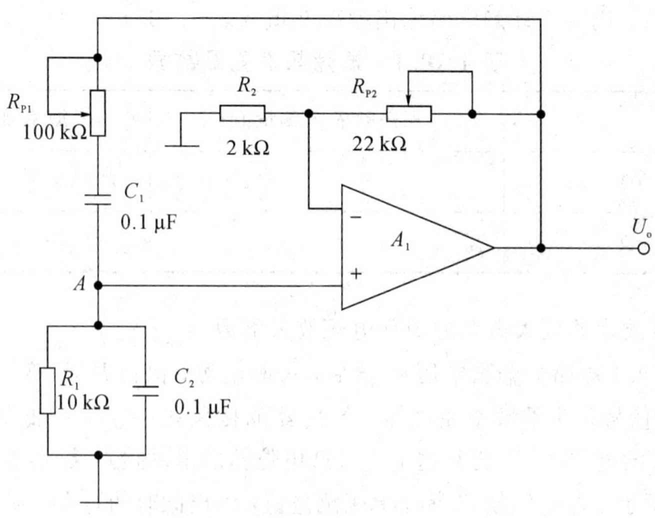

图 4.10.1　RC 正弦波振荡器电路

RC 串并联网络只有在 $\omega=\omega_o=1/RC$ 时，其相移 $\varphi_F=0$，为了使振荡电路满足相位平衡条件：$\varphi_{AF}=\varphi_A+\varphi_F=\pm 2n\pi$，则要求放大器的相移 φ_A 也为 0°或 360°，所以放大电路采用同相输入方式的集成运算放大器。由于 RC 串并联网络的选频特性，只有 $\omega=\omega_o$ 时信号才满足相位条件，因此该电路的振荡频率为 ω_o，从而保证了电路输出为单一频率的正弦波。

放大器的放大倍数为

$$\dot{A}=1+\frac{R_{P2}}{R_2} \tag{4.10-1}$$

为了使电路能起振，还应满足起振条件：$|\dot{A}\dot{F}|>1$。当 $\omega=\omega_o$ 时，$F\dot{F}=1/3$，因而起振条件为

$$\dot{A}=1+\frac{R_{P2}}{R_2}>3，即 R_{P2}>2R_2 \tag{4.10-2}$$

四、实验仪器及电子元器件

实验仪器：(1) 示波器；(2) 数字频率计；(3) 直流稳压电源；(4) 交流毫伏表；(5) 信号发生器

电子元器件：(1) 运算放大器(741 一只)；(2) 电位器(100 kΩ 一只，22 kΩ 两只)；(3) 电阻(10 kΩ 两只，20 kΩ 一只，2 kΩ 一只)；(4) 电解电容(0.1μF 两只)；(5) 导线若干。

五、实验内容及实验步骤

(1) 按图 4.10.1 所示电路图接线，注意电阻 R_{P1} 等于 R_1，需预先调好再接入电路。

(2) 用示波器观察输出信号波形。

(3) 用频率计测量电路输出信号频率，并填入表 4.10.1 中。

(4) 改变 RC 正弦波振荡器振荡频率。

在面包板上先使电阻 R_1 为 10 kΩ，再将 R_{P1} 调到 30 kΩ，然后在 R_1 与地之间串联接入 1 个 20 kΩ 电阻即可。用频率计测电路输出频率并填入表 4.10.1。

表 4.10.1　振荡频率测量数据

	振荡频率 f_o 测量值	振荡频率 f_o 估算值
$1R_P=10$ kΩ		
$1R_P=30$ kΩ		

(5) 测定运算放大器放大电路的闭环电压放大倍数 A_{uf}。

先测出图 4.10.1 电路的输出电压 U_o 值后，关断电源，保持 R_{P2} 不变，断开图 4.10.1 中 "A" 点接线，调节信号发生器频率使之等于振荡器的振荡频率 f_o，把低频信号发生器的输出接至一个 22 kΩ 的电位器上，再从这个 22 kΩ 电位器的滑动接点接至运算放大器同相输入端，如图 4.10.2 所示，调节 U_i 使 U_o 等于原来测量值，测出此时的 U_i 值，则 $A_{uF}=U_o/U_i$。

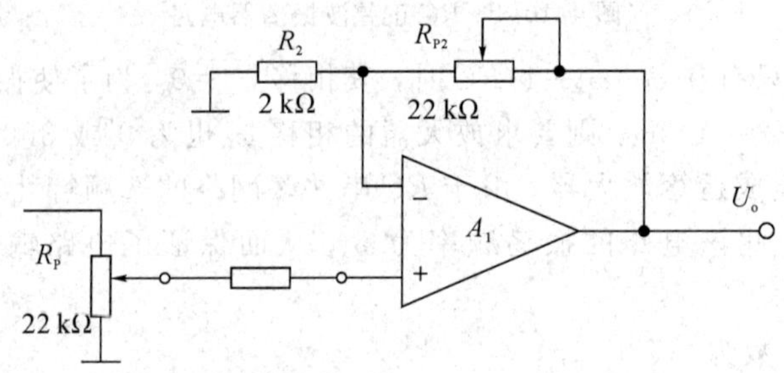

图 4.10.2　闭环电压放大倍数测量电路

表 4.10.2　放大倍数测量数据

输入电压 U_i	输出电压 U_o	放大倍数 A_{uF}	A_{uF} 估算值

六、实验注意事项

在改变振荡频率实验中，改变电路参数前，必须先关断电源开关，检查无误后再接通电源。测 f_o 之前，应适当调节 R_{P2} 阻值，使 U_o 无明显失真后，再测频率。

七、思考题

(1) 按图 4.10.1 所示电路图接线后，若元器件完好，接线正确，电源电压正常，而 U_o 为 0，原因何在？应怎么解决？

(2) 若振荡电路输出信号出现明显失真，应如何解决？

4.11　互补对称功率放大器

一、理论知识预习要求

(1) 复习互补对称功率放大电路的工作原理。

(2) 在理想情况下，计算图 4.11.1 所示电路的最大输出功率 P_{om}、管耗 P_T、直流电源供给的功率 P_V和效率 η。

二、实验目的

(1) 了解 OTL 互补对称功率放大器的调试方法。

(2) 测量 OTL 互补对称功率放大器的最大输出功率、效率。

三、实验原理

OTL 互补对称功率放大器电路如图 4.11.1 所示。

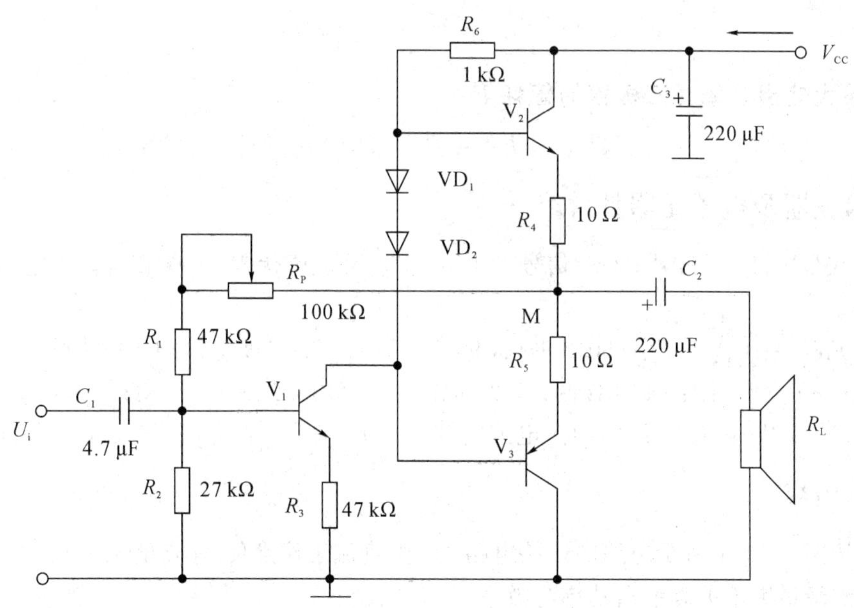

图 4.11.1　OTL 互补对称功率放大器电路图

静态时，只要适当调节 R_P，就可给 V_2、V_3提供一个合适的工作点，从而使 M 点电位 $V_M=V_{CC}/2$。

在电路输入端输入-正弦波信号，在输入信号的负半周时，信号经 V_1放大反相后加到 V_2、V_3的基极，使 V_3截止，V_2导通，有电流流过 R_L，同时向电容 C_2充电，形成输出电压 u_o的正半周波形信号；在输入信号的正半周时，信号经 V_1放大反相后，使 V_2截止，V_3导通，此时已充电的电容起着电源的作用，通过 V_3和 R_L放电，形成输出电压的负半周波形信号。输入信号 U_i周而复始的变化，V_2、V_3交替导通，负载 R_L上则得到完整的正弦波信号。

OTL 电路性能指标的计算公式介绍如下：

1. 最大输出功率 P_{om}

理想情况下，OTL 互补对称功放电路的最大输出功率计算公式为

$$P_{om} = \frac{I_{cm}}{\sqrt{2}} \cdot \frac{U_{om}}{\sqrt{2}} = \frac{U_{om}^2}{2R_L} = \frac{V_{CC}^2}{8R_L} \tag{4.11-1}$$

测量方法：给放大器输入 1 kHz 的正弦信号电压，逐渐加大输入电压幅值，当用示波器观察到输出波形为临界削波时，用毫伏表测出此时的输出电压 U_o，则最大输出功率为

$$P_{om} = \frac{U_o^2}{R_L}$$

2. 直流电源供给的平均功率 P_V

在理想情况下(即 $U_{om}=V_{CC}/2$ 时)

$$P_V \approx \frac{4P_{om}}{\pi} \tag{4.11-2}$$

测量方法：将直流电流表串联接入直流电源支路，记下直流毫安表此时的读数 I，则可算出此时电源供给的功率为：$P_V = V_{CC}I$。

3. 效率 η

$$\eta = \frac{P_{om}}{P_V} \tag{4.11-3}$$

4. 最大输出功率时三极管的管耗 P_T

$$P_T = P_V - P_{om} \tag{4.11-4}$$

四、实验仪器及电子元器件

实验仪器：(1) 示波器；(2) 信号发生器；(3) 交流毫伏表；(4) 直流稳压电源；(5) 数字万用表。

电子元器件：(1) 三极管(9012 一只，9013 两只)；(2) 二极管(1N4001 两个)；(3) 电位器(100 kΩ 一只)；(4) 电阻(47 kΩ 两只，27 kΩ 一只，5.1 kΩ 一只，1 kΩ 一只，10 Ω 两只)；(5) 喇叭(0.25 W，8 Ω 一只)；(6) 电解电容(220 μF 两只，4.7 μF 一只)(7) 导线若干。

五、实验内容

(1) 按图 4.11.1 所示电路图连接电路，调整直流工作点使 M 点电压为 $0.5V_{CC}$。

(2) 测量最大不失真输出功率与效率。

给放大器输入端加 1 kHz 的正弦信号电压，逐渐加大输入电压幅值，用示波器观察输出电压波形，直到出现临界削波时，用毫伏表测量输出电压 U_o，并记下此时的直流电流 I 和电源 V_{CC}。算出最大不失真输出功率 P_{om}、电源提供的功率 P_V、三极管的管耗 P_V 和效率 η，并填入表 4.11.1 中。

表 4.11.1　OTL 互补对称功率放大电路测量数据

	U_o/V	I/mA	V_{CC}/V	$P_{om}=U_o^2/R_L$/W	$P_V=V_{CC}I$/W	$P_T=P_V-P_{om}$/W	η
$V_{CC}=12$ V							
$V_{CC}=6$ V							

(3) 改变电源电压(例如由+12 V变为+6 V)，测量并比较输出功率和效率，填入表4.11.1中。

(4) 将8 Ω负载(扬声器)换成5.1 kΩ电阻，按表4.11.2内容测量数据。并比较放大器分别在带5.1 kΩ和8 Ω负载(扬声器)时的功耗和效率。

表4.11.2　改变负载后测量数据

	U_o/V	I/mA	V_{CC}/V	$P_{om}=\frac{U_o^2}{R_L}$/W	$P_V=V_{CC}I$/W	$P_T=(P_V-P_{om})$/W	η
$V_{CC}=12$ V $R_L=5.1$ kΩ							

六、实验注意事项

(1) 图4.11.1中元器件及参数可根据实际选用的三极管情况适当调整。

(2) 测直流电源支路的电流时一定要将电流表串联接入电路中。

七、思考题

(1) 分析图4.11.1所示电路中各三极管工作状态及交越失真情况。

(2) 电路中若不加输入信号，V_2、V_3管的功耗分别是多少?

(3) 电路中电阻R_4、R_5的作用分别是什么?

4.12　整流、滤波电路

一、理论知识预习要求

(1) 预习整流、滤波电路的工作原理。

(2) 估算实验内容中待测量参数的理论值。

二、实验目的

(1) 熟悉单相半波、全波、桥式整流电路，并观察电容的滤波作用。

(2) 掌握上述电路的测量方法。

三、实验原理说明

1. 整流电路

单相半波整流电路如图4.12.1所示，由于二极管的单相导电特性，负载上得到的为半波输出电压波形，负载直流电压的平均值为$U_o=0.45U_2$。

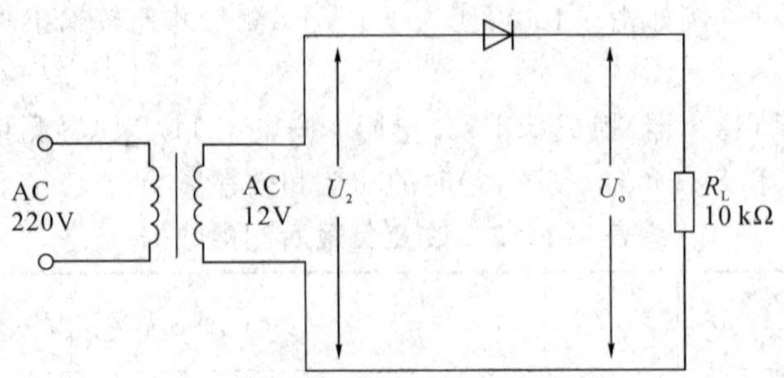

图 4.12.1　单相半波整流电路

桥式整流电路如图 4.12.2 所示，四个整流二极管在输入电压的一个周期内两两轮流导通，负载上得到的为全波输出电压波形，负载直流电压的平均值为 $U_o=0.9U_2$。

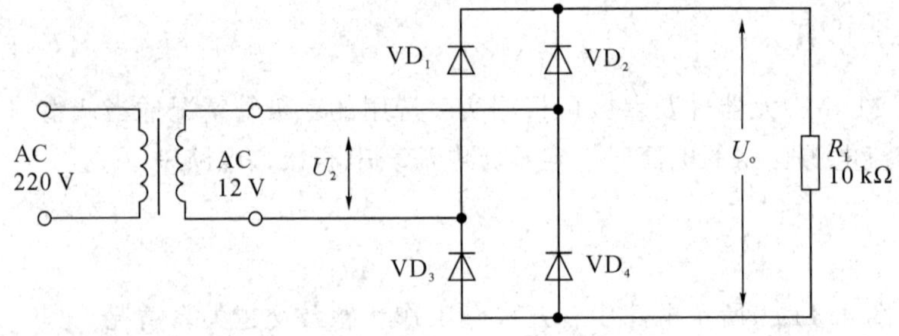

图 4.12.2　桥式整流电路

2. 电容滤波电路

桥式整流电容滤波电路如图 4.12.3 所示。电路接上负载时的工作情况为：当 $t=0$ 时电源接通，U_2 由 0 上升，通过 VD_2、VD_3 为电容 C 充电，此时 $U_C \approx U_2$，直到 U_2 达到最大值 $\sqrt{2}U_2$ 时，$U_C \approx \sqrt{2}U_2$；之后 U_2 下降，由于电容电压不能突变，$VD_1 \sim VD_4$ 均反向偏置，故电容 C 经过 R_L 放电，由于 R_L 较大，故放电时间常数较大，直到下一个周期 U_2 上升到和电容上电压 U_C 相等的时刻，U_2 通过 VD_1、VD_4 对 C 再次充电，如此循环，形成周期性的电容器充放电过程。输出电压波形如图 4.12.4(a)所示。

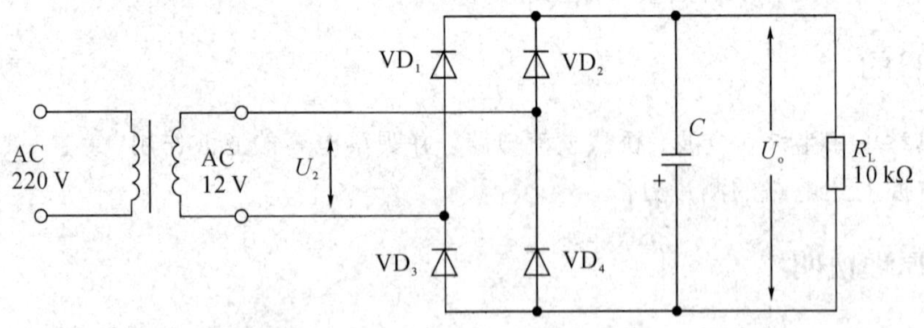

图 4.12.3　桥式整流电容滤波电路

当负载开路时，由于电容器没有放电回路，故电容器电压被充电到 $\sqrt{2}U_2$ 后，将始终保持该值不变，其波形如图 4.12.4(b)所示。

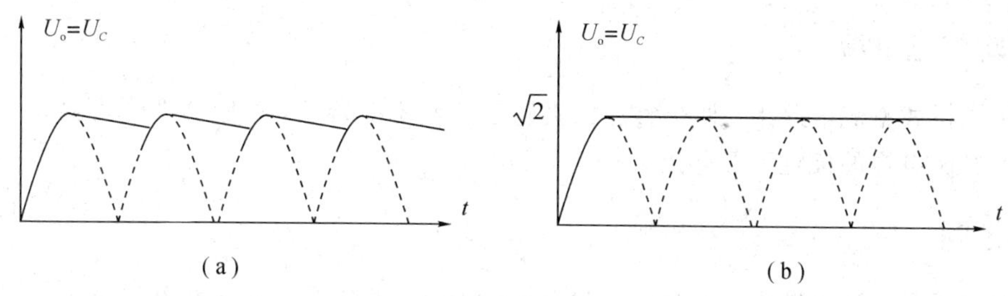

图 4.12.4　整流滤波电路输出波形

四、实验仪器及电子元器件

实验仪器：(1) 示波器；(2) 数字万用表。

电子元器件：(1) 12 V 变压器一只；(2) 整流二极管 1N4001 四只；(3) 电容(10 μF 一只，470 μF 一只)；(4) 电阻 10 kΩ 一只；(5) 导线若干。

五、实验内容

1. 整流电路

按图 4.12.1 和图 4.12.2 所示的电路图在面包板上连接电路，用示波器观察 U_2 及 U_o 波形，并测量 U_2、U_D、U_o，并填入表 4.12.1 中。

表 4.12.1　整流电压测量数据

半波整流	理论值	U_2/V		U_D/V		U_o/V	
	测量值						
桥式整流	理论值	U_2/V		U_D/V		U_o/V	
	测量值						

2. 电容滤波电路

按图 4.12.3 所示电路连接电路。

(1) 分别用不同电容接入电路，R_L先不接，用示波器观察波形，用电压表测量输出电压 U_o并填入表 4.12.2 中。

(2) 接上负载 R_L＝1 kΩ，重复上述实验并记录。

表 4.12.2　稳压电路测量数据

测量条件		输出电压 U_o/V
负载开路 $R_L=\infty$	C＝10 μF	
	C＝470 μF	
R_L＝1 kΩ	C＝10 μF	
	C＝470 μF	

六、实验注意事项

(1) 在桥式整流电路中，四个整流二极管的极性不要接反，否则会造成短路。

(2) 滤波电容的极性不要接反。

七、思考题

(1) 在桥式整流电路中，若改变负载电阻的大小，对输出波形有什么影响？

(2) 在电容滤波电路中，若改变负载电阻的大小，对输出波形有什么影响？

4.13　集成稳压电路

一、理论知识预习要求

(1) 复习课本中有关集成稳压器的有关内容。

(2) 了解集成稳压器 7805 的主要技术参数。

二、实验目的

(1) 了解三端集成稳压器的特性和使用方法。

(2) 掌握集成稳压器的主要性能指标的测试方法。

三、实验原理

集成稳压器具有性能指标高，使用、组装方便等特点。我国生产的集成稳压器主要型呈为 CW7800 系列。该系列代号的后两位数字代表固定稳压输出值，如 7805 表示稳压输出为+5 V。

CW7800 系列的集成稳压器广泛应用于各种整机或电路板电源上。其稳定输出电压范围从+5 V～+24 V 有 7 个档次，加装散热器后输出额定电流可达 1.5 A。稳压器内部有过流、过热和安全工作区保护电路，一般不会因过载而损坏。

集成稳压器 CW7800 系列的外形图及外引线排列见图 4.13.1。其基本应用电路如图 4.13.2 所示，其中电容 C_1 用于抑制过压和纹波，C_2 用来减小输出脉动电压并改善负载的瞬态效应。另外，为避免因输入端短路或输入滤波电容开路所造成的输出瞬间过压，可在输入和输出端之间加连保护二极管 VD。

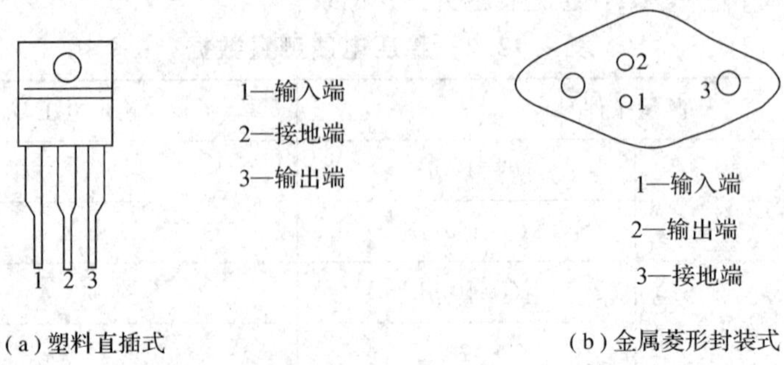

(a) 塑料直插式　　(b) 金属菱形封装式

图 4.13.1　7800 系列集成稳压器外形及外引线排列

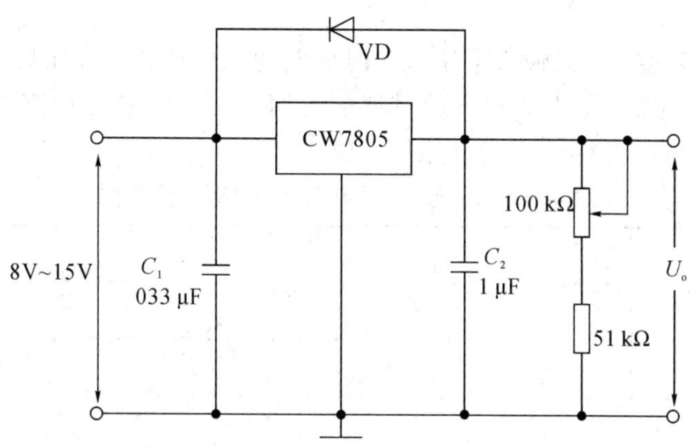

图 4.13.2　集成稳压器 CW7805 应用电路

稳压电路的性能指标主要有稳压系数 S_r和输出电阻 R_o。

稳压系数是指在负载固定不变的情况下，输出电压的相对变化量 $\Delta U_o/U_o$与稳压电路输入电压的相对变化量 $\Delta U_i/U_i$之比，即

$$S_r = \frac{\Delta U_o/U_o}{\Delta U_i/U_i}\bigg|_{R_L=常数} \tag{4.13-1}$$

输出电阻用来衡量稳压电路受负载电阻的影响程度，即

$$R_o = \frac{\Delta U_o}{\Delta I_o}\bigg|_{U_L=常数} \tag{4.13-2}$$

四、实验仪器及电子元器件

实验仪器：(1) 示波器；(2) 数字万用表。

电子元器件：(1) 集成稳压块 7805 一片；(2) 电容(0.33 μF 一只，1 μF 一只)；(3) 二极管 1N4001 一只；(4) 电阻(51 kΩ 一只，1 kΩ 一只)；(5) 电位器 100 kΩ 一只；(6) 导线若干。

五、实验内容

1. 并联稳压电路

按图 4.13.2 所示连线电路，其输入电压为整流滤波后的输出电压。

(1) 测量电源输入电压不变、负载变化时电路的稳压性能。改变负载电阻 R_L阻值，使负载电流 I_o分别为 1 mA，5 mA，10 mA 时，测量 U_o、I_o的值，填入表 4.13.1 中，并计算电源输出电阻。

表 4.13.1　负载对电路影响的测量数据

条件	负载电流/mA	负载电压/V	输出电阻 R_o/Ω
改变负载 R_L进行测量	$I_o=1$		
	$I_o=5$		
	$I_o=10$		

(2) 测量负载不变、电源输入电压变化时电路的稳压性能。用可调的直流电压变化模拟 220 V 电源电压的变化，电源接入前可调电源调到 10 V，然后调到 8 V，9 V，11 V，12 V，按表 4.13.2 内容测量，并计算稳压系数。

表 4.13.2 输入对电路的影响测量数据

U_I/V	U_o/V	I_o/V	稳压系数
8			
9			
10			
11			
12			

六、实验注意事项

(1) 输入、输出不应接反，若反接电压超过 7 V，将会损坏稳压器。

(2) 输入端不能短路，故应在输入、输出端接一个保护二极管。

七、思考题

(1) 在 7800 系列稳压电路中，若改变输出电压的大小，应该如何接线？

(2) 在 7800 系列稳压电路中，若改变负载电阻的大小，对输出电压有什么影响？

第三部分　数字电子技术实验

随着科学技术的发展和人类的进步，数字电子技术已经成为当前发展速度最快的科学技术之一，特别是进入信息时代以来，数字电子技术更是成了基本技术，应用领域涵盖了通信、控制系统、计算机等各行各业。

数字电子技术是主要研究各种逻辑门电路、集成器件的功能及其应用的一门学科，包括组合逻辑电路和时序逻辑电路的分析与设计、集成芯片各引脚功能等内容。数字电路具有高稳定性、高可靠性、可编程性、易于设计及经济性等优点。

本部分从培养学生的动手能力和工程设计能力出发，介绍了数字电子技术实验的实验方法与实验过程，包含基础型实验和设计型实验两方面，涵盖组合逻辑电路、触发器、时序逻辑电路、555时基逻辑电路等重要组成部分，着重介绍了常用集成芯片的引脚功能和使用方法。

本部分实验注意事项如下：

(1) TTL集成门电路对电源电压的稳定性要求较严，只允许在5 V上有±10%范围的波动。电源电压超过5.5 V容易使器件损坏，低于4.5 V又易导致器件的逻辑功能不正常。

(2) 实验前按学习机使用说明先检查学习机电源是否正常，然后选择实验用的集成电路，按自己设计的实验接线图接好电路。特别注意V_{CC}及地线不能接错。

(3) 使用φ0.5型号连接线时，插拔方向垂直于面包板和小插孔，避免斜向插拔线，防止线断在插孔中。如果有断线堵塞插孔，可用小刀等工具将线挑出。

(4) 线路接好后经实验指导教师检查无误方可加电实验。实验中改动接线须先断开电源，接好线后再接通电源实验。

(5) 对于TTL集成门电路来说，输入端悬空可以认为是高电平，但不能拖长线悬空，以免引入干扰。

第五章　数字电子技术基础实验

5.1　门电路的逻辑功能及测试

一、理论知识预习要求

（1）复习门电路工作原理及相应逻辑表达式。

（2）熟悉所用集成电路的外引线排列。

（3）了解双踪示波器使用方法。

二、实验目的

（1）熟悉门电路逻辑功能。

（2）掌握门电路逻辑功能的测试方法。

（3）熟悉数字电路学习机及示波器使用方法。

三、实验原理

TTL 与非门的逻辑功能是：当输入端有一个或一个以上是低电平时，输出则为高电平 1，只有输入全部为高电平时，输出才为低电平 0。实验时输入端上的高、低电平应该分别接+5 V 和地。与非逻辑功能的逻辑表达式可写为

$$F=\overline{A \cdot B}$$

异或门的逻辑功能是：当输入相同时，输出为低电平 0；当输入不同时，输出为高电平 1。逻辑表达式可写为

$$F=A \oplus B=\overline{A}B+A\overline{B} \tag{5.1-1}$$

如果用与非门组成异或逻辑时，可表示为

$$F=A \oplus B=\overline{A}B+A\overline{B}=\overline{\overline{\overline{A}B} \cdot \overline{A\overline{B}}} \tag{5.1-2}$$

用与非门组成或非逻辑时，逻辑表达式为

$$F=\overline{A+B}=\overline{A} \cdot \overline{B}=\overline{\overline{\overline{A} \cdot \overline{B}}} \tag{5.1-3}$$

集成芯片 74LS00、74LS20、74LS86、74LS04 的外引线排列图见附录。

四、实验仪器及电子元器件

实验仪器：（1）数字电路实验箱；（2）双踪示波器。

电子元器件：

(1) 74LS00 二输入端四与非门两片。

(2) 74LS20 四输入端双与非门一片。

(3) 74LS86 二输入端四异或门一片。

(4) 74LS04 六反相器一片。

五、实验内容

1. 测试门电路逻辑功能

(1) 选用四输入端双与非门 74LS20 一片，插入面包板，按图 5.1.1 所示电路接线。输入端接逻辑电平开关，输出端接电平显示发光二极管。

(2) 将电平开关按表 5.1.1 内容要求置位，分别测量输出电压及逻辑状态，实验结果填入表 5.1.1 中；并写出输入、输出关系的逻辑表达式。

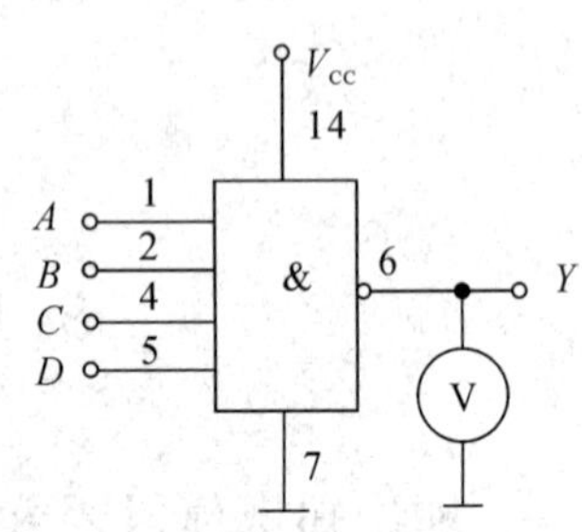

图 5.1.1　四输入与非门电路

表 5.1.1　四输入与非门电路功能验证表

输　入				输　出	
A	*B*	*C*	*D*	*Y*	电压/V
1	1	1	1		
0	1	1	1		
0	0	1	1		
0	0	0	1		
0	0	0	0		

2. 异或门逻辑功能测试

(1) 选用一片二输入端四异或门电路 74LS86，按图 5.1.2 所示电路接线，输入端 1、2、4、5 接逻辑电平开关，输出端 *A*、*B*、*Y* 接电平显示发光二极管。

(2) 将电平开关按表 5.1.2 内容要求置位，将实验结果填入表 5.1.2 中；并写出输入、输出关系的逻辑表达式。

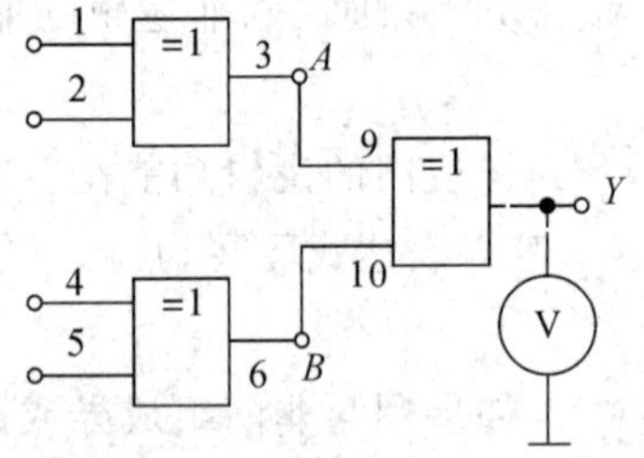

图 5.1.2　二输入异或门电路

表 5.1.2　二输入异或门电路功能验证表

输　入				输　出			
				A	*B*	*Y*	*Y* 电压/V
0	0	0	0				
1	0	0	0				
1	1	0	0				

续表

输　入				输　出			
				A	*B*	*Y*	*Y* 电压/V
1	1	1	0				
1	1	1	1				
0	1	0	1				

3. 组合逻辑电路的逻辑关系测试

(1) 用 74LS00 分别按图 5.1.3、图 5.1.4 所示电路接线并测试，将输出逻辑值分别填入表 5.1.3、表 5.1.4 中。

(2) 写出图 5.1.3、图 5.1.4 两个电路逻辑表达式。

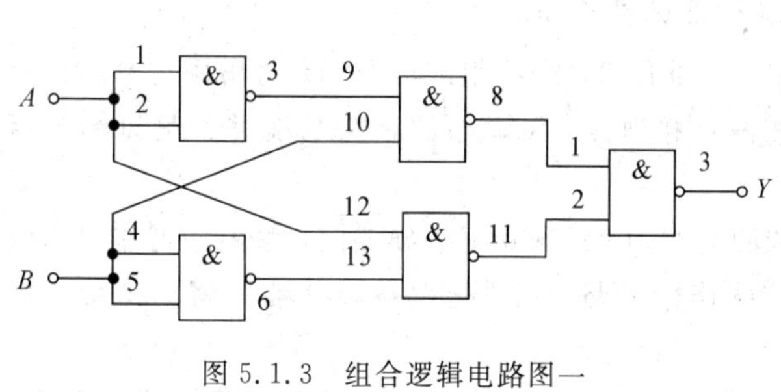

图 5.1.3　组合逻辑电路图一

表 5.1.3　组合逻辑电路图一功能验证表

输　入		输　出
A	*B*	*Y*
0	0	
0	1	
1	0	
1	1	

组合逻辑电路图一逻辑表达式：________

表 5.1.4　组合逻辑电路图二功能验证表

输　入		输　出	
A	*B*	*Y*	*Z*
0	0		
0	1		
1	0		
1	1		

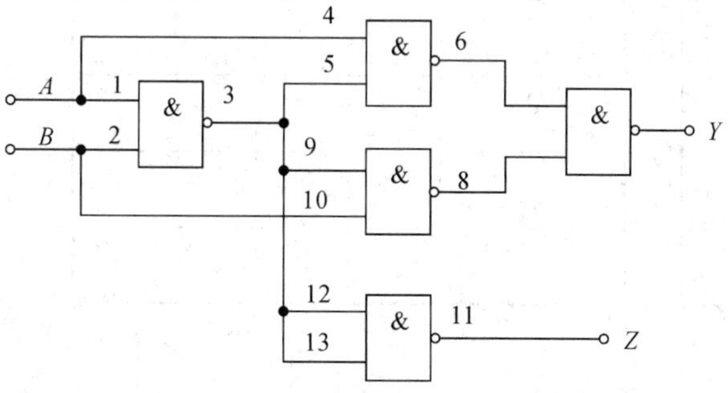

图 5.1.4　组合逻辑电路图二

组合逻辑电路图二逻辑表达式：________

4. 逻辑门传输延迟时间的测量

选用一片六反相器(非门)74LS04，按图 5.1.5 所示电路接线，输入频率为 80 kHz 连续脉冲信号，用双踪示波器测量输入端与输出端相位差，计算每个门的平均传输延迟时间

的 t_{pd} 值。

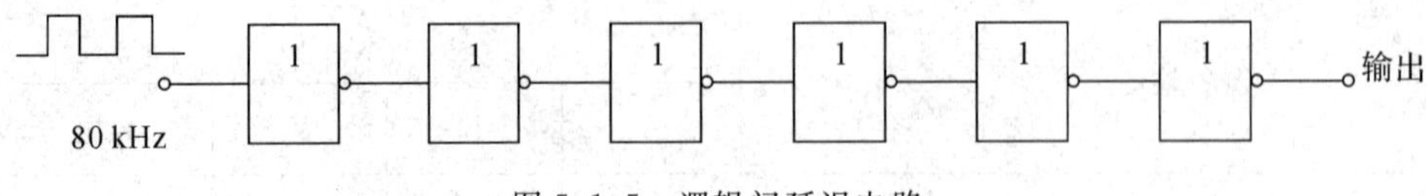

图 5.1.5 逻辑门延迟电路

5. 利用与非门控制输出

选用一片二输入端四与非门 74LS00 按图 5.1.6 所示电路接线，与非门的一端接连续脉冲，另一端 S 分别接电平 0 和 1 时，用双踪示波器观察 S 端输入信号对输出脉冲的控制作用。

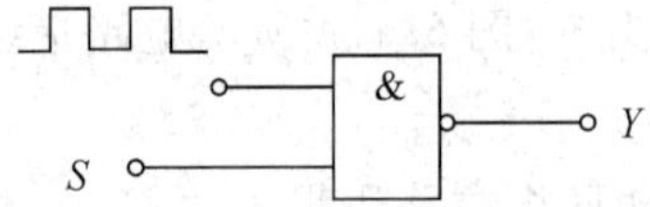

图 5.1.6 与非门控制输出电路

6. 用与非门组成其他门电路并测试验证逻辑关系

(1) 组成或非门。选用一片二输入端四与非门 74LS00 组成或非门，写出用与非门构成或非逻辑的表达式，画出逻辑电路图，按图连接电路，测试电路逻辑功能并将测试结果填入表 5.1.5 中。

(2) 组成异或门。选用一片二输入端四与非门 74LS00 组成异或门，写出用与非门构成异或逻辑的表达式，画出逻辑电路图，按图连接电路，测试电路逻辑功能并将测试结果填入表 5.1.6 中。

表 5.1.5 与非门组成或非门功能验证表

输 入		输 出
A	B	Y
0	0	
0	1	
1	0	
1	1	

表 5.1.6 与非门组成异或门功能验证表

输 入		输 出
A	B	Y
0	0	
0	1	
1	0	
1	1	

六、思考题

(1) 按各实验步骤要求画出逻辑图或写出逻辑表达式。

(2) 回答以下问题：

① 怎样判断门电路逻辑功能是否正常？

② 与非门的一个输入端接连续脉冲，其余端在什么状态时允许脉冲通过？在什么状态时禁止脉冲通过？

③ 四输入端双与非门 74LS20 每组与非门有四个输入端，使用时如果有多余的输入端，应如何处理？

5.2　组合逻辑电路(半加器、全加器及逻辑运算)

一、理论知识预习要求

(1) 预习组合逻辑电路的分析方法。

(2) 预习用与非门和异或门构成的半加器、全加器的方法。

(3) 预习实验内容与步骤，写出逻辑电路的逻辑表达式，并列出真值表。

二、实验目的

(1) 掌握组合逻辑电路的功能测试方法。

(2) 验证半加器和全加器的逻辑功能。

(3) 掌握二进制数的运算规律。

三、实验原理

1. 半加器

半加器是一种只考虑两个 1 位二进制数的相加，而不考虑低位进位的运算电路。图 5.2.1所示给出了半加器的逻辑图及逻辑符号。A、B 为逻辑电路的输入变量，表示两个加数。S、C 为输出，其中 S 表示和数，C 表示进位数。两个 1 位二进制的半加运算可以用表 5.2.1 所示的真值表表示。

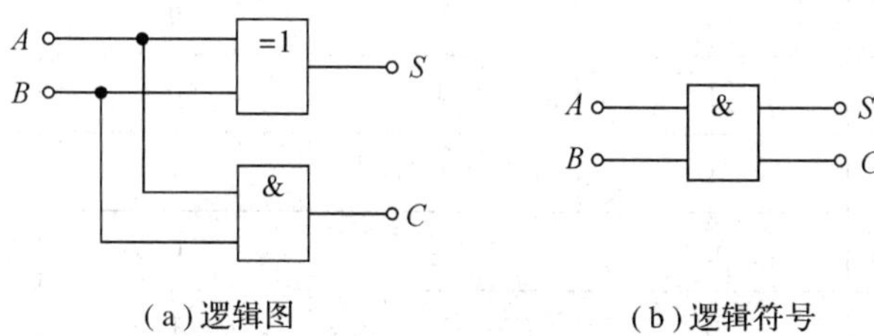

(a)逻辑图　　(b)逻辑符号

图 5.2.1　半加器逻辑图及逻辑符号

表 5.2.1　半加器真值表

输　入		输　出	
A	B	C	S
0	0	0	0
0	1	0	1
1	0	0	1
1	1	1	0

2. 全加器

实现两个1位二进制数相加的同时，再加上来自低位的进位，能完成这种加法运算的电路称为全加器。1位全加器的逻辑图和逻辑符号如图5.2.2所示，真值表如表5.2.2所示。

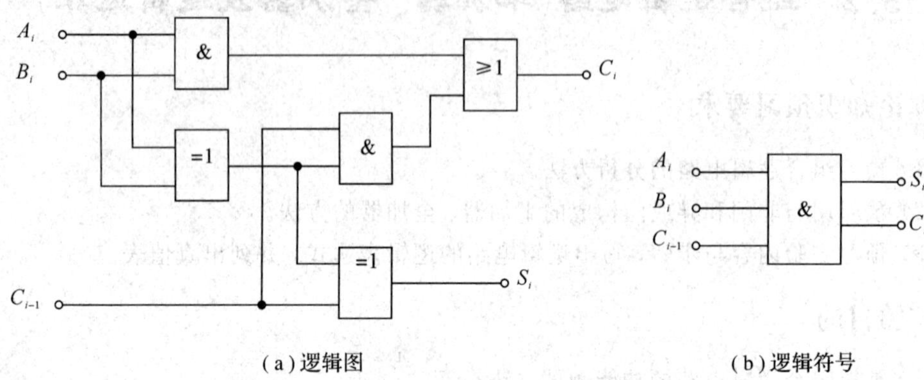

(a)逻辑图　　(b)逻辑符号

图5.2.2　全加器逻辑图及逻辑符号

由全加器逻辑图可写出其两个输出端的逻辑表达式：

$$S_i = A_i \oplus B_i \oplus C_{i-1} \tag{5.2-1}$$

$$C_i = A_i \cdot B_i + C_{i-1}(A_i \oplus B_i) \tag{5.2-2}$$

表5.2.2　全加器真值表

输入			输出	
A	B	C_{i-1}	C_i	S
0	0	0	0	0
0	0	1	0	1
0	1	0	0	1
0	1	1	1	0
1	0	0	0	1
1	0	1	1	0
1	1	0	1	0
1	1	1	1	1

四、实验仪器及电子元器件

实验仪器：数字电路实验箱。

电子元器件：

(1) 74LS00二输入端四与非门三片。

(2) 74LS86二输入端四异或门一片。

(3) 74LS54四组输入与或非门一片。

五、实验内容

1. 组合逻辑电路功能测试

(1) 用两片 74LS00 组成图 5.2.3 所示逻辑电路。为便于接线和检查，在图中已注明芯片编号及各引脚对应的编号。

(2) 图中 A、B、C 输入端接逻辑电平开关，Y_1、Y_2 输出端接电平显示发光二极管。

(3) 写出 Y_1、Y_2 逻辑表达式，并按表 5.2.3 内容要求，改变 A、B、C 的状态并将测试结果填入表中。

(4) 将运算结果与实验结果相比较。

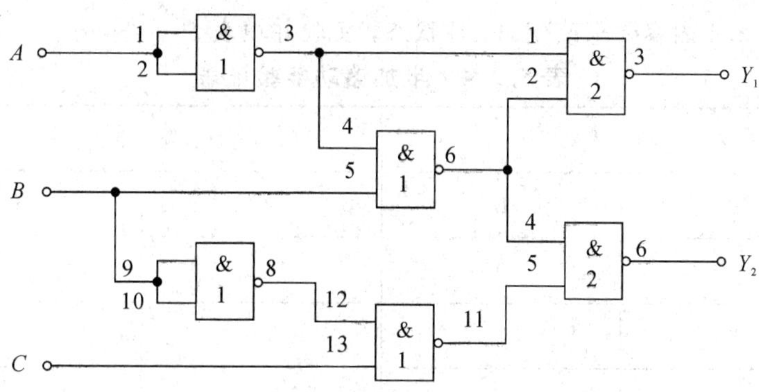

图 5.2.3　组合逻辑电路图

表 5.2.3　组合逻辑电路图三功能验证表

输　入			输　出	
A	B	C	Y_1	Y_2
0	0	0		
0	0	1		
0	1	0		
0	1	1		
1	0	0		
1	0	1		
1	1	0		
1	1	1		

2. 用异或门(74LS86)和与非门组成半加器的逻辑功能测试

根据实验原理中半加器的逻辑表达式可知，半加器和数的输出 S 是输入 A、B 的异或运算，而进位 C 是输入 A、B 相与运算，故半加器可用一个集成异或门和两个与非门组成，逻辑电路如图 5.2.4 所示。

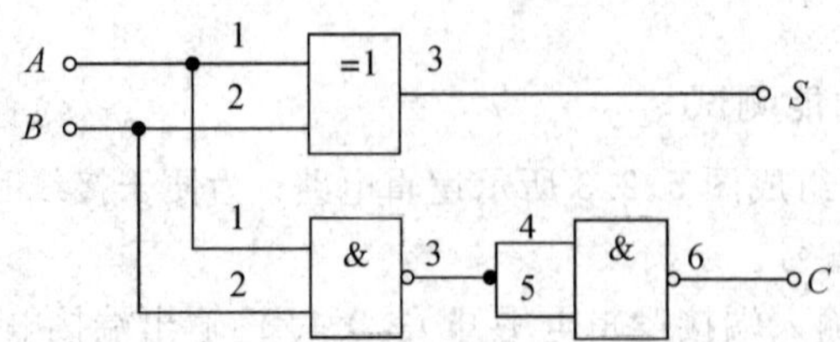

图 5.2.4　异或门和与非门组成的半加器逻辑图

(1) 用异或门和与非门按图 5.2.4 所示电路接线，A、B 端接逻辑电平开关，S、C 端接电平显示发光二极管。

(2) 按表 5.2.4 内容要求改变 A、B 状态，实验并填表。

表 5.2.4　半加器功能验证表

输　入		输　出	
A	B	C	S
0	0		
0	1		
1	0		
1	1		

3. 全加器的逻辑功能测试

(1) 写出图 5.2.5 电路的逻辑表达式。

(2) 根据逻辑表达式填写表 5.2.5 所示真值表。

(3) 按全加器逻辑图选择与非门并接线进行测试，将测试结果填入表 5.2.6 中，并与表 5.2.5 内容进行比较，验证逻辑功能是否一致。

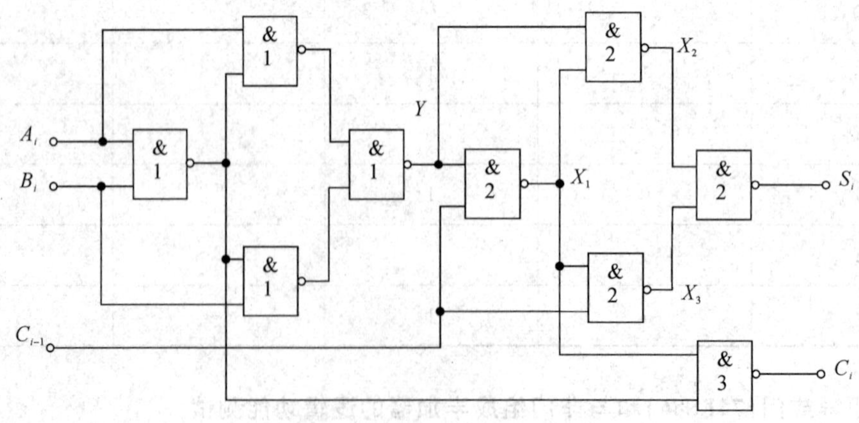

图 5.2.5　全加器逻辑图

表 5.2.5 全加器逻辑图理论值输出表

C_{i-1}	A_i	B_i	Y	X_1	X_2	X_3	S_i	C_i
0	0	0						
0	0	1						
0	1	0						
0	1	1						
1	0	0						
1	0	1						
1	1	0						
1	1	1						

表 5.2.6 全加器功能验证表

C_{i-1}	A_i	B_i	S_i	C_i
0	0	0		
0	0	1		
0	1	0		
0	1	1		
1	0	0		
1	0	1		
1	1	0		
1	1	1		

4. 用异或、与或非和与非门组成的全加器的逻辑功能测试

全加器可以用两个半加器和两个与门、1 个或门组成，在实验中，常用 1 个双异或门、1 个与或非门和 1 个与非门组合实现。

(1) 画出用异或门、与或非门和与非门组合的全加器的逻辑电路图，并写出逻辑表达式。

(2) 选用异或门、与或非门和与非门器件，按自己所画逻辑电路图接线。接线时注意与或非门中不用的与门输入端接地。

(3) 将输入端按表 5.2.6 内容要求置位，观察测试结果与表 5.2.6 是否一致。

六、思考题

(1) 74LS54 四组输入与或非门有两组与门，每组与门有 4 个输入端，如果两组与门都用到，则每组与门中多余的输入端应该如何处理？如果只用到一组与门，则多余组与门应该如何处理？

（2）总结组合逻辑电路的分析方法。

5.3　MSI 加法器

一、理论知识预习要求

（1）预习教材中关于加法器的理论知识。

（2）预习实验用的 74LS183、74LS283 加法器的功能及应用。

（3）预习 74LS183、74LS283 加法器的外引线排列。

二、实验目的

（1）熟悉集成加法器的功能及测试方法。

（2）学会正确使用集成加法器。

（3）掌握集成加法器的应用电路。

三、实验原理

1. 74LS183 双全加器

74LS183 双全加器是一位全加器，其逻辑符号和外引线排列如图 5.3.1 所示。

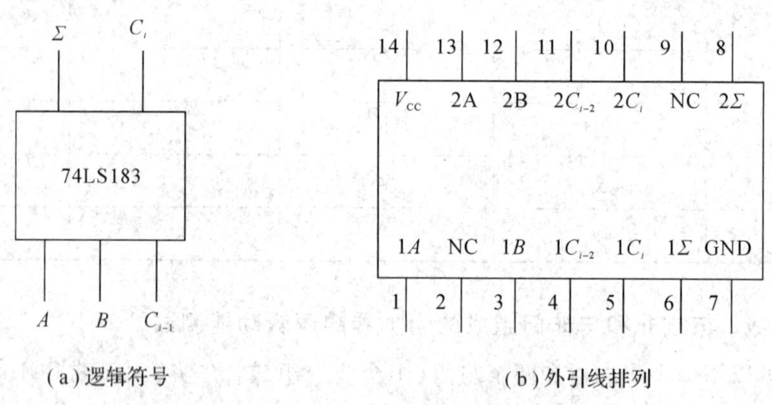

(a) 逻辑符号　　(b) 外引线排列

图 5.3.1　74LS183 逻辑符号及外引线排列图

图 5.3.1 中 A、B 为加数，C_{i-1} 为低位的进位，Σ 为和数，C_i 为本位的进位。74LS183 的功能表与表 5.2.2 相同。当使用 74LS183 构成多位加法器时，其进位方式为串行的，即每一位的相加都必须等到低一位的进位产生以后才能建立起来，因此由 74LS183 构成的加法运算电路称为串行进位加法器。

2. 74LS283 四位超前进位加法器

74LS283 的逻辑符号和外引线排列如图 5.3.2 所示。超前进位加法器第 i 位的进位输入信号是这两个加数以下各位状态的函数。因此，可以通过逻辑电路事先得出每一位全加器的进位输入信号，而无需再从低位开始向高位逐位传递进位信号，这样则有效地提高了

运算速度，采用这种结构形式的加法器称为超前进位加法器，也称为快速进位加法器。

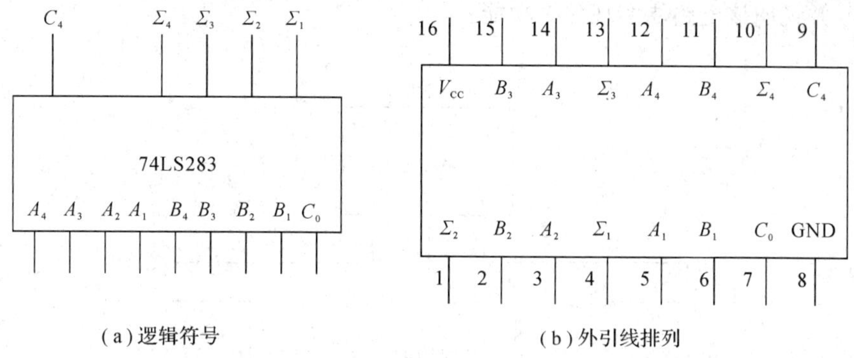

图 5.3.2 74LS283 的逻辑符号和外引线排列图

四、实验仪器及电子元器件

实验仪器：数字电路实验箱。

电子元器件：

(1) 74LS183 双全加器两片。

(2) 74LS283 四位超前进位加法器一片。

五、实验内容

1. 74LS183 双全加器功能测试和应用

(1) 74LS183 双全加器功能测试。将 74LS183 的输入端 A、B、C_{i-1} 接逻辑电平开关，输出端 Σ 、C_i 接电平显示发光二极管，设置输入的 8 种不同状态，分别测试输出端逻辑状态，并列出真值表。

(2) 74LS183 双全加器的应用。

① 按图 5.3.3 所示连接电路，在 A、B、C、D、E 端输入不同的逻辑状态，观察并记录输出端 F 的状态，将结果列成真值表的形式，并说明该电路能实现何种功能。

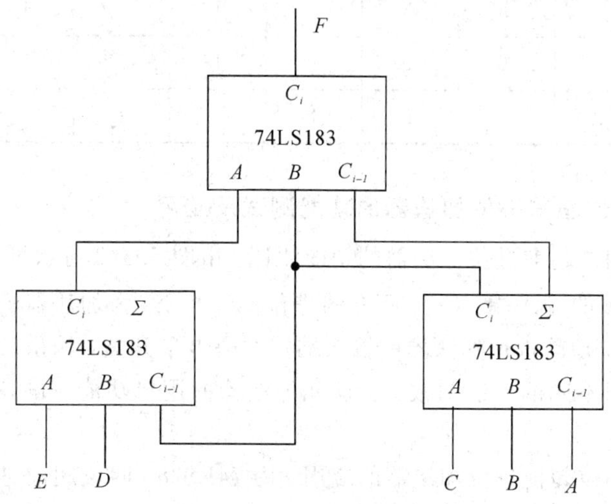

图 5.3.3 74LS183 双全加器的应用图一

② 按图 5.3.4 所示连接电路，按表 5.3.1 内容要求改变输入的状态，观察并记录输出 Z 的变化。并说明该电路能实现什么功能。

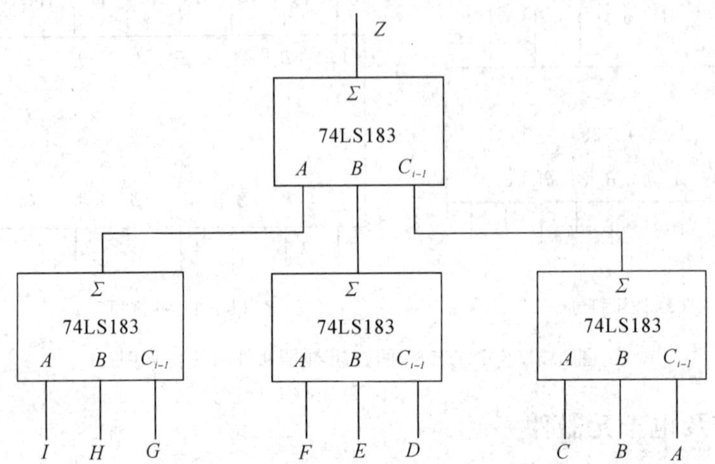

图 5.3.4　74LS183 双全加器的应用图二

表 5.3.1　74LS183 双全加器的应用图二功能验证表

输入									输出 Z
I	H	G	F	E	D	C	B	A	
0	0	0	0	0	0	0	0	1	
0	0	0	0	0	0	0	1	1	
0	0	0	0	0	0	1	1	1	
0	0	0	0	0	1	1	1	1	
0	0	0	0	1	1	1	1	1	
0	0	0	1	1	1	1	1	1	
0	0	1	1	1	1	1	1	1	
0	1	1	1	1	1	1	1	1	
1	1	1	1	1	1	1	1	1	

2. 74LS283 四位超前进位加法器的功能测试及应用

(1) 74LS283 四位超前进位加法器的功能测试。由图 5.3.2 所示可知，A_4～A_1 与 B_4～B_1 为四位二进制加数的输入端，C_0 为低位的进位。Σ_4 ～ Σ_1 为加法器的和，C_4 为本位的进位。将 74LS283 四位超前进位加法器的输入端接逻辑电平开关，输出端接电平显示发光二极管，输入任意四组不同的二进制数，验证此加法器的逻辑功能，并将记录的数据列成表格的形式。

(2) 74LS283 四位超前进位加法器的应用。用 74LS283 四位超前进位加法器构成码制变换电路，如图 5.3.5 所示。按图连接电路，从 DCBA 端输入 8421BCD 码，观察加法器的

输出状态，并将实验结果填入表 5.3.2 中，说明此电路能实现哪种码制的变换。

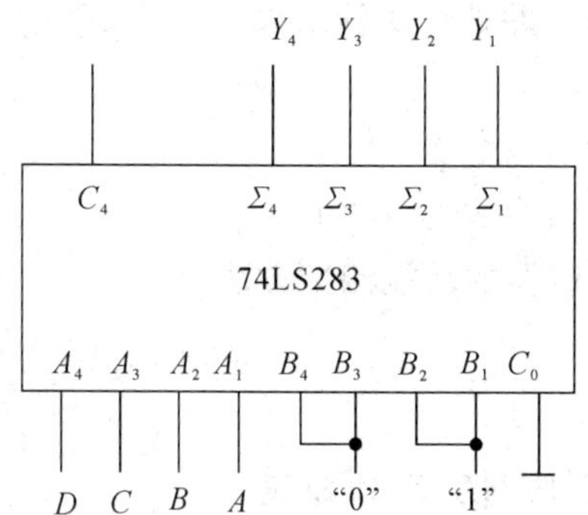

图 5.3.5　74LS283 四位超前进位加法器的应用图

表 5.3.2　74LS283 四位超前进位加法器的应用图功能验证表

输　入				输　出			
D	C	B	A	Y_4	Y_3	Y_2	Y_1
0	0	0	0				
0	0	0	1				
0	0	1	0				
0	0	1	1				
0	1	0	0				
0	1	0	1				
0	1	1	0				
0	1	1	1				
1	0	0	0				
1	0	0	1				

六、思考题

(1) 根据实验内容，作出相应的数据表格。

(2) 根据实验电路图写出输入、输出逻辑表达式，并估算输出的逻辑状态。

(3) 使用 74LS283 四位超前进位加法器时，若不考虑低位的进位，C_0 应如何处理？

5.4　译码、显示电路

一、理论知识预习要求

(1) 预习关于译码器的理论知识。

(2) 预习实验原理中译码器 74LS47 的功能及外引线排列。

(3) 预习实验内容与步骤，并估计实验结果。

二、实验目的

(1) 熟悉 74LS47 集成译码器的逻辑功能。

(2) 掌握 74LS47 集成译码器的功能测试方法。

三、实验原理

1. 74LS47 集成译码器引脚排列和功能表

74LS47 集成译码器是 BCD 码七段译码器兼驱动器，其外引线排列图和功能表分别如图 5.4.1 和表 5.4.1 所示。

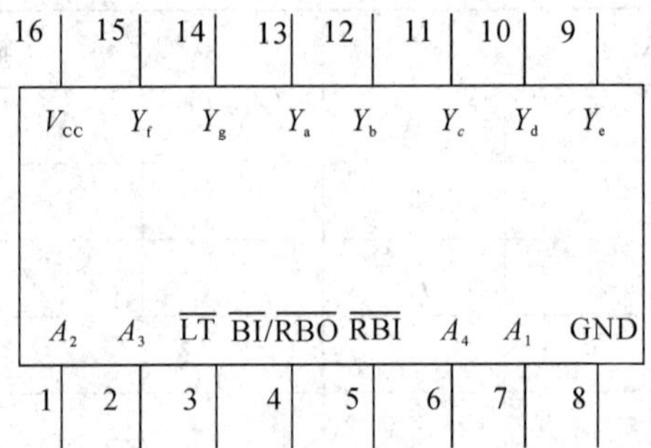

图 5.4.1　74LS47 集成译码器外引线排列图

表 5.4.1　74LS47 集成译码器功能表

数字	输入			$\overline{BI}/\overline{RBO}$	输出	字型
	$\overline{LT}$	$\overline{RBI}$	$A_4\ A_3\ A_2\ A_1$		$Y_a\ Y_b\ Y_c\ Y_d\ Y_e\ Y_f\ Y_g$	
0	1	1	0 0 0 0	1	0 0 0 0 0 0 1	
1	1	×	0 0 0 1	1	1 0 0 1 1 1 1	
2	1	×	0 0 1 0	1	0 0 1 0 0 1 0	
3	1	×	0 0 1 1	1	0 0 0 0 1 1 0	
4	1	×	0 1 0 0	1	1 0 0 1 1 0 0	
5	1	×	0 1 0 1	1	0 1 0 0 1 0 0	
6	1	×	0 1 1 0	1	1 1 0 0 0 0 0	
7	1	×	0 1 1 1	1	0 0 0 1 1 1 1	
8	1	×	1 0 0 0	1	0 0 0 0 0 0 0	
9	1	×	1 0 0 1	1	0 0 0 1 1 0 0	
10	1	×	1 0 1 0	1	1 1 1 0 0 1 0	
11	1	×	1 0 1 1	1	1 1 0 0 1 1 0	

续表

数字	输　入			$\overline{BI}/\overline{RBO}$	输　出	字型
	$\overline{LT}$	$\overline{RBI}$	$A_4\ A_3\ A_2\ A_1$		$Y_a\ Y_b\ Y_c\ Y_d\ Y_e\ Y_f\ Y_g$	
12	1	×	1 1 0 0	1	1 0 1 1 1 0 0	
13	1	×	1 1 0 1	1	0 1 1 0 1 0 0	
14	1	×	1 1 1 0	1	1 1 1 0 0 0 0	
15	1	×	1 1 1 1	1	1 1 1 1 1 1 1	
$\overline{BI}$	×	×	× × × ×	0	1 1 1 1 1 1 1	
$\overline{RBI}$	1	0	0 0 0 0	0	1 1 1 1 1 1 1	
$\overline{LT}$	0	×	× × × ×	1	0 0 0 0 0 0 0	

2. 74LS47 集成译码器各控制端的功能和用法

(1) 消隐(灭灯)输入端$\overline{BI}$(低电平有效)：当$\overline{BI}=0$时，不论其余输入端状态如何，所有输出端均为零，数码管七段全灭，无任何显示。当该端接连续脉冲信号时，可使显示数码管闪烁，也可控制其与某一信号同时显示。译码时$\overline{BI}=1$。

(2) 灯测试(试灯)输入端$\overline{LT}$(低电平有效)：当$\overline{LT}=0$($\overline{BI}/\overline{RBO}=1$时)，无论其余输入端为何种状态，所有输出端均为0，数码管七段全亮，显示数字8，可用来检查数码管、译码器有无故障。译码时$\overline{LT}=1$。

(3) 灭零输入端$\overline{RBI}$(低电平有效)：灭零输入端$\overline{RBI}$的作用是把不希望显示的零熄灭。当$\overline{RBI}=1$时，对译码无影响。当$\overline{RBI}=0$($\overline{LT}=1$)时，如果输入数码是十进制数零，则输出七段全灭，不显示零；如果输入数码不为零，则照常显示输出。

(4) 灭零输出端$\overline{RBO}$：灭零输出端$\overline{RBO}$与灭灯输入端$\overline{BI}$共用一个管脚，当它做输出端使用时称为灭零输出端，它与灭零输入信号$\overline{RBI}$配合使用。当$\overline{RBI}=0$($\overline{LT}=1$)时，如果输入数码是十进制零，则输出七段全灭，不显示零，此时$\overline{RBO}$端输出低电平信号，即$\overline{RBO}=0$。

将灭零输入端与灭零输出端配合使用，即可实现多位数码显示系统的灭零控制。

四、实验仪器及电子元器件

实验仪器：数字电路实验箱。

电子元器件：

① 74LS47 译码器一片。

② 数字实验箱上的共阳极七段显示器。

五、实验内容

1. 74LS47 集成译码器各控制端功能测试

将74LS47集成译码器A_4、A_3、A_2、A_1、$\overline{LT}$、$\overline{RBI}$、$\overline{BI}/\overline{RBO}$端接逻辑电平开关，$Y_a$、$Y_b$、$Y_c$、$Y_d$、$Y_e$、$Y_f$、$Y_g$端接共阳极数码管的输入端a、b、c、d、e、f、g，V_{CC}和GND分别接+5 V电源和地。

(1) 试灯输入端$\overline{LT}$的测试。将$\overline{LT}$置零，其他输入端按表 5.4.2 内容要求置位，观察输出字型显示，并将试验结果填入表 5.4.2 中。

(2) 灭灯输入端$\overline{BI}$的测试。将$\overline{BI}$置零，其他输入端按表 5.4.2 内容要求置位，观察输出字型显示，并将试验结果填入表 5.4.2 中。

(3) 灭零输入端$\overline{RBI}$的测试。将$\overline{RBI}$置零，其他输入端按表 5.4.2 内容要求置位，此时将$\overline{BI}/\overline{RBO}$接电平显示发光二极管，观察输出字型显示及$\overline{BI}/\overline{RBO}$的输出状态，并将试验结果填入表 5.4.2 中。

表 5.4.2 74LS47 集成译码器功能端测试表一

测试端	其他输入端			$\overline{BI}/\overline{RBO}$	输出字型
	$\overline{LT}$	$\overline{RBI}$	$A_4\ A_3\ A_2 A_1$		
$\overline{BI}$	0	×	××××	0	
$\overline{LT}$	0	×	××××	1	
$\overline{RBI}$	1	0	0000		
$\overline{RBI}$	1	0	0010		

2. 译码功能测试

按表 5.4.3 内容要求将各输入端置位，此时 Y_a、Y_b、Y_c、Y_d、Y_e、Y_f、Y_g除接数码管的输入端 a、b、c、d、e、f、g 以外，还接电平显示发光二极管，观察输出电平状态并将试验结果填入表 5.4.3 中。

表 5.4.3 74LS47 集成译码器功能端测试表二

数字	输 入			$\overline{BI}/\overline{RBO}$	输 出	字型
	$\overline{LT}$	$\overline{RBI}$	$A_4\ A_3\ A_2 A_1$		$Y_a\ Y_b\ Y_c\ Y_d\ Y_e\ Y_f\ Y_g$	
0	1	1	0000	1		
1	1	×	0001	1		
2	1	×	0010	1		
3	1	×	0011	1		
4	1	×	0100	1		
5	1	×	0101	1		
6	1	×	0110	1		
7	1	×	0111	1		
8	1	×	1000	1		
9	1	×	1001	1		
10	1	×	1010	1		
11	1	×	1011	1		

续表

数字	输入			$\overline{BI}/\overline{RBO}$	输出	字型
	$\overline{LT}$	$\overline{RBI}$	$A_4\ A_3\ A_2\ A_1$		$Y_a\ Y_b\ Y_c\ Y_d\ Y_e\ Y_f\ Y_g$	
12	1	×	1 1 0 0	1		
13	1	×	1 1 0 1	1		
14	1	×	1 1 1 0	1		
15	1	×	1 1 1 1	1		

六、思考题

(1) 使用共阴极七段显示器时，其公共端应接高电平还是低电平?

(2) 要使某一字段发光，该字段对应的输入端应接高电平还是低电平?

5.5　译码器与数据选择器

一、理论知识预习要求

(1) 预习 2-4 线译码器与双 4 选 1 数据选择器的原理与逻辑功能。

(2) 预习集成芯片 74LS139、74LS153、74LS04 的外引线排列图。

二、实验目的

(1) 熟悉集成译码器、数据选择器的逻辑功能。

(2) 了解集成译码器、数据选择器的应用。

三、实验原理

1. 2-4 线译码器

(1) 2-4 线译码器 74LS139 原理及逻辑功能。

2-4 线译码器 74LS139 属于二进制译码器，它常用于计算机中对存储单元地址的译码，即将每一个地址代码转换成一个有效信号，从而选中对应的单元。74LS139 的逻辑符号如图 5.5.1 所示。

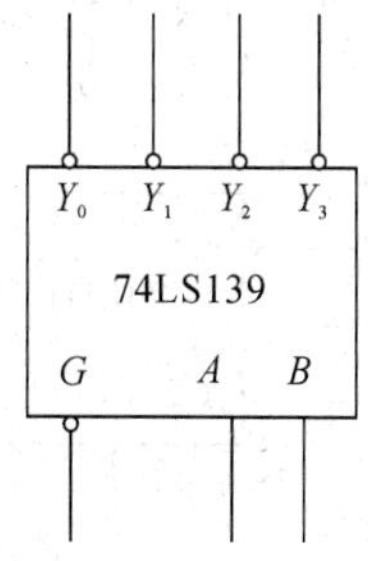

图 5.5.1　74LS139 逻辑符号

二进制译码器输入的是一组二进制代码，输出的是一组与输入代码一一对应的高、低电平信号。2－4 线译码器 74LS139 有两个输入端 B、A，有四个输出端 Y_0、Y_1、Y_2、Y_3，有一个使能端 G。当 G 为高电平时，译码器禁止译码，不论输入为何值，输出全为 1。G 为低电平时，译码器译码，从 B、A 输入的两位二进制码共有四种状态，译码器将每个输入代码译成对应的一根输出线上的高、低电平信号。例如当输入 BA 为 00 时，此时只有 Y_0 输出低电平，其余输出端均为高电平，于是将输入的 00 代码译成了 Y_0 端的低电平信号。

(2) 双 2－4 线译码器转换为 3－8 线译码器。

将双 2－4 线译码器转换为 3－8 线译码器的逻辑电路图如图 5.5.2 所示。

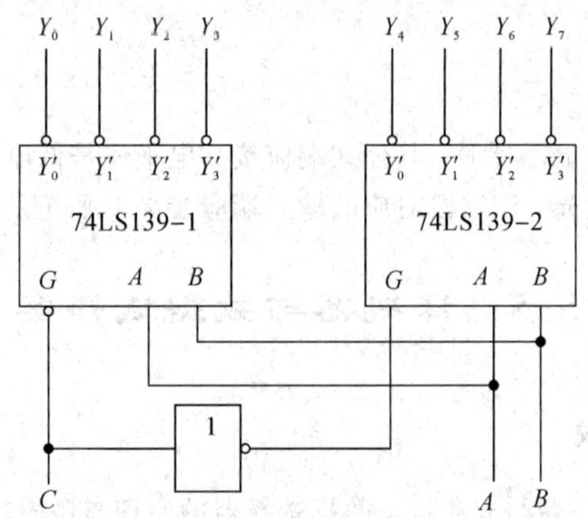

图 5.5.2 双 2－4 线译码器转换为 3－8 线译码器

当输入 CBA＝000 时，因为 C＝0，74LS139－1 处于工作状态，74LS139－2 处于禁止状态，输出只有 $Y_0=0$，其余输出端均为高电平；当输入 CBA＝101 时，C＝1，74LS139－1 处于禁止状态，$Y_0 \sim Y_3$输出为 1，74LS139－2 处于工作状态，输出只有 $Y_5=0$，其余输出端均为高电平。

2. 4 选 1 数据选择器

数据选择器是指经过选择，把多路数据中的某一路数据传送到公共数据线上，实现数据选择功能的逻辑电路。

74LS153 四选一数据选择器的逻辑符号如图 5.5.3 所示。其中 G 为使能端，当 G＝1 时，数据选择器禁止工作，此时无论输入为何值，输出为 0。当 G＝0 时，数据选择器的输出由地址输入端的状态决定，例如当地址码输入端 BA＝00 时，输出 $Y=C_0$，当 BA＝10 时，输出 $Y=C_2$，即根据地址码的不同，数据选择器选择其中一组输入作为输出。

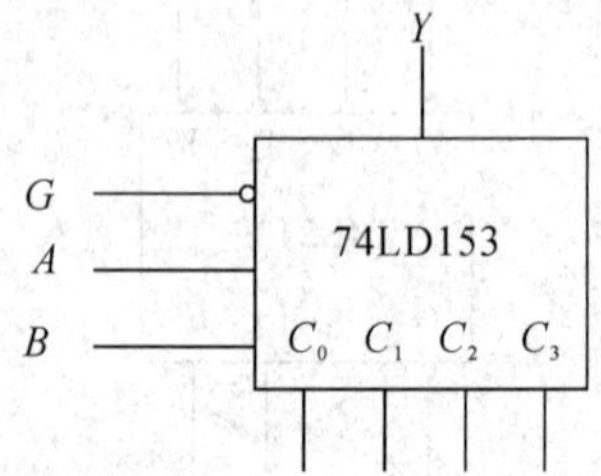

图 5.5.3 数据选择器的逻辑符号

四、实验仪器及电子元器件

实验仪器：双踪示波器

电子元器件：

① 74LS139 2－4 线译码器一片。

② 74LS153 双 4 选 1 数据选择器一片。

③ 74LS04 六反相器一片。

五、实验内容

1. 74LS139 译码器功能测试

将 74LS139 译码器按图 5.5.4 所示接线，将输入端按表 5.5.1 内容要求置位，观察输出状态，并将试验结果填入表 5.5.1 中。

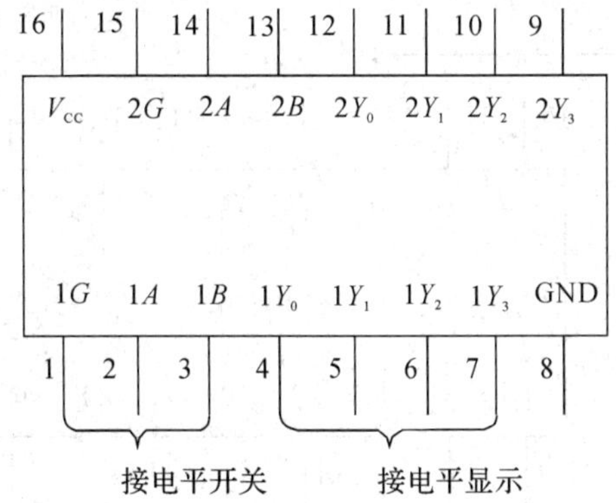

图 5.5.4 译码器功能测试接线图

表 5.5.1 译码器功能验证表

输 入			输 出
使能端	地址输入端		
G	B	A	Y_0 Y_1 Y_2 Y_3
1	×	×	
0	0	0	
0	0	1	
0	1	0	
0	1	1	

2. 将双 2－4 线译码器转换为 3－8 线译码器

根据图 5.5.2 所示双 2－4 线译码器转换为 3－8 线译码器的逻辑图，在图 5.5.5 中画出接线图，进行实验并测试其逻辑功能。自拟实验表格并填写实验数据。

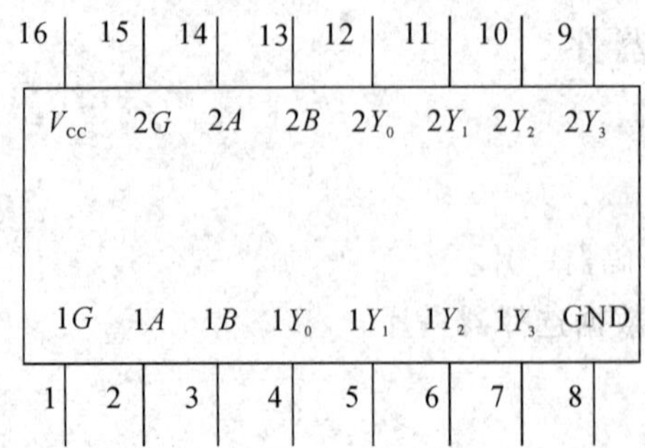

图 5.5.5 双 2-4 线译码器转换为 3-8 线译码器接线图

3. 数据选择器的测试

将双 4 选 1 数据选择器 74LS153 按图 5.5.6 所示接线，按表 5.5.2 内容要求将输入端置位，用示波器观察输出波形，确认输出为哪一组输入的数据。并将测试结果填入表 5.5.2 中。

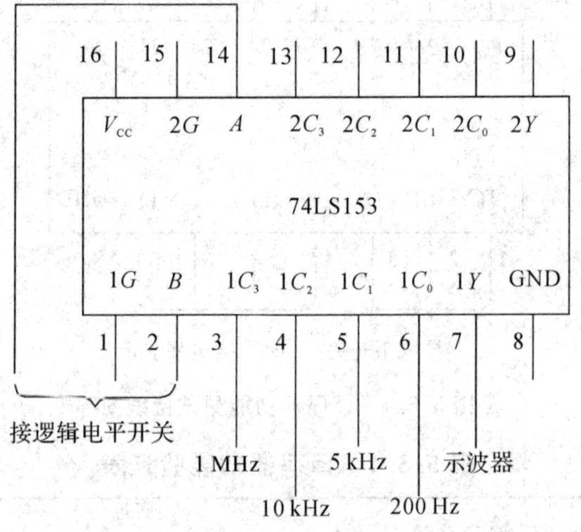

图 5.5.6 数据选择器的测试接线图

表 5.5.2 74LS153 逻辑功能验证表

输入			输出
使能端	地址输入端		
G	B	A	Y
1	×	×	
0	0	0	
0	0	1	
0	1	0	
0	1	1	

六、思考题

(1) 总结 2－4 线译码器的逻辑功能。

(2) 总结 4 选 1 数据选择器的逻辑功能。

5.6　触发器功能的测试

一、理论知识预习要求

预习 RS、D、JK 触发器的构成、逻辑功能和引脚排列。

二、实验目的

(1) 熟悉并掌握 RS、D、JK 触发器的构成、逻辑功能和功能测试方法。

(2) 学会正确使用触发器集成芯片。

(3) 了解不同逻辑功能触发器(FF)相互转换的方法。

三、实验原理

1. 触发器的基本类型及逻辑功能

按触发器的逻辑功能分，有 RS 触发器、D 触发器、JK 触发器、T 触发器和 T′触发器。按触发脉冲的触发形式分，有高电平触发、低电平触发、上升沿触发和下降沿触发以及主从触发器和脉冲触发等。

表 5.6.1 分别列出了时钟控制触发器的特性方程和功能表。

表 5.6.1　典型触发器特性方程和功能表

类　型	特 性 方 程	功 能 表
RS 触发器	$\begin{cases} Q^{n+1}=\overline{S}+RQ^n \\ S+R=1 \end{cases}$	S R Q^{n+1} 0 0 不定 0 1 1 1 0 0 1 1 Q^n
JK 触发器	$Q^{n+1}=J\overline{Q^n}+\overline{K}Q^n$	J K Q^{n+1} 0 0 Q^n 0 1 0 1 0 1 1 1 $\overline{Q^n}$

续表

类　型	特 性 方 程	功 能 表
T 触发器	$Q^{n+1}=T\overline{Q^n}+\overline{T}Q^n$	T | Q^{n+1} 0 | Q^n 1 | $\overline{Q^n}$
D 触发器	$Q^{n+1}=D$	D | Q^{n+1} 0 | 0 1 | 1

2. 触发器功能转换

(1) 将 D 触发器转换成其他功能触发器。

D 触发器转换成 JK 触发器：比较 D 触发器和 JK 触发器的特性方程，可以令

$$D = J\overline{Q} + \overline{K}Q = \overline{\overline{J\overline{Q}} \cdot \overline{\overline{K}Q}}$$

按上式可画出图 5.6.1 所示电路。

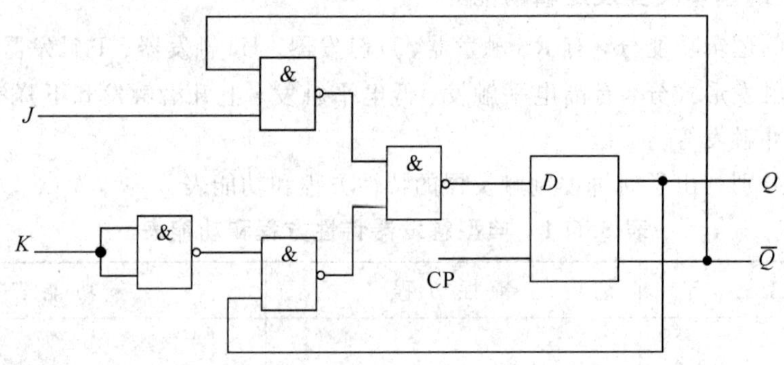

图 5.6.1　用 D 触发器实现 JK 触发器逻辑电路

同理可得由 D 触发器转换成 T 触发器：

$$D = T\overline{Q} + \overline{T}Q = T \oplus Q$$

由 D 触发器转换成 T′触发器：

$$D = \overline{Q}$$

其逻辑图分别如图 5.6.2、图 5.6.3 所示。

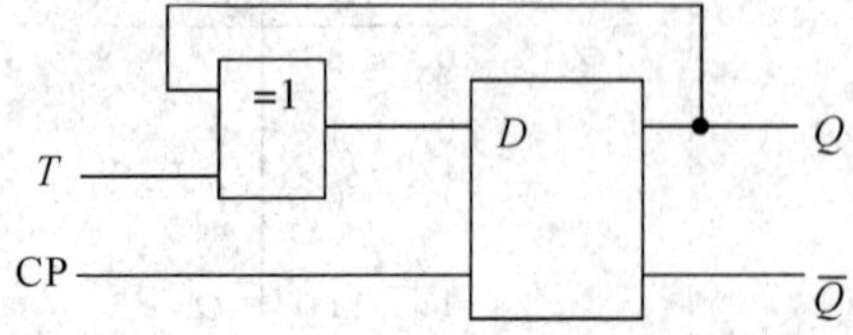

图 5.6.2　D 触发器转换成 T 触发器逻辑电路

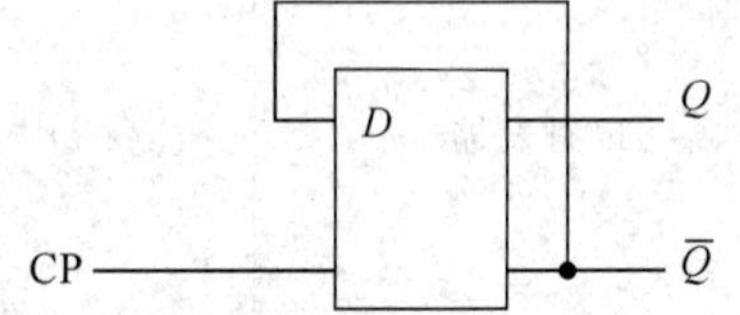

图 5.6.3　D 触发器转换成 T′触发器逻辑电路

(2) 将 JK 触发器转换成其他功能触发器。

JK 触发器转换成 D 触发器：$J=D$，$K=\overline{D}$；

JK 触发器转换成 T 触发器：$J=K=T$；

JK 触发器转换成 T′触发器：$J=K=1$。

同上可自行画出转换的逻辑电路图。

四、实验仪器及电子元器件

实验仪器：双踪示波器。

电子元器件：

(1) 74LS00 二输入端四与非门一片。

(2) 74LS74 双 D 触发器一片。

(3) 74LS112 双 JK 触发器一片。

五、实验内容

1. 基本 RS 触发器功能测试

两个 TTL 与非门首尾相接构成的基本 RS 触发器的电路如图 5.6.4 所示。

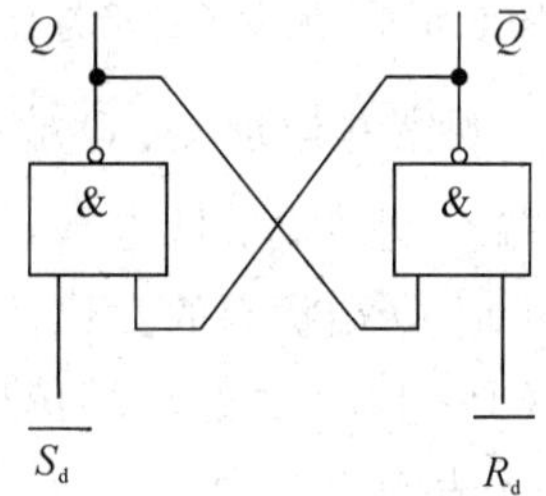

图 5.6.4　基本 RS 触发器

(1) 按表 5.6.2 内容要求在$\overline{S_d}$、$\overline{R_d}$端输入信号，观察并记录触发器的 Q、$\overline{Q}$ 端的状态，将实验结果填入表 5.6.2 中，并说明在上述各种输入状态下触发器执行的是什么功能。

表 5.6.2　基本 RS 触发器功能测试表

$\overline{S_d}$	$\overline{R_d}$	Q	$\overline{Q}$	逻辑功能
0	1			
1	1			
1	0			
1	1			

(2) $\overline{S_d}$端接低电平，$\overline{R_d}$端输入脉冲信号。

(3) $\overline{S_d}$端接高电平，$\overline{R_d}$端输入脉冲信号。

(4) 连接$\overline{R_d}$、$\overline{S_d}$端并输入脉冲信号。

记录并观察上述(2)、(3)、(4)三种情况下，Q、$\overline{Q}$ 端的状态。从中总结出基本 RS 触发

器的 Q 或 $\overline{Q}$ 端的状态改变和输入端 $\overline{S_d}$，$\overline{R_d}$ 的关系。

(5) 当 $\overline{S_d}$、$\overline{R_d}$ 都接低电平时，观察 Q、$\overline{Q}$ 端的状态。当 $\overline{S_d}$、$\overline{R_d}$ 同时由低电平跳为高电平时，注意观察 Q、$\overline{Q}$ 端的状态，重复 3～5 次看 Q、$\overline{Q}$ 端的状态是否相同，以正确理解"不定"状态的含义。

2. 维持-阻塞型 D 触发器功能测试

双 D 型正边沿维持-阻塞型触发器 74LS74 的逻辑符号如图 5.6.5(a)所示(其引线排列图见附录)。图中 $\overline{S_d}$、$\overline{R_d}$ 端分别为异步置 1 端、置 0 端(或称异步置位、复位端)。CP 为时钟脉冲端。

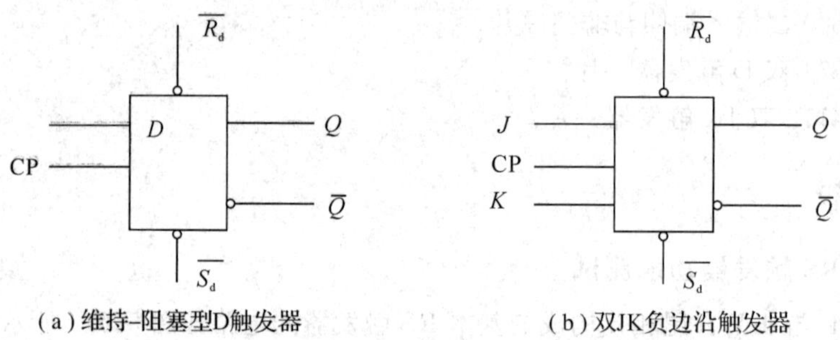

(a) 维持-阻塞型D触发器　　(b) 双JK负边沿触发器

图 5.6.5　触发器逻辑符号

(1) 分别在 $\overline{S_d}$、$\overline{R_d}$ 端接低电平，观察并记录 Q、$\overline{Q}$ 端的状态。

(2) 令 $\overline{S_d}$、$\overline{R_d}$ 端为高电平，D 端分别接高、低电平，用点动脉冲信号作为 CP，观察并记录当 CP 为 0、上升沿、1、下降沿时 Q 端状态的变化。

(3) 当 $\overline{S_d}=\overline{R_d}=1$、CP=0(或 CP=1)时改变 D 端信号，观察 Q 端的状态是否变化。整理上述实验数据，并将实验结果填入表 5.6.3 中。

(4) 令 $\overline{S_d}=\overline{R_d}=1$，将 D 和 $\overline{Q}$ 端相连，CP 端输入连续脉冲，用双踪示波器观察并记录 Q 相对于 CP 的波形。

表 5.6.3　维持-阻塞型 D 触发器功能验证表

$\overline{S_d}$	$\overline{R_d}$	D	CP	Q^n	Q^{n+1}
0	1	×	×	0	
				1	
1	0	×	×	0	
				1	
1	1	0	↑	0	
				1	
1	1	1	↑	0	
				1	

3. 双 JK 负边沿触发器功能测试

双 JK 负边沿触发器 74LS112 芯片的逻辑符号如图 5.6.5(b)所示(其引线排列图见附录)。按以下步骤实验，并将实验结果填入表 5.6.4 中。

(1) 分别在$\overline{S_d}$、$\overline{R_d}$端接低电平，观察并记录 Q、$\overline{Q}$ 端的状态。

(2) 当$\overline{S_d}=\overline{R_d}=1$，按表 5.6.4 内容要求将 J、K 和 Q^n 端置位，用点动脉冲信号作为 CP，观察并记录 Q 端的状态变化。

(3) 若令 $J=K=1$ 时，CP 端输入连续脉冲，用双踪示波器观察 Q 端相对于 CP 波形，并和 D 触发器的 D 端和 $\overline{Q}$ 端相连时观察到的 Q 端的波形相比较，有何异同点。

表 5.6.4　JK 触发器功能验证表

$\overline{S_d}$	$\overline{R_d}$	J	K	CP	Q^n	Q^{n+1}
0	1	×	×	×	0	
					1	
1	0	×	×	×	0	
					1	
1	1	0	0	下降沿	0	
					1	
1	1	0	1	下降沿	0	
					1	
1	1	1	0	下降沿	0	
					1	
1	1	1	1	下降沿	0	
					1	

4. 触发器功能转换

(1) 将 D 触发器和 JK 触发器转换成 T′触发器，列出表达式，并画出实验电路图。

(2) 按所画出的实验电路图接线，并验证 T′触发器的逻辑功能。自拟实验数据表并填写实验数据。

5. 用 JK 触发器设计简单时序逻辑电路

将两个 JK 触发器连接起来，即第二个 JK 触发器的 J、K 端连到一起，接到第一个 JK 触发器的输出端 Q，输入频率为 1 kHz 的方波信号，用示波器分别观察和记录 CP、1Q、2Q 端的波形，理解二分频，四分频的概念。

CP 端波形：

1Q 端波形：

2Q 端波形：

六、思考题

(1) 总结 RS、D、JK 触发器的特点和逻辑功能。

(2) 根据实验内容中的 4、5 实验内容，画出实验电路图，并列出实验数据表格。

5.7　时序逻辑电路的分析及测试

一、理论知识预习要求

(1) 预习时序逻辑电路的分析方法。

(2) 对实验内容中时序逻辑电路的逻辑功能进行分析。

二、实验目的

掌握常用时序逻辑电路的分析、设计和测试方法。

三、实验原理

1. 逻辑电路的分析步骤

(1) 从给定的时序逻辑电路中写出每个触发器的驱动方程(即每个触发器输入端的逻辑表达式)。

(2) 将这些驱动方程代入相应触发器的特征方程，得出每个触发器的状态方程，从而得到由这些状态方程组成的整个时序电路的状态方程组。

(3) 根据逻辑图写出电路的输出方程(即组合逻辑电路的输出方程)。

(4) 列出状态转换表或状态转换图，从而确定该逻辑电路的功能。

2. 集成芯片 74LS73、74LS175、74LS10 的引脚排列图

芯片引脚排列图见附录。

四、实验仪器及电子元器件

实验仪器：双踪示波器。

电子元器件：

(1) 74LS73 双 JK 触发器两片。

(2) 74LS175 四 D 触发器一片。

(3) 74LS10 三输入端三与非门一片。

(4) 74LS00 二输入端四与非门一片。

五、实验内容

1. 异步二进制计数器

(1) 选用双 JK 触发器 74LS73 构成异步二进制计数器。按图 5.7.1 所示电路图接线，$Q_1 \sim Q_4$ 接 LED 显示器。

(2) 先将各触发器状态置零，然后由 CP 端输入单脉冲(16 个)，测试并记录 $Q_1 \sim Q_4$ 端状态，画出 $Q_1 \sim Q_4$ 端相对于 CP 端的信号波形。

(3) 参考前面的加法计数器，将它改为减法计数器，画出实验电路图，并进行实验和记录实验数据。

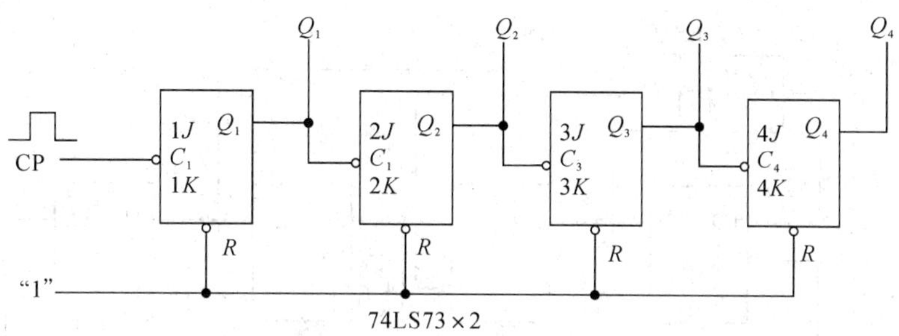

图 5.7.1　74LS73 构成异步二进制计数器电器图

2. 异步二/十进制加法计数器

(1) 选用双 JK 触发器 74LS73 和二输入端四与非门 74LS00 构成异步二/十进制加法计数器。按图 5.7.2 所示电路图接线，$Q_1 \sim Q_4$ 接 LED 显示器。

(2) 由 CP 端输入连续脉冲或单脉冲信号，观察 CP、$Q_1 \sim Q_4$ 端状态及波形。

(3) 画出 CP、$Q_1 \sim Q_4$ 端信号的波形图。

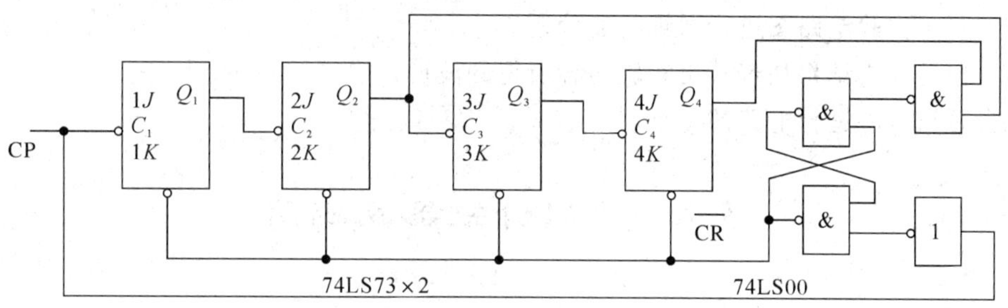

图 5.7.2　74LS73 与 74LS00 构成异步二/十进制加法计数器电路图

3. 自循环移位寄存器——环型计数器

(1) 选用四 D 触发器 74LS175 构成自循环移位寄存器。按图 5.7.3 所示电路图接线，将 A、B、C、D 端置为 1000，用单脉冲计数，记录各触发器状态(各触发器的输出端接发光二极管)。

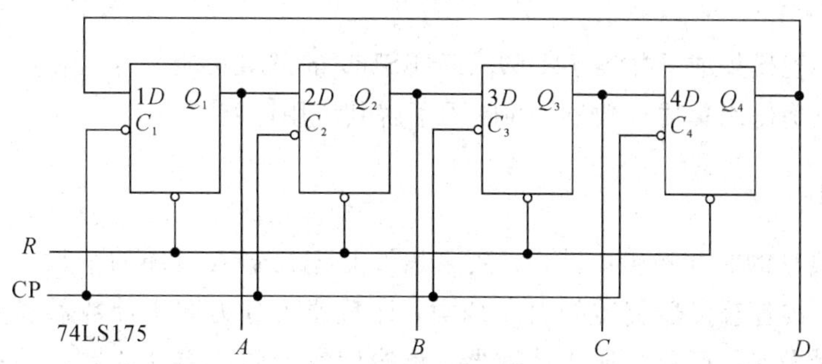

图 5.7.3　自循环移位寄存器电路图

(2) 改为连续脉冲计数，并将其中一个状态为"0"的触发器置"1"(模拟干扰信号作用的结果)，观察计数器能否正常工作，并分析原因。

(3) 按图 5.7.4 所示电路图接线，与非门用 74LS10 三输入与非门，重复(1)(2)实验步骤，对比实验结果，总结关于自启动的特点。

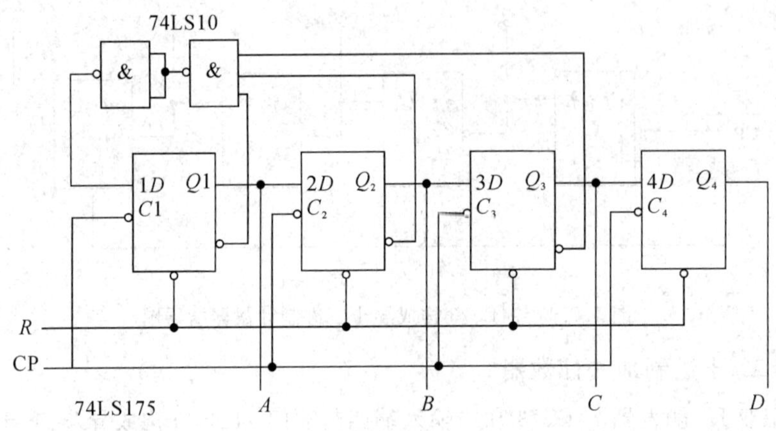

图 5.7.4　环形计数器电路图

六、思考题

(1) 对于实验电路图进行逻辑功能分析。

(2) 根据分析结果初步画出实验内容所得的波形。

(3) 总结时序逻辑电路的特点。

5.8　集成计数器及应用

一、理论知识预习要求

(1) 预习计数器的工作原理和逻辑功能。

(2) 预习集成芯片 74LS90、74LS161 的引脚排列。

(3) 预习任意进制计数器的设计方法。

二、实验目的

(1) 掌握中规模集成计数器 74LS90、74LS161 的逻辑功能。

(2) 学会正确使用集成计数器，并熟悉了解其应用电路。

三、实验原理

计数器是典型的时序逻辑电路，它用来累计和记忆输入脉冲的个数。集成计数器是中规模集成电路，按各触发器翻转的次序分类，计数器可分为同步计数器和异步计数器；按计数数字的增减分类，可分为加法计数器、减法计数器和可逆计数器三种；按计数器进位规律分类，可分为二进制计数器、十进制计数器和任意进制计数器。

1. 74LS90 二-五-十进制计数器

74LS90 二-五-十进制计数器的外引线排列图如图 5.8.1 所示。$\overline{CP_0}$、$\overline{CP_1}$为计数脉冲输入端，R_{0A}、R_{0B}为置 0 控制端，S_{9A}、S_{9B}为置 9 控制端。当 $R_{0A}=R_{0B}=1$ 时，无论有无计数脉冲，计数器输出为 0000；$S_{9A}=S_{9B}=1$ 时，无论有无计数脉冲，计数器输出为 1001。当计数脉冲从$\overline{CP_0}$输入，Q_A作为输出时，构成二进制计数器；当计数脉冲从$\overline{CP_1}$输入，Q_D、Q_C、Q_B作为输出时，构成五进制计数器；如果将输出 Q_A 端与$\overline{CP_1}$相连，计数脉冲从$\overline{CP_0}$输入，$Q_D \sim Q_A$作为输出，则构成 8421 码十进制计数器。

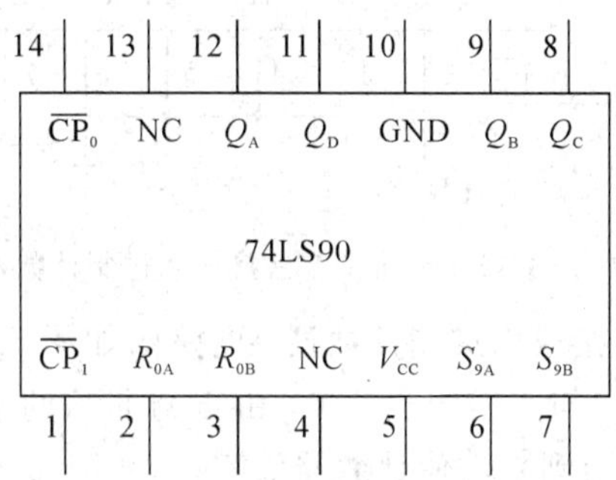

图 5.8.1 74LS90 管脚排列图

2. 74LS161 十六进制计数器

74LS161 的外引线排列图如图 5.8.2 所示。74LS161 兼有异步清零和同步预置数功能。

异步清零：当$\overline{CR}=0$ 时，无论有无计数脉冲，计数器立即清零，输出 $Q_3 \sim Q_0$ 均为 0，称为异步清零。

同步预置数：当$\overline{LD}=0$ 时，在计数脉冲上升沿的作用下，$Q_3Q_2Q_1Q_0 = D_3D_2D_1D_0$。

当使能端 ET=EP=1 时，计数器计数。当 ET=0 或 EP=0 时，计数器禁止计数，为锁存状态。

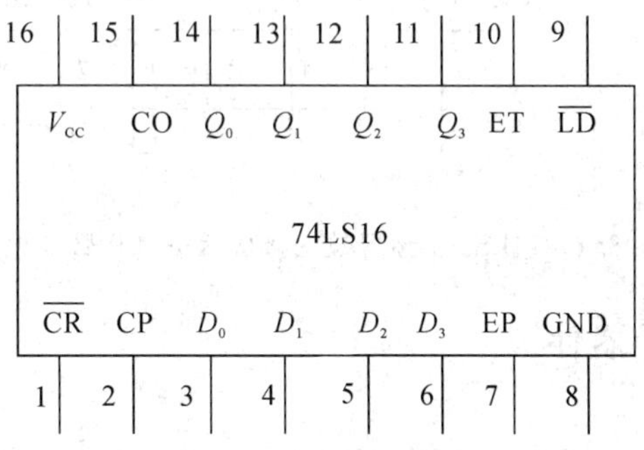

图 5.8.2 74LS161 管脚排列图

将 74LS161 用异步清零法接成六进制计数器，电路图如图 5.8.3 所示。当计数器的计数状态为 $Q_3Q_2Q_1Q_0=0110$ 时，与非门输出为 0，由于与非门的输出接到了清零端$\overline{CR}$，从而使计数器清零。

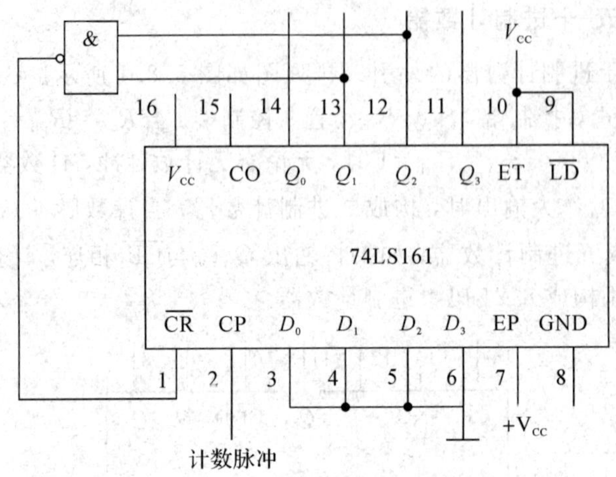

图 5.8.3 74LS161 异步清零法接成六进制计数器电路图

将 74LS161 用预置数法接成六进制计数器，电路图如图 5.8.4 所示。当计数器的计数状态为 $Q_3Q_2Q_1Q_0=0101$ 时，与非门输出为 0，由于与非门的输出接到了预置数端 $\overline{LD}$，因而在下一个计数脉冲的上升沿到来时使计数器清零。

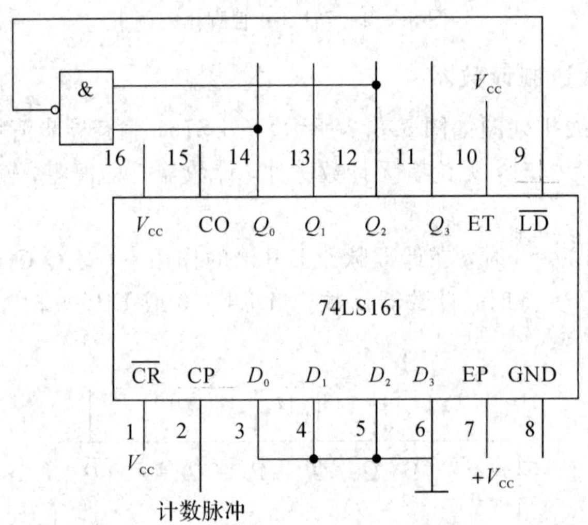

图 5.8.4 74LS161 预置数法接成六进制计数器电路图

四、实验仪器及电子元器件

电子元器件：

(1) 74LS00 二输入端四与非门一片。

(2) 74LS90 二-五-十进制计数器两片。

(3) 74LS161 十六进制计数器一片。

五、实验内容

1. 74LS90 的功能测试及应用

(1) 74LS90 控制端功能测试。

按表 5.8.1 内容要求测试 74LS90 控制端的功能，将 74LS90 的控制端接逻辑电平开关，输出端接电平显示发光二极管。

表 5.8.1　74LS90 的功能验证表

R_{0A}　R_{0B}	S_{9A}　S_{9B}	$\overline{CP}_0$	$\overline{CP}_1$	Q_D　Q_C　Q_B　Q_A	功 能
1　1	0　× ×　0	×	×		
0　× ×　0	1　1	×	×		

(2) 二进制计数器。

将点动计数脉冲从$\overline{CP}_0$输入，Q_A作为输出接电平显示发光二极管，接线时将端口 R_{0A}、R_{0B}、S_{9A}、S_{9B}置 0，构成二进制计数器，画出接线图，测试其功能，并画出状态转换图。

(3) 五进制计数器。

将点动计数脉冲从$\overline{CP}_1$输入，Q_D、Q_C、Q_B作为输出接电平显示发光二极管，接线时将 R_{0A}、R_{0B}、S_{9A}、S_{9B}置 0，构成五进制计数器，画出接线图，测试其功能，并画出状态转换图。

(4) 十进制计数器。

将点动计数脉冲从$\overline{CP}_0$输入，将输出 Q_A端与$\overline{CP}_1$相连，Q_D、Q_C、Q_B、Q_A作为输出接电平显示发光二极管，接线时将 R_{0A}、R_{0B}、S_{9A}、S_{9B}置 0，构成十进制计数器，画出接线图，测试其功能，并画出状态转换图。

(5) 用两片 74LS90 构成二十四进制计数器。

用反馈清零法将两片 74LS90 构成二十四进制计数器，在图 5.8.5 中画出连接线路图，按图连接电路并验证其功能。将 74LS90 的输出 Q_D、Q_C、Q_B、Q_A接 LED 数码显示器的输入端，观察在点动脉冲的作用下，LED 数码显示器显示数字的变化，并画出状态转换图。

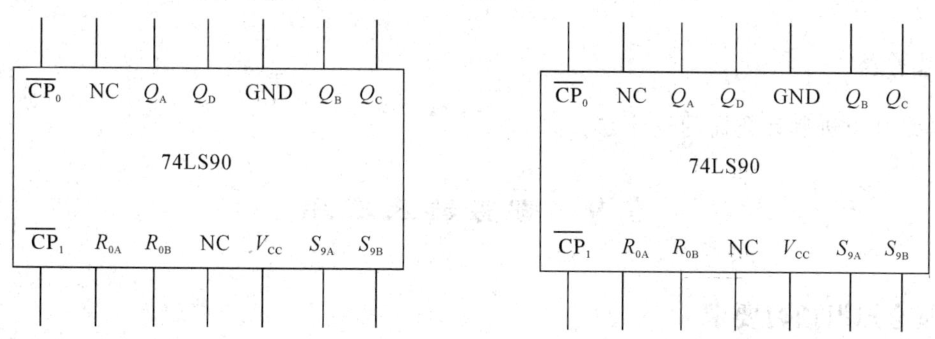

图 5.8.5　将 74LS90 构成二十四进制计数器待连接图

2. 74LS161 的功能及应用

(1) 74LS161 的功能测试。

根据 74LS161 的引脚排列图，将输出端 Q_3、Q_2、Q_1、Q_0 接电平显示发光二极管，数据输入端 D_3、D_2、D_1、D_0 接逻辑电平，将电平置位使 $D_3D_2D_1D_0=0110$，$\overline{CR}$、$\overline{LD}$、ET、EP 端接逻辑电平，CP 端接点动脉冲或 1 Hz 方波，按表 5.8.2 内容要求将各输入端或控制端置位，测试芯片的逻辑功能，实验结果填入表 5.8.2 中。

表 5.8.2　74LS161 的功能验证表

$\overline{CR}$	$\overline{LD}$	ET	EP	CP	$Q_3Q_2Q_1Q_0$	芯片功能
0	×	×	×	×		
1	0	×	×	↑		
1	1	1	1	↑		
1	1	0 ×	× 0	×		

(2) 用 74LS161 构成十进制计数器。

用异步清零法或预置数法将 74LS161 构成十进制计数器，在图 5.8.6 中画出连接线路图，按图连接电路并验证其功能。将 74LS161 的输出端 Q_3、Q_2、Q_1、Q_0 接 LED 数码显示器的输入端，观察在计数脉冲的作用下，LED 数码显示器显示数字的变化，并画出状态转换图。

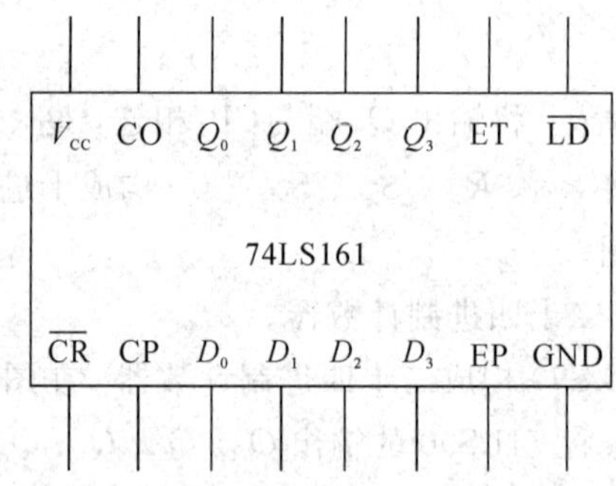

图 5.8.6　用 74LS161 构成十进制计数器待连接图

六、思考题

总结任意进制计数器的设计方法。

5.9　寄存器及应用

一、理论知识预习要求

(1) 预习寄存器的工作原理和逻辑功能。

(2) 预习集成芯片 74LS75、74LS194 的引脚排列。

二、实验目的

(1) 了解寄存器 74LS75、74LS194 的逻辑功能。

(2) 了解移位寄存器的应用。

三、实验原理

1. 四位寄存器 74LS75

74LS75 的引脚排列如图 5.9.1 所示。其中 $1D$～$4D$ 端为寄存器的数据输入端，$1Q$～$4Q$、$1\overline{Q}$～$4\overline{Q}$端为寄存器的输出端。寄存器有两个允许控制端 4 脚和 13 脚，4 脚控制输出端 $3Q$、$4Q$ 的状态，13 脚控制输出端 $1Q$、$2Q$ 的状态。当 4 脚接高电平时，$3Q$、$4Q$ 端的状态随 $3D$、$4D$ 端的状态而改变；在 4 脚接低电平时，$3Q$、$4Q$ 的状态保持不变。

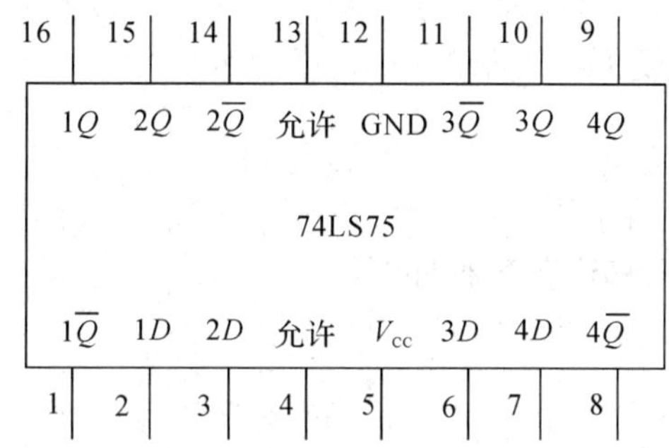

图 5.9.1 74LS75 引脚排列图

2. 移位寄存器 74LS194

74LS194 是 4 位双向移位寄存器，其引脚排列如图 5.9.2 所示。它具有并行输入、并行输出、左移位和右移位的功能。这些功能均通过模式控制端 S_1、S_0 来确定，其功能如表 5.9.1所示。在 A、B、C、D 端送入 4 位二进制数，并使 $S_1=S_0=1$ 时，该 4 位二进制数同步并行输入至寄存器，当 CP 到来后，在 CP 上升沿作用下，4 位二进制数并行输出；若 $S_1=0$，$S_0=1$，则该 4 位二进制数被串行送入到右移数据输入端 D_{SR}，在 CP 脉冲上升沿作用下，同步右移；若 $S_1=1$，$S_0=0$，则该数据同步左移；若 $S_1=0$，$S_0=0$，则寄存器内容保持。

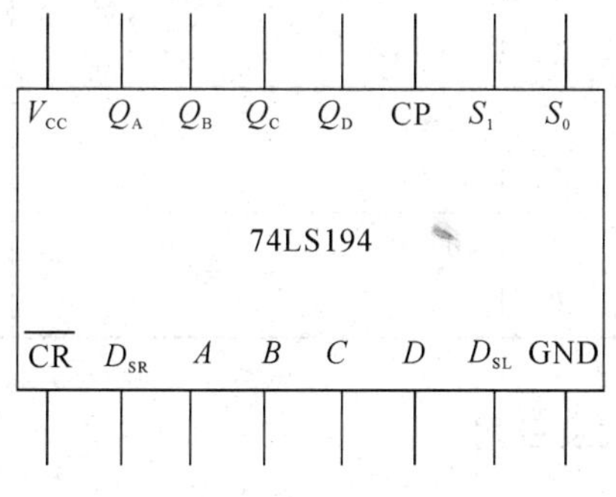

图 5.9.2 74LS194 引脚排列图

表 5.9.1 74LS194 功能表

S_1	S_0	功 能
0	0	保持
0	1	右移
1	0	左移
1	1	并行置数

由 74LS194 可以构成移位寄存器环型计数器。在循环前，先使 $S_1=S_0=1$，预置数并行输入，然后改变 S_1、S_0 的电平，使预置数左循环或右循环。例如：将 74LS194 接成右循环状态时，假设预置数为 1000，则环行计数器的有效时序为 1000→0100→0010→0001，然后又回到 1000。

四、实验仪器及电子元器件

电子元器件：

(1) 74LS75 四位寄存器一片。

(2) 74LS194 四位双向移位寄存器两片。

五、实验内容

1. 74LS75 的功能测试

根据 74LS75 的引脚排列图，将 $1D\sim4D$ 端，4 脚和 13 脚接逻辑电平，$1Q\sim4Q$ 端接电平显示发光二极管。改变控制端 4 脚和 13 脚的状态，将 $1D\sim4D$ 端按表 5.9.2 内容要求置位，观察输出端 $1Q\sim4Q$ 的状态随输入状态的改变情况。简述其逻辑功能，并将实验结果填入表 5.9.2 中。

表 5.9.2 74LS75 的功能验证表

4 脚	13 脚	$1D$ $2D$ $3D$ $4D$	$1Q$ $2Q$ $3Q$ $4Q$	功能简述
0	0	1 0 1 0 0 1 0 1		
0	1	1 0 1 0 0 1 0 1		
1	0	1 0 1 0 0 1 0 1		
1	1	1 0 1 0 0 1 0 1		

2. 74LS194 的功能测试及应用

(1) 74LS194 的功能测试。

将 74LS194 的输入端和控制端等按表 5.9.3 内容要求置位，测试寄存器的逻辑功能。

表 5.9.3　74LS194 的功能验证表

$\overline{CR}$	S_1　S_0	CP	D_{SR}　D_{SL}	A　B　C　D	Q_A　Q_B　Q_C　Q_D
0	×　×	×	×　×	××××	
1	×　×	0	×　×	××××	
1	0　0	×	×　×	××××	
1	0　1	上升沿	1　× 0　×	×××× ××××	
1	1　0	上升沿	×　1 ×　0	×××× ××××	
1	1　1	上升沿	××	1　0　1　0 0　1　0　1	

(2) 74LS194 的应用。

由两片 74LS194 构成 8 位左移位寄存器环型计数器。在图 5.9.3 中画出连接线路图，在循环前先将寄存器置位为 00000001，然后令 $S_1=1$，$S_0=0$，在 CP 脉冲的作用下，观察寄存器状态的改变，并画出状态转换图。

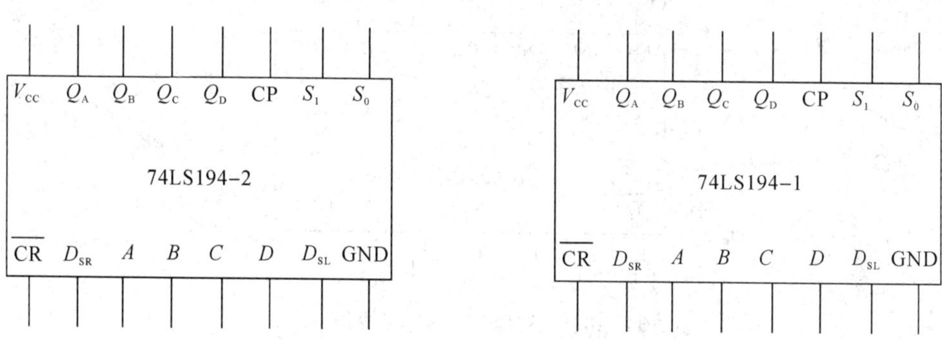

图 5.9.3　74LS194 构成 8 位环型计数器待连接图

注意：将移位寄存器接成环型计数器时，在循环前必须预置一个初始状态，所以必须先使 $S_1=S_0=1$，让寄存器的初始输入状态并行传输到寄存器的输出，然后改变 S_1、S_0 的电平，进行循环。

六、思考题

(1) 画出 74LS194 构成 8 位环型计数器的连线图。

(2) 总结 74LS194 的逻辑功能。

5.10　单稳态触发器及其应用

一、理论知识预习要求

(1) 复习单稳态触发器的工作原理。

(2) 预习集成芯片 74LS121 的引脚排列，并熟悉其功能表。

二、实验目的

(1) 学习集成单稳态触发器 74LS121 的使用方法。

(2) 学习将集成单稳态触发器构成多谐振荡器的方法。

三、实验原理

1. 单稳态触发器

单稳态触发器工作状态分为一个稳态和一个暂稳态。在无外来触发脉冲作用时，保持稳态不变。在有确定的外来触发脉冲作用下，输出一个脉宽和幅值恒定的矩形脉冲。

单稳态触发器按触发方式分为非重复触发和可重复触发两种。非重复触发单稳态触发器一经触发就输出一个定时脉宽的脉冲，在暂稳态期间即使再加入触发脉冲也不会影响电路的输出脉宽；可重复触发单稳态触发器则不同，在电路被触发进入暂稳态之后，如果再次加入触发脉冲，电路将重新被触发，使输出脉冲再继续维持一个 t_W 宽度。

本实验选用非重复触发单稳态触发器 74LS121，其外引线排列图如图 5.10.1 所示。

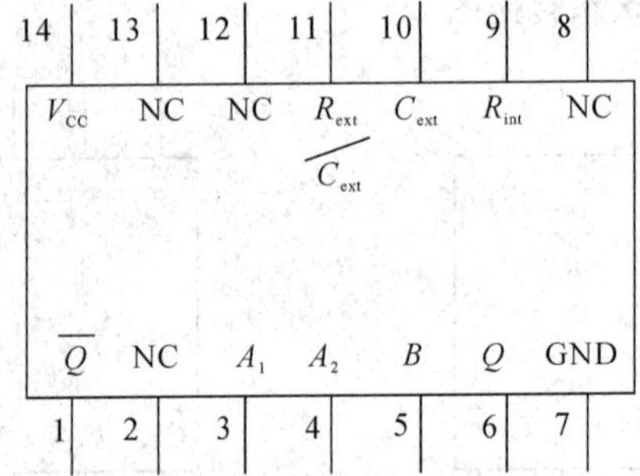

图 5.10.1　74LS121 的外引线排列图

图 5.10.1 中 A_1、A_2、B 为触发脉冲输入端，需要用上升沿触发时，触发脉冲由 B 输入，同时 A_1 或 A_2 中至少有一个接低电平。当需要用下降沿触发时，触发脉冲则由 A_1 或 A_2 输入(另一个应接高电平)，同时将 B 接高电平，表 5.10.1 所示内容为 74LS121 的功能表。

表 5.10.1　74LS121 功能表

输入			输出	
A_1	A_2	B	Q	$\overline{Q}$
×	×	0	0	1
1	1	×	0	1
1	↓	1	⊓	⊔
↓	1	1	⊓	⊔
↓	↓	1	⊓	⊔
0	×	↑	⊓	⊔
×	0	↑	⊓	⊔

集成单稳态触发器内部设置有 2 kΩ 定时电阻 R_{int}，但其温度系数较大，最好改用高质量的外接定时电阻。外接定时电阻 R_{ext} 阻值一般变化范围为 2～30 kΩ。外接定时电容 C_{ext} 容值范围为 10 pF～10 μF。单稳态触发器的输出脉宽 t_{w} 由定时电阻和定时电容决定，即

$$t_{\text{w}} = \ln 2 \cdot R_{\text{ext}} \cdot C_{\text{ext}} \approx 0.7 R_{\text{ext}} \cdot C_{\text{ext}} \tag{5.10-1}$$

图 5.10.2 所示分别为使用外接电阻和内部电阻时电路的连接方法。

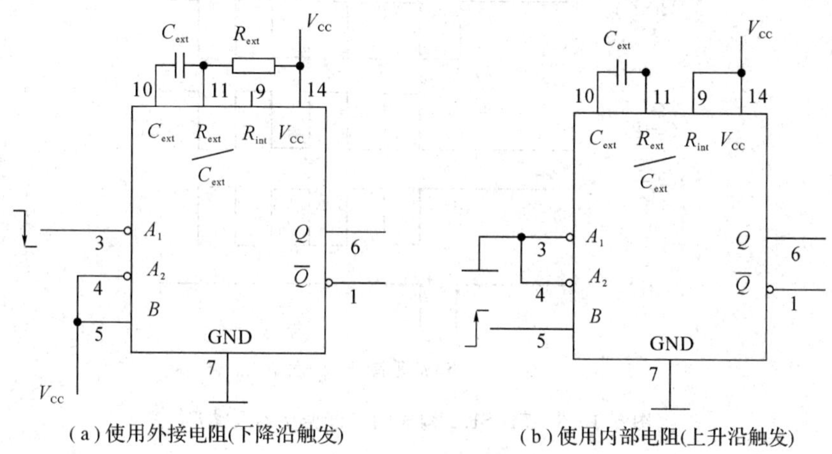

图 5.10.2 74LS121 的定时电阻连接方法

2. 单稳态触发器的应用

图 5.10.3(a)所示为由两片 74LS121 构成的多谐振荡器，图(b)为相应点的波形。集成单稳态触发器 1 被 V_{i1} 触发后，Q_1 端输出一个正脉冲，Q_1 的下降沿触发集成单稳态触发器 2，Q_2 端输出一个正脉冲，$\overline{Q}_2$ 输出一个负脉冲。$\overline{Q}_2$ 的上升沿又触发集成单稳态触发器 1，使 Q_1 又输出一个正脉冲。如此反复触发，循环不停，于是在 $\overline{Q}_1$ 或 Q_2 端得到固定频率的连续脉冲。V_{i1} 和 V_{i2} 可用来控制起振和停振。触发后，V_{i1} 和 V_{i2} 应保持正确的电平，以免使该电路变成单稳态触发电路。

该多谐振荡器输出的脉冲频率为

$$f_0 = \frac{1}{T} \approx \frac{1}{0.7(R_1 C_1 + R_2 C_2)} \tag{5.10-2}$$

(a) 多谐振荡电路

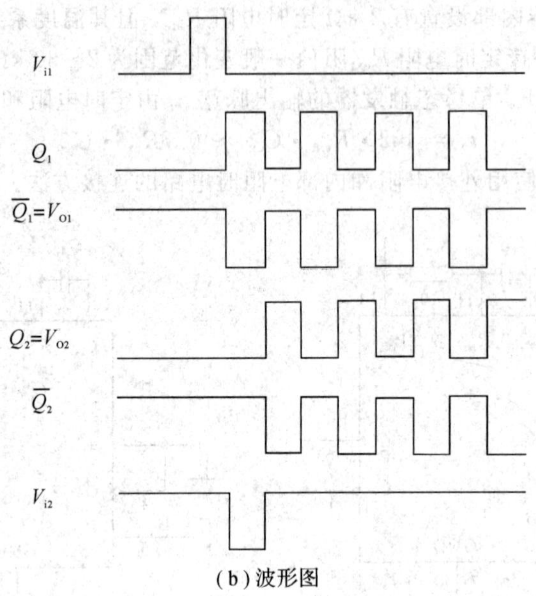

(b)波形图

图 5.10.3　74LS121 构成的多谐振荡器及波形

四、实验仪器及电子元器件

实验仪器：双踪示波器。

电子元器件：

(1) 74LS121 集成单稳态触发器两片。

(2) 电阻(24 kΩ 一只；5.1 kΩ 一只)。

(3) 电容(0.22 μF 一只；0.1 μF 一只)。

五、实验内容

1. 单稳态触发器

(1) 按 74LS121 功能表的要求，画出在下列参数条件下用下降沿触发输入端 A_1 或 A_2 时单稳态触发器的电路图，并按图连接电路。

用内定时电阻时，R_{int} 接 V_{CC}，电容 C_{ext} 为 0.1 μF。

外接定时电阻时，$R_{ext}=24$ kΩ，电容 C_{ext} 为 0.1 μF。

(2) 用示波器观察并记录输入端波形 V_i 和输出端 Q 的波形，测出输出脉冲的宽度 t_W。注意正确选择 V_i 的频率和脉宽。

2. 单稳态触发器构成多谐振荡器

按图 5.10.3 所示将 2 片 74LS121 接成多谐振荡器，其中 $C_1=0.1$ μF，$R_1=24$ kΩ，$C_2=0.22$ μF，$R_2=5.1$ kΩ，用示波器观察并记录输出 V_{o1} 和 V_{o2} 的波形，观测输出频率 f_o。

六、思考题

(1) 计算实验内容 1 中输出脉冲的宽度。

(2) 计算实验内容 2 中输出波形的频率。

5.11 555 时基电路及应用

一、理论知识预习要求

(1) 预习 555 时基电路的工作原理与功能。

(2) 预习用 555 时基电路构成单稳态触发器、多谐振荡器的方法。

二、实验目的

(1) 掌握 555 时基电路的结构和工作原理，学会此芯片的正确使用方法。

(2) 学会分析和测试用 555 时基电路构成的单稳态触发器、多谐振荡器的典型电路。

三、实验原理

1. 555 时基电路

555 时基电路是模拟电路功能和数字逻辑功能相结合的一种双极性中规模集成器件。外接电阻、电容可以组成性能稳定而精确的多谐振荡器、单稳态电路、施密特触发器等，应用十分广泛。

555 时基电路芯片 NE556 的内部原理图和外引线排列图如图 5.11.1 所示。它由上、下两个电压比较器、三个 5 kΩ 电阻、一个 RS 触发器、一个放电三极管以及输出级组成。555 时基电路的功能如表 5.11.1 所示。

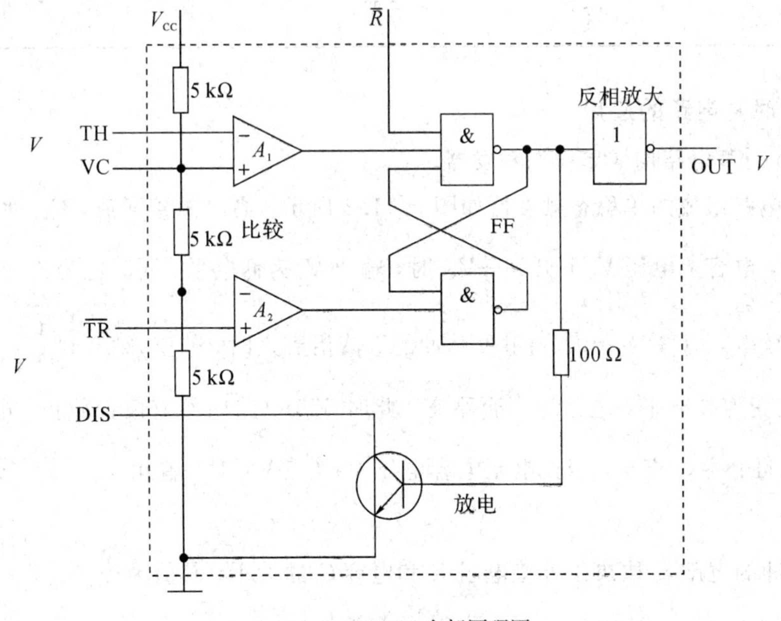

(a) NE556内部原理图

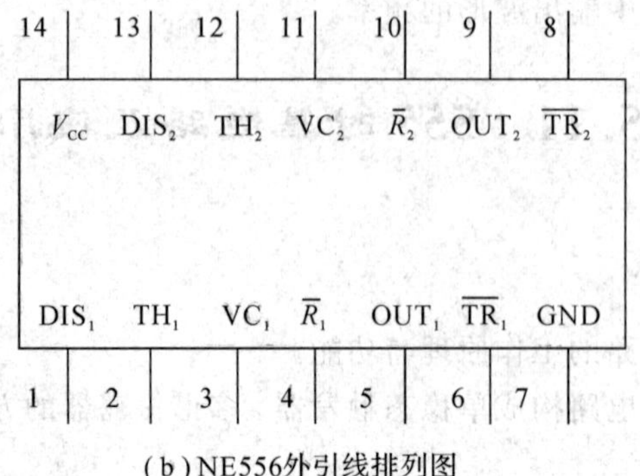

(b) NE556外引线排列图

图 5.11.1 NE556 内部原理图及外引线排列图

表 5.11.1 555 时基电路的功能表

输入			输出	
$\overline{R}$	TH	$\overline{TR}$	V_0	晶体管状态
0	×	×	低	导通
1	$>\frac{2}{3}V_{CC}$	$>\frac{1}{3}V_{CC}$	低	导通
1	$<\frac{2}{3}V_{CC}$	$>\frac{1}{3}V_{CC}$	不变	不变
1	$<\frac{2}{3}V_{CC}$	$<\frac{1}{3}V_{CC}$	高	截止
1	$>\frac{2}{3}V_{CC}$	$<\frac{1}{3}V_{CC}$	高	截止

2. 555 时基电路的应用

(1) 555 时基电路构成单稳态触发器。

由 555 电路组成的单稳态触发器如图 5.11.2 所示。当电源接通后，V_{CC}通过电阻 R 向电容 C 充电，电容上电压 V_C上升到$\frac{2}{3}V_{CC}$时，输出 V_o为低电平，同时电容 C 通过 555 电路内部三极管放电，使得 $V_C=0$。当触发脉冲的下降沿到来时，使 V_{i2}跳变到$\frac{1}{3}V_{CC}$以下，从而使输出 V_o跳变为高电平，电路进入暂稳态，此时 555 电路内部三极管截止，电源 V_{CC}再次通过电阻 R 向电容 C 充电，当充电至电容电压 V_C为$\frac{2}{3}V_{CC}$时，输出 $V_o=0$，电路再次回到稳态。

输出脉冲的宽度 t_W取决于外接电阻 R 和电容 C 的大小，其值为

$$t_W = RC\ln 3 \approx 1.1RC \tag{5.11-1}$$

值得注意的是：V_i的重复周期必须大于 t_W。由 5.11－1 式可知，单稳态电路的暂态时间与 V_{CC}无关，因此用 555 电路组成的单稳态电路可以作为较精确的定时器。

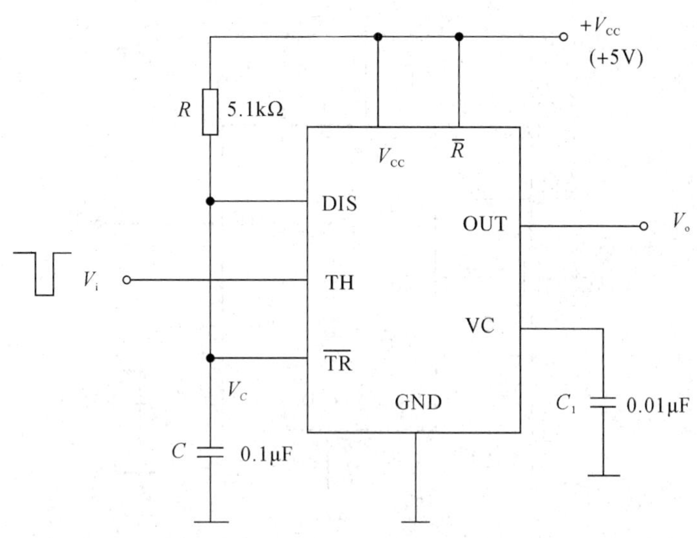

图 5.11.2　555 电路组成的单稳态触发器

(2) 555 时基电路构成多谐振荡器。

由 555 时基电路组成的多谐振荡器如图 5.11.3 所示。当电源接通后，V_{CC}通过电阻R_1、R_2向电容C充电，电容上电压按指数规律上升，当V_C上升到$\frac{2}{3}V_{CC}$时，输出V_0为低电平，同时 555 电路内部三极管导通，电容C通过电阻R_2放电，电容电压下降，当V_C下降至$\frac{1}{3}V_{CC}$时，输出电压变为高电平，C放电终止，V_{CC}又通过电阻R_1、R_2向电容C充电，周而复始，形成振荡。其振荡周期与充放电时间有关。

充电时间(输出高电平时间)

$$T_1 = (R_1 + R_2)C\ln 2 \approx 0.7(R_1 + R_2)C \tag{5.11-2}$$

放电时间(输出低电平时间)

$$T_2 = R_2 C\ln 2 \approx 0.7R_2 C \tag{5.11-3}$$

振荡周期

$$T = T_1 + T_2 = (R_1 + 2R_2)C\ln 2 \approx 0.7(R_1 + 2R_2)C \tag{5.11-4}$$

振荡频率

$$f = \frac{1}{T} = \frac{1}{0.7(R_1 + 2R_2)C} \tag{5.11-5}$$

占空比

$$D = \frac{T_1}{T} = \frac{R_1 + R_2}{R_1 + 2R_2} \tag{5.11-6}$$

当$R_2 \gg R_1$时，占空比约等于 50%。

由以上分析可知：

① 电路的振荡周期T，占空比D，仅与外接元件R_1、R_2和C有关，不受电源电压的影响；

② 改变R_1、R_2的值即可改变占空比，其值可在较大范围内调节；

③ 改变C的值，可单独改变周期，而不影响占空比。

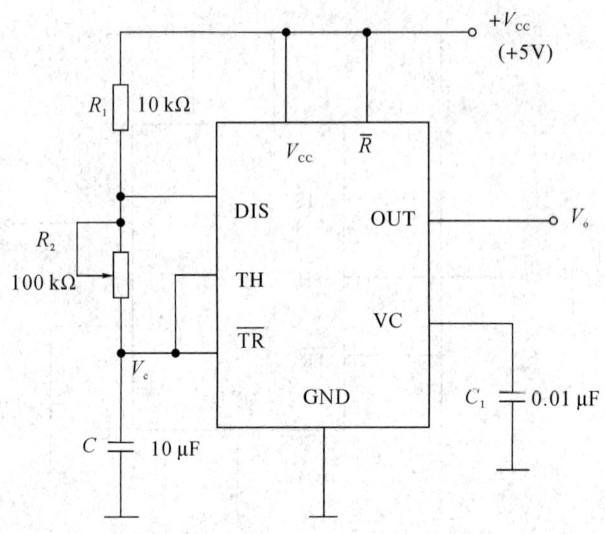

图 5.11.3　555 电路组成的多谐振荡器

四、实验仪器及电子元器件

实验仪器：(1) 双踪示波器；(2) 数字万用表。

电子元器件：

(1) NE556(或 LM556、5G556 等)双时基电路一片。

(2) 电阻(5.1 kΩ、10 kΩ 各一只)。

(3) 电位器 100 kΩ 一只。

(4) 电容 (10 μF、0.1 μF、0.01 μF 各一只)。

五、实验内容

1. 用 555 电路构成单稳态触发器

按图 5.11.2 所示电路接线，合理选择触发信号 V_i的频率和脉宽，以保证每一个负的触发脉冲起作用。输入信号后，用示波器观察 V_i、V_C及 V_o的电压波形，比较它们的时序关系，绘出波形图，并测出输出电压的周期、幅值、脉宽。

2. 用 555 电路构成多谐振荡器

(1) 按图 5.11.3 所示电路连接占空比可调的多谐振荡器，调节电位器 R_2，在示波器上观察输出波形占空比的变化情况。

(2) 在图 5.11.3 电路中，改变 R_1阻值为 5 kΩ，将 R_2调至 2.5 kΩ，用示波器观察并描绘 V_C和 V_o的波形，测出幅值、周期、脉宽，并计算占空比。

六、思考题

(1) 计算图 5.11.2 所示电路的输出电压脉宽。为保证每一个负的触发脉冲起作用，输入触发信号 V_i的频率范围应如何选取？

(2) 计算图 5.11.3 所示电路中，当 R_2为 2.5 kΩ 时，输出电压的周期、频率、占空比。

5.12　A/D 转换电路

一、理论知识预习要求

（1）预习集成模/数转换器 ADC0804 的外引线排列。

（2）预习模/数转换的工作原理。

二、实验目的

（1）熟悉模/数转换的工作原理。

（2）学会使用集成模/数转换器 ADC0804 方法。

三、实验原理

模/数转换器（简称 A/D 转换器、ADC）用来将模拟量转换成数字量。n 位模/数转换器输出 n 位二进制数，它正比于加在输入端的模拟电压。实现模/数转换的方法有很多，常用的有并/串型 ADC，逐次逼近型 ADC 和双积分型 ADC 等。并/串型 ADC 的速度最快，但成本也最高，且精度不高；双积分型 ADC 精度高、抗干扰能力强，但速度太慢，适合转换缓慢变化的信号；逐次逼近型 ADC 具有转换精度高、工作速度中等、成本低等优点，因此获得广泛应用。

本实验选用集成模/数转换器 ADC0804。ADC0804 是单片 CMOS 8 位逐次逼近型 A/D 转换器，与 8 位微机兼容，其三态输出可直接驱动数据总线。其外引线排列图如图 5.12.1 所示。

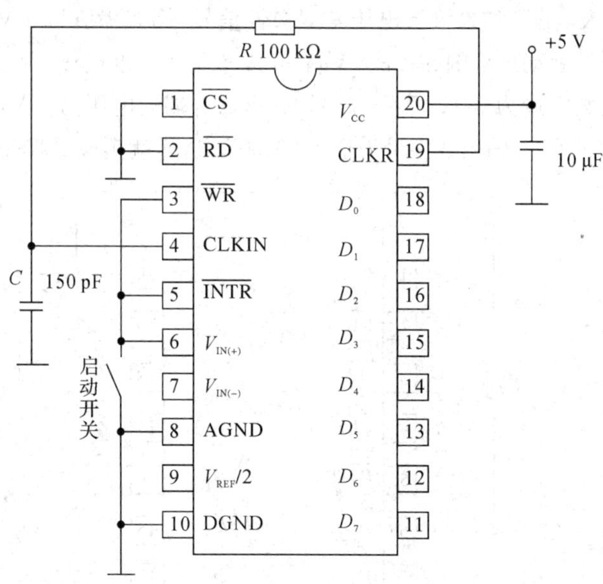

图 5.12.1　ADC0804 外引线排列及自启动转换电路

图中，模拟量由 $V_{IN(+)}$ 和 AGND（模拟地）输入；数字量由 $D_0 \sim D_7$ 输出，数字量共 8 位，D_0 为最低位，D_7 为最高位，V_{CC} 接＋5 V 电源的正极，AGND 和 DGND 分别为模拟地和数字地。ADC0804 设置有两组时钟输入：① 内部时钟 CLKR 的频率由外接电阻 R 和电容 C 确定，通常 R＝10 kΩ，C＝150 pF。② 不用内部时钟时，可由 CLKIN 输入一时钟信号，其典型值一般为 640 kHz。片选端$\overline{CS}$低电平有效。每次转换前，必须先使片选端$\overline{CS}$和写入端$\overline{WR}$同时为低电平，将 ADC0804 初始化，为转换作好准备。再使$\overline{WR}$为高电平，*ADC*0804 才开始工作，将输入的模拟量转换成数字量，但只有当片选端$\overline{CS}$和读出端$\overline{RD}$全是低电平时，才允许将转换结果输出。每次转换完成后，中断请求端$\overline{INTR}$为低电平，转换结束。如果希望每一次转换结束后立即将结果输出，则可将$\overline{INTR}$与$\overline{WR}$相连，$\overline{CS}$与$\overline{RD}$接地，如图 5.12.1 所示，则可实现每转换一次将结果立即输出，同时中断请求端$\overline{INTR}$送出一个低电平给$\overline{WR}$端，启动下一次转换。图中的开关供第一次转换启动用，启动后将开关断开。

参考电压端 $V_{REF}/2$ 和输入电压负端 $V_{IN(-)}$ 用来确定转换的动态范围。相对于模拟地而言，它们的电压为

$$V_{IN(-)} = 动态范围的下限 \tag{5.12-1}$$

$$\frac{V_{REF}}{2} = \frac{1}{2}(上限-下限) \tag{5.12-2}$$

例如，要求动态范围是 0.5～4.5 V 时，则：

$$V_{IN(-)} = 0.5\ V,\ \frac{V_{REF}}{2} = \frac{1}{2}(4.5-0.5) = 2\ V \tag{5.12-3}$$

输入模拟量接在 $V_{IN(+)}$ 和 AGND 之间。此时输入模拟量 0.5 V 对应的输出数字量为全 0；输入模拟量 4.5 对应的输出数字量为全 1；输入 $V_{IN(+)}$ 为

$$V_{IN(+)} = V_{IN(-)} + \frac{V_{REF}}{2} = 0.5\ V + 2\ V = 2.5\ V \tag{5.12-4}$$

时，对应的输出为 10000000。

以上为单极性输入电压。如果输入电压是双极性信号(例如幅值为 5 V 的正弦电压)时，则要用图 5.12.2 所示的扩展动态范围的接法。$V_{REF}/2$ 接 2.5 V 基准电压。$V_i=+5$ V 时，$V_{IN(+)}$ 端的电压为+5 V，输出数字量为全 1；$V_i=-5$ V 时，$V_{IN(+)}$ 端的电压为 0 V，输出数字量为全 0；$V_i=0$ V 时，$V_{IN(+)}=2.5$ V ，输出数字量为全 10000000。这样就实现了双极性转换。

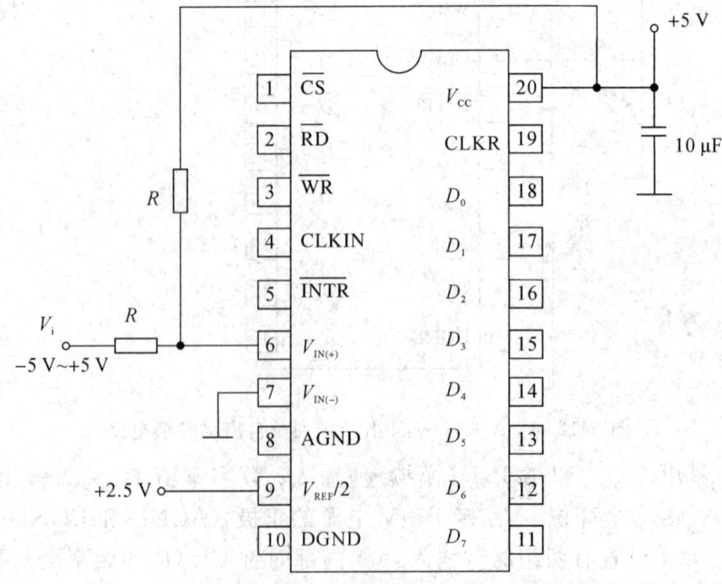

图 5.12.2　ADC0804 模/数转换的扩展动态电路图

ADC0804D的分辨率为8位，总误差≤|1LSB|，转换时间为100 μs，即每秒钟转换10 000次，取数时间为135 ns。

四、实验仪器及电子元器件

电子元器件：

(1) ADC0804一片。

(2) 电阻(100 kΩ一只；电阻10 kΩ两只；电阻1 kΩ两只)。

(3) 电解电容10 μF，220 μF各1只。

(4) 电容150 pF，0.01 μF，0.1 μF各1只。

五、实验内容

(1) 按图5.12.1所示电路图接线，输出D_0～D_7接发光二极管LED。

(2) 将$V_{IN(-)}$接地，$V_{IN(+)}$接4.6 V电压，调节$V_{REF}/2$上的电压，使输出为1111 1110，测出此时的$V_{REF}/2$值。保持$V_{REF}/2$不变，将$V_{IN(+)}$与之相连，读出输出的数字量。

(3) 保持$V_{REF}/2$不变，令$V_{IN(+)}$分别为3.5 V、2.5 V、1.5 V、1.0 V、0.5 V，读出相应的输出数字量。

(4) 调整动态范围，使之成为1～5 V，重复上面实验过程。

(5) 动态测试A/D转换。按图5.12.3所示电路图接线，V_i为锯齿波，其V_{IPP}=5 V，f=0.1 Hz，观察LED显示。将V_i改为方波，再观察LED显示情况。

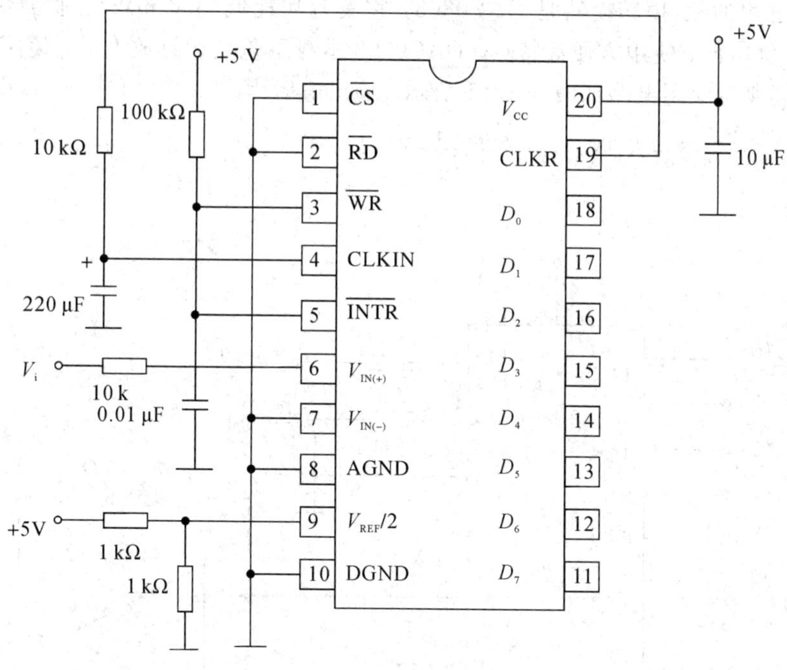

图5.12.3 动态测试A/D转换图

六、思考题

(1) 在实验内容中，对于输入的模拟量，估算输出的数字量。

(2) 8 位 A/D 转换器，当其输入电压从 0 V～5 V 变化时，输出二进制码从 0000 0000～1111 1111 变化。问当输出从 0000 0000 变至 0000 0001 时，输入电压变化了多少？

5.13　D/A 转换电路

一、理论知识预习要求

(1) 了解 DAC0808 芯片的外引线排列。

(2) 熟悉数/模转换器的转换原理。

(3) 根据图 5.13.4 所示阶梯波产生器的原理图画出实验接线图。

二、实验目的

(1) 熟悉数/模转换器的工作原理。

(2) 学会使用集成数/模转换器 DAC0808。

(3) 学会使用 DAC0808 构成阶梯波产生电路。

三、实验原理

数/模转换器(简称 D/A 转换器、DAC)用来将数字量转换成模拟量。其输入为 N 位二进制数，输出为模拟电压(或电流)。

本实验选用的数/模转换器是 DAC0808，它具有功耗低(350 mW)、速度快(稳定时间为 150 ns)、价格低、使用方便等特点。DAC0808 本身不包括运算放大器，使用时需外接运算放大器。其典型应用电路如图 5.13.1 所示。输出电压为

$$V_o = -\frac{V_{REF}(+)}{2^8 R} R_F N_B = -\frac{V_{REF}(+)}{2^8 R} R_F (D_7 \times 2^7 + D_6 \times 2^6 + \cdots + D_0 \times 2^0) \tag{5.13-1}$$

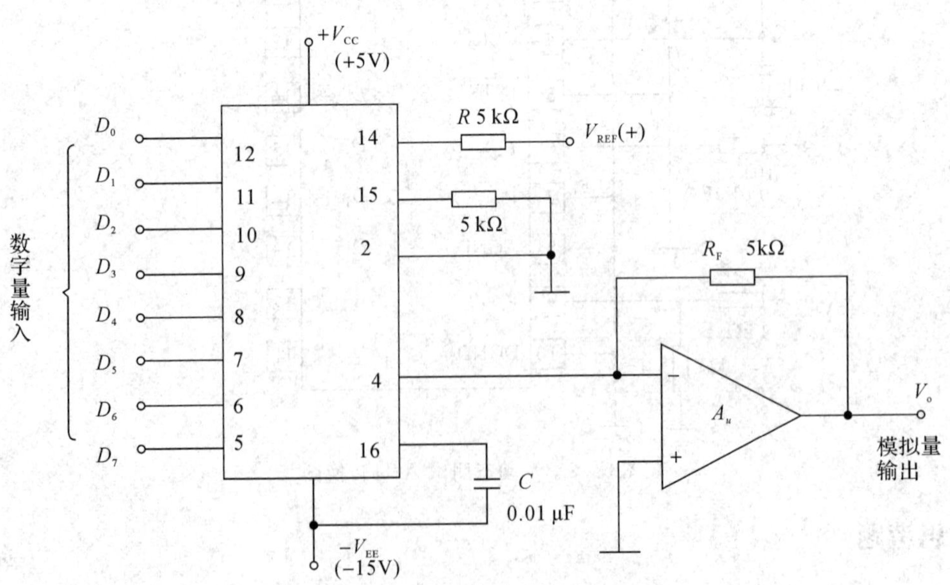

图 5.13.1　DAC0808 典型应用电路

该电路的基本参数为：

电源电压V_{CC}范围为4.5 V～18 V，典型值为+5 V，V_{EE}范围为-4.5 V～-18 V，典型值为 -15 V；输出电压范围为-10 V～+18 V；参考电压$V_{REF(+)max}$=18 V；恒流源电流$I_o=\frac{V_{REF(+)}}{R}\leqslant 5$ mA。

DAC0808 的输出形式是电流，一般可达 2 mA，外接运算放大器后，可将其转换为电压输出。

若二进制码为偏移码，则可接成如图 5.13.2 所示的双极性输出应用电路。其输出

$$V_o=\left(\frac{V_{REF}}{R}+\frac{V_s}{R_s}\right)\cdot\frac{R_F}{2^8}N_B \qquad (5.13-2)$$

在输入为 1000 0000 时，调节V_s或R_s，使V_o=0，则输出电压就能反映输入双极性数字量的大小。

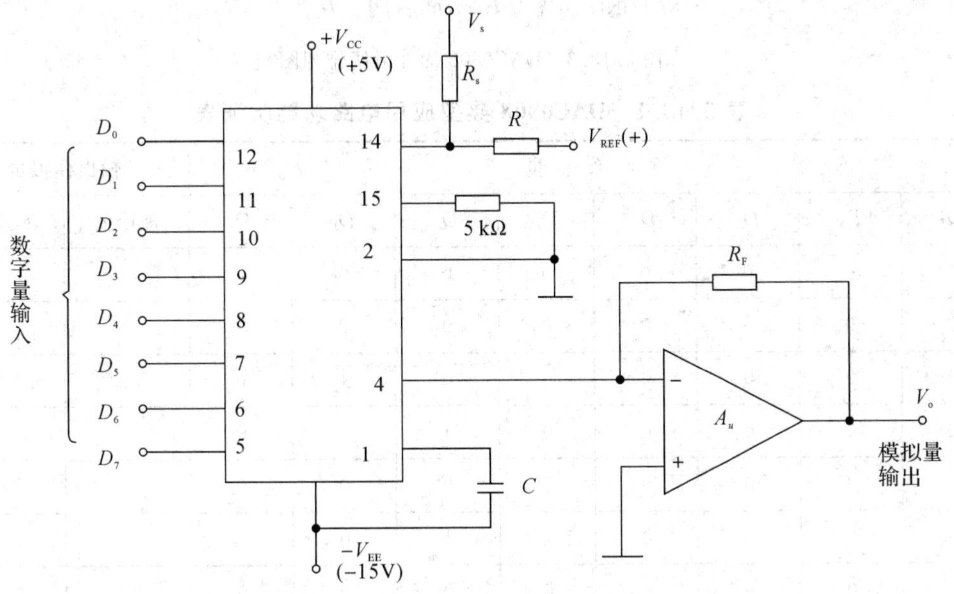

图 5.13.2 DAC0808 双极性输出应用电路

四、实验仪器及电子元器件

实验仪器：(1) 双踪示波器；(2) 数字万用表。

电子元器件：

(1) DAC0808 数/模转换器一片。

(2) 74LS161 计数器一片。

(3) 集成运放 741 一只。

(4) 电阻(5 kΩ 三只，2.4 kΩ 一只)。

(5) 电容(0.01 μF 一只)。

五、实验内容

(1) 参照图 5.13.3 所示 DAC0808 的外引线排列图，按图 5.13.1 所示电路图接线。按

表 5.13.1 内容依次输入数字量，用万用表测出相应的输出模拟电压 V_o，实验结果填入表中。注意 DAC0808 的电源极性，$V_{CC}=+5$ V，$V_{EE}=-15$ V，不得接错。

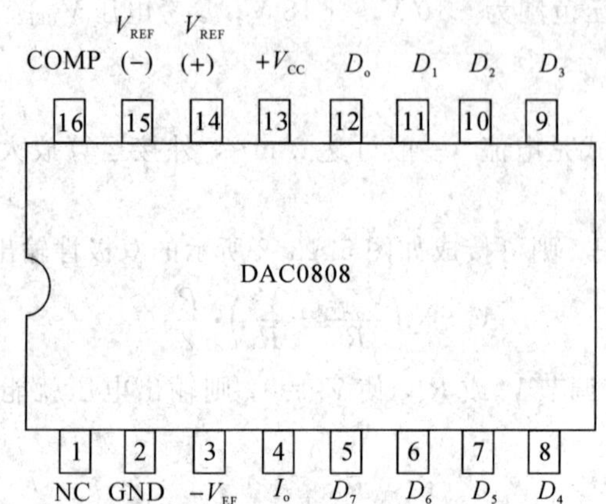

图 5.13.3　DAC0808 的外引线排列图

表 5.13.1　DAC0808 典型应用电路功能验证表

输入数字量								输出模拟量	
D_7	D_6	D_5	D_4	D_3	D_2	D_1	D_0	理论值	实验值
0	0	0	0	0	0	0	0		
0	0	0	0	0	0	0	1		
0	0	0	0	0	0	1	0		
0	0	0	0	0	1	0	0		
0	0	0	0	1	0	0	0		
0	0	0	0	1	1	0	0		
0	0	0	1	0	0	0	0		
0	0	1	0	0	0	0	0		
0	0	1	1	0	0	0	0		
0	1	1	0	0	0	0	0		
1	0	0	0	0	0	0	0		
1	1	0	0	0	0	0	0		
1	1	1	1	1	1	1	1		

(2) 参照图 5.13.4 所示阶梯波产生器的原理图，将二进制计数器 74LS161 的输出 Q_3、Q_2、Q_1、Q_0 由高到低，分别对应接到 DAC0808 数字输入端的高 4 位 D_7、D_6、D_5、D_4，低 4 位输入端 D_3、D_2、D_1、D_0 接地，74LS161 的 CP 选用 1 kHz 的方波。在示波器上观察并记录 DAC0808 输出端的电压波形。

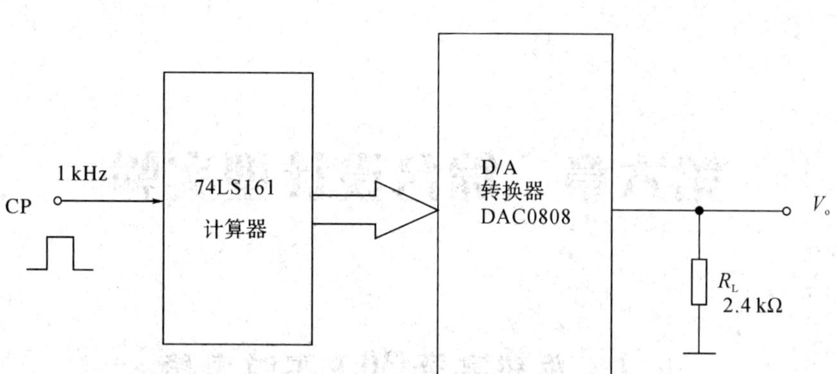

图 5.13.4 阶梯波产生器原理图

六、思考题

(1) 给一个 8 位 D/A 转换器输入二进制数 1000 0000 时，其输出电压为 5 V，问：如果输入二进制数 0000 0001 和 1100 1101 时，D/A 转换器的输出模拟电压分别是多少？

(2) 在图 5.13.4 所示电路图中，将 74LS161 的输出 Q_3、Q_2、Q_1、Q_0 由高到低，分别对应接到 $DAC0808$ 数字输入端的高 4 位 D_7、D_6、D_5、D_4，低 4 位输入端 D_3、D_2、D_1、D_0 接地，将会在示波器上看到什么样的波形？

第六章 综合设计型实验

6.1 篮球竞赛 30 s 定时电路

定时电路是数字系统中的基本单元电路，它主要由计数器和振荡器组成。在实际工作中，定时器的应用场合很多，例如，篮球比赛规则中，队员持球时间不能超过 30 s，就是定时电路的一种具体应用。

一、理论知识预习要求

(1) 复习集成同步十进制加/减计数器的工作原理。

(2) 复习 555 定时电路的工作原理。

二、设计任务与要求

(1) 设计一个 30 s 计时电路，并具有时间显示的功能。

(2) 设置外部操作开关，控制计时器的直接清零、启动和暂停/连续计时。

(3) 要求计时电路递减计时，每隔 1 s，计时器减 1。

(4) 当计时器递减计时到零(即定时时间到)时，显示器上显示 00，同时发出光电报警信号。

三、设计原理

1. 分析设计要求，画出原理框图

30 s 定时器的总体参考方案框图如图 6.1.1 所示。它包括秒脉冲发生器、计数器、译码显示电路、报警电路和辅助时序控制电路(简称控制电路)等 5 个部分。其中计数器和控制电路是系统的主要部分。计数器完成 30 s 计时功能，而控制电路完成计数器的直接清零、启动计数、暂停/连续计数、译码显示电路的显示与灭灯、定时时间到报警等功能。

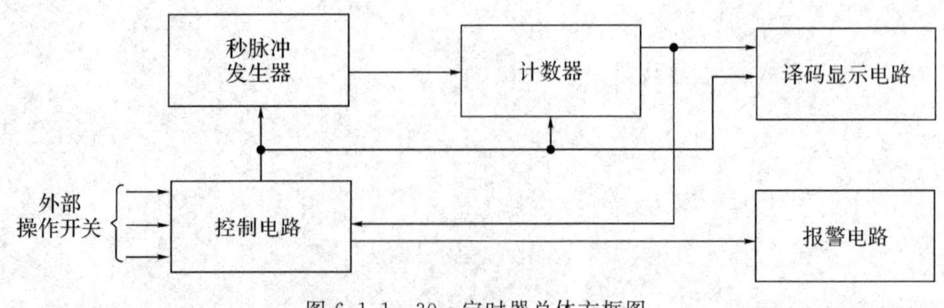

图 6.1.1 30 s 定时器总体方框图

秒脉冲发生器产生的信号是电路的时钟脉冲和定时标准，本次实验对此信号要求并不太高，秒脉冲发生器电路可采用 555 集成电路或由 TTL 与非门组成的多谐振荡器。

译码显示电路由集成芯片 74LS48 和共阴极七段 LED 显示器组成。报警电路在实验中可用发光二极管代替。

2. 单元电路设计

(1) 8421BCD 码递减计数器。

计数器选用中规模集成电路 74LS192 进行设计，74LS192 是十进制可编程同步加/减计数器，它采用 8421 码二/十进制编码，并具有直接清零、置数、加/减计数功能。图 6.1.2 所示是 74LS192 的外引线排列图。图中 CP_U、CP_D分别是加计数、减计数的时钟脉冲输入端(上升沿有效)。$\overline{LD}$是异步并行置数控制端(低电平有效)，$\overline{CO}$、$\overline{BO}$分别是进位、借位输出端(低电平有效)，CR 是异步清零端，D_3～D_0是并行数据输入端，Q_3～Q_0是输出端。

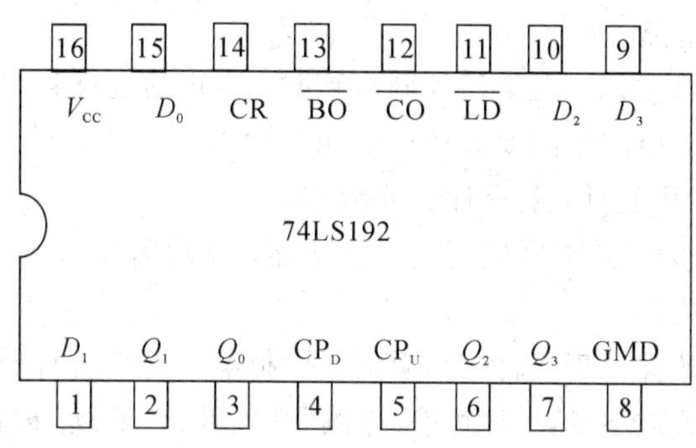

图 6.1.2　74LS192 的外引线排列图

74LS192 的功能见表 6.1.1 所示。74LS192 的工作原理为：当$\overline{LD}$=1，CR=0 时，如果有时钟脉冲加到 CP_U端，且 CP_D=1，则计数器在预置数的基础上完成加计数功能，当加计数到 9 时，$\overline{CO}$端发出进位下跳变脉冲，此时，再来一个计数脉冲，计数器状态则变为 0000，同时$\overline{CO}$端的状态再由 0 跳变到 1。如果有时钟脉冲加到 CP_D端，且 CP_U=1，则计数器在预置数的基础上完成减计数功能，当减计数到 0 时，$\overline{BO}$端发出借位下跳变脉冲，此时再来一个计数脉冲，计数器状态变为 1001，同时$\overline{BO}$端的状态再由 0 跳变到 1。

表 6.1.1　74LS192 功能表

CP_U	CP_D	$\overline{LD}$	CR	功能
×	×	0	0	置数
↑	1	1	0	加计数
1	↑	1	0	减计数
×	×	×	1	清零

由 74LS192 构成的三十进制递减计数器如图 6.1.3 所示，其预置数为 N=0011 0000。它的计数原理为：只有当低位计数器的$\overline{BO_1}$ 端发出借位脉冲时，高位计数器才做减计数。当高、低位计数器处于全零状态，且 CP_D=0 时，则置数端$\overline{LD_2}$=0，计数器完成并行置数，

在 CP_D端的输入时钟脉冲作用下，计数器再次进入下一循环计数。

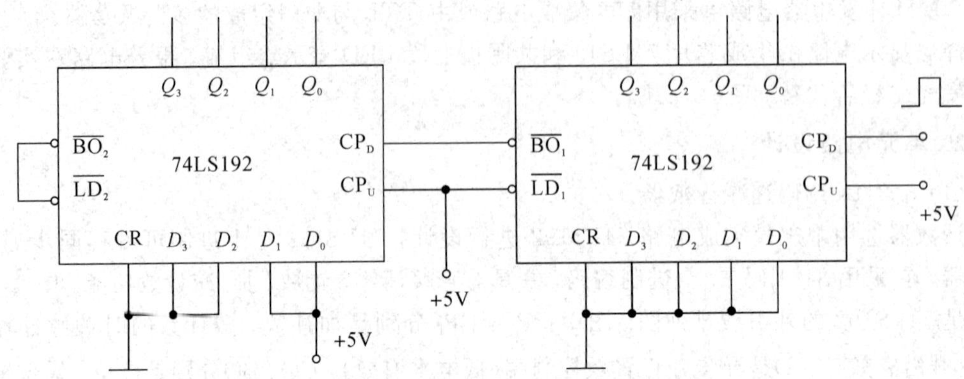

图 6.1.3 74LS192 构成的 8421BCD 码三十进制递减计数器

(2) 辅助时序控制电路。

为了保证系统的设计要求，在设计控制电路时，应正确处理各个信号之间的时序关系。从系统的设计要求可知，控制电路要完成以下四项功能。

① 操作“直接清零”开关时，要求计数器清零。

② 闭合“启动”开关时，计数器应完成置数功能，显示器显示 30 s 字样，断开“启动”开关，计数器开始递减计数。

③ 当“暂停/连续”开关处于“暂停”位置时，控制电路封锁时钟脉冲 CP，计数器暂停计数，显示器上保持原来的数不变，当“暂停/连续”开关处于“连续”位置时，计数器继续累计计数。另外，外部操作开关都应采取去抖动措施，以防机械抖动造成电路工作不稳定。

④ 当计数器递减计数到零(即定时时间到)时，控制电路应发出报警信号，使计数器保持零状态不变，同时报警电路工作。

图 6.1.4 所示是辅助时序控制电路图。图(a)是置数控制电路，$\overline{LD}$接 74LS192 的预置数控制端，当开关 S_1 合上时，$\overline{LD}=0$，74LS192 进行置数；当 S_1 断开时，$\overline{LD}=1$，74LS192

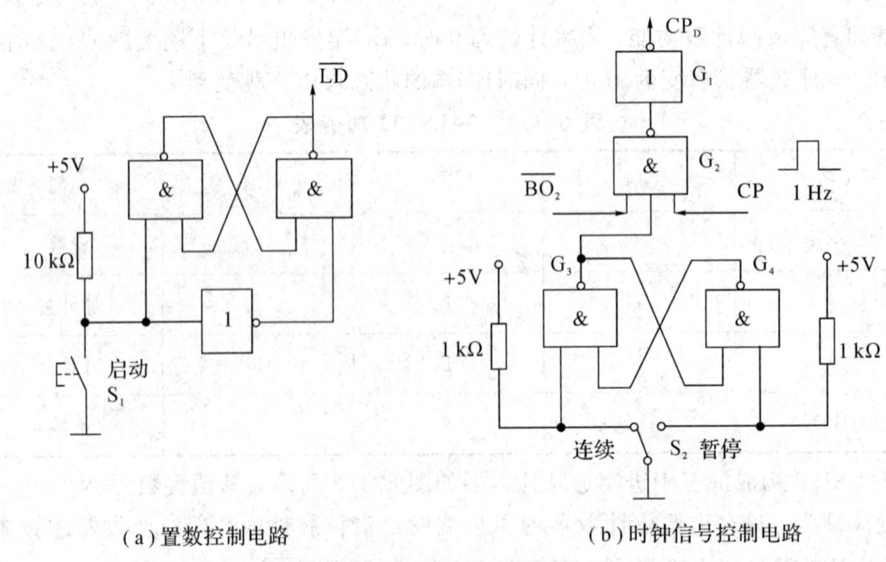

(a) 置数控制电路

(b) 时钟信号控制电路

图 6.1.4 辅助时序控制电路图

处于计数工作状态，从而实现功能②的要求。图(b)是时钟脉冲信号 CP 的控制电路，控制 CP 的放行与禁止。当定时时间未到时，74LS192 的借位输出信号$\overline{BO_2}=1$，则 CP 信号受“暂停/连续”开关 S_2 的控制，S_2 在暂停位置时，门 G_3 输出 0，门 G_2 关闭，封锁 CP 信号，计数器暂停计数；当 S_2 处于连续位置时，门 G_3 输出 1，门 G_2 打开，放行 CP 信号，计数器在 CP 作用下，继续累计计数。当定时时间到时，$\overline{BO_2}=0$，门 G_2 关闭，封锁 CP 信号，计数器保持零状态不变。从而实现了功能③ 、④的要求。

注意，$\overline{BO_2}$ 是脉冲信号，只有在 CP_D 保持为低电平时，$\overline{BO_2}$ 输出的低电平才能保持不变。至于功能①的要求，可通过控制 74LS192 的异步清零端 CR 实现。

3. 总体参考电路

根据前面的分析，可以画出篮球竞赛 30 s 定时电路。其参考电路如图 6.1.5 所示。

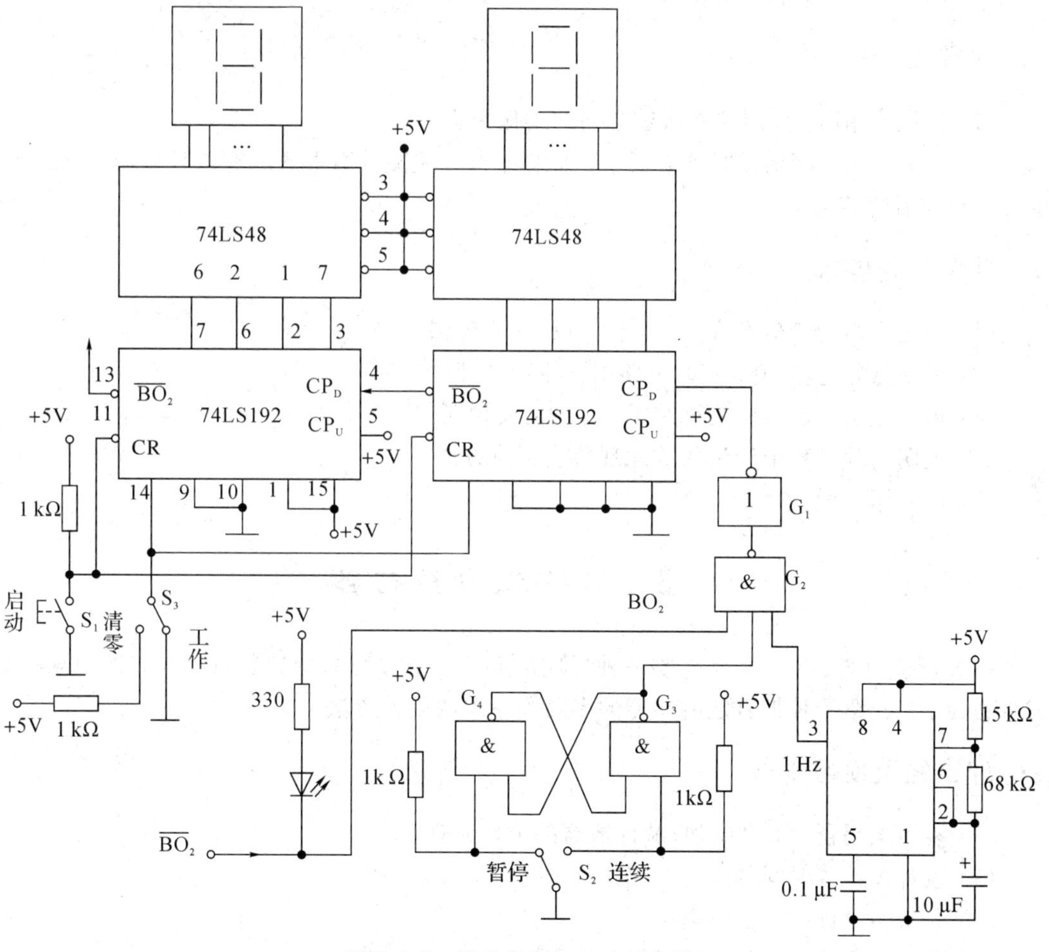

图 6.1.5　篮球竞赛 30 s 定时电路

四、实验内容

(1) 按实验要求组装调试秒脉冲产生电路。注意：555 电路是模/数混合的集成电路，为防止它对数字电路产生干扰，布线时，555 电路的电源、地线应与数字电路的电源、地线分开走线。

(2) 按实验要求组装、调试30 s递减计数器与译码显示电路。输入1 Hz的秒脉冲信号，观察递减计数的过程。

(3) 设计组装能满足系统要求的时序控制电路。

(4) 完成30 s定时电路的整体联调，检查电路是否满足系统的设计要求。

五、主要元器

(1) 集成电路：74LS192两片，74LS48两片，74LS00一片，74LS10一片，NE555一片。

(2) 电阻：330一只，1 kΩ四只，15 kΩ一只，68 kΩ一只。

(3) 电容：0.1 μF一只，电解电容10 μF一只。

(4) 其他元器件：发光二极管一只，共阴极七段LED显示器两只。

六、思考题

(1) 试说明用$\overline{BO_2}$控制控制报警电路的工作原理。

(2) 在图6.1.3所示递减计数器中，如果将30 s递减计数器改为递增计数器，74LS192的外引线应做哪些改动？

七、实验报告要求

(1) 画出完整的篮球竞赛30 s定时电路的原理图。

(2) 说明篮球竞赛30 s定时电路工作原理和计时过程。

(3) 观测记录每次实验测试结果，并做简要说明。

(4) 说明实验过程中产生的故障现象及解决方法。

(5) 回答思考题。

6.2 数字定时抢答器

在进行智力竞赛时，常常需要一种反应准确、显示方便的抢答装置。本节以中规模集成电路为主，介绍一种带有定时功能的多路抢答器的设计方法。

一、理论知识预习要求

(1) 复习编码器、十进制加/减计数器的工作原理。

(2) 设计可预置时间的定时电路。

(3) 分析与设计时序控制电路。

(4) 画出定时抢答器的整机逻辑电路图。

二、设计任务与要求

(1) 设计一个智力竞赛抢答器，可同时供8名选手或8个代表队参加比赛，他们的编号分别是0、1、2、3、4、5、6、7，各用一个抢答按钮，按钮的编号和选手的编号相对应。

(2) 给节目主持人设置一个控制开关，用来控制系统的清零(编号显示数码管灭灯)和

抢答的开始。

(3) 抢答器具有数据锁存和显示的功能。抢答开始后，若有选手按动抢答按钮，编号立即锁存，并在七段数码管上显示选手编号，同时扬声器给出音响提示。此外，要封锁输入电路，禁止其他选手抢答。优先抢答选手的编号一直保持到主持人将系统清零为止。

(4) 抢答器具有定时抢答的功能，且一次抢答的时间可以由主持人设定(如 30 s)。当节目主持人启动"开始"键后，要求定时器立即进行减计时，并用显示器进行显示，同时扬声器发出短暂的声响，声响持续时间为 0.5 s 左右。

(5) 参赛选手在设定的时间内进行抢答，抢答有效，定时器停止工作，显示器上显示选手的编号和抢答时刻的时间，并保持到主持人将系统清零为止。

(6) 如果定时抢答的时间已到，却没有选手抢答，本次抢答无效，系统进行短暂的报警，并封锁输入电路，禁止选手超时后抢答，定时显示器上显示 00。

三、设计原理

1. 分析要求，画出原理框图

定时抢答器的原理框图如图 6.2.1 所示，它由主体电路和可扩展电路两部分组成。主体电路完成基本的抢答功能，即开始抢答后，当选手按动抢答键时，能显示选手编号，同时能封锁输入电路，禁止其他选手抢答。扩展电路完成定时抢答的功能。

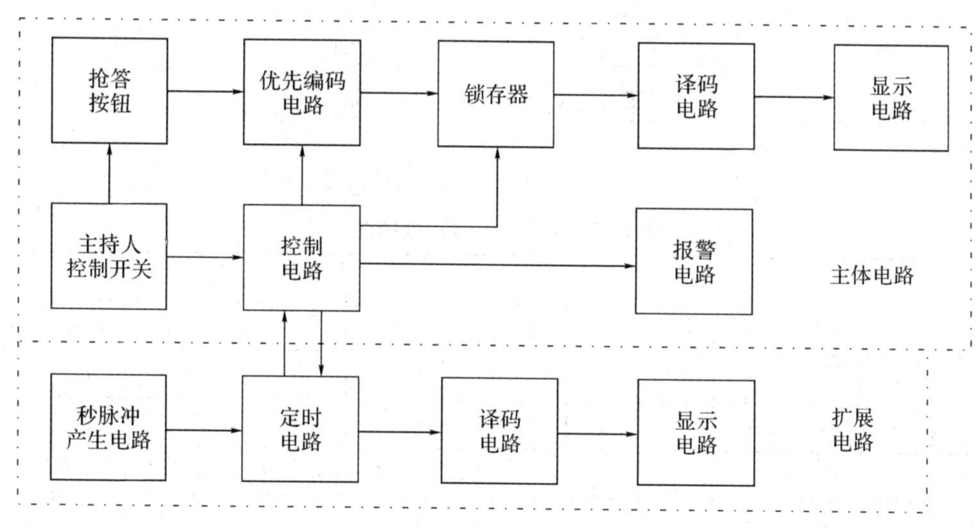

图 6.2.1　数字定时抢答器原理框图

图 6.2.1 所示定时抢答器的工作过程为：接通电源时，节目支持人将开关置于"清除"位置，抢答器处于禁止工作状态，编号显示器灭灯，定时显示器显示设定的时间，当节目主持人宣布抢答题目后，说一声"开始抢答"，同时将控制开关拨到"开始"位置，扬声器给出声响提示，抢答器处于工作状态，定时器进行倒计时。当定时时间到，却没有选手抢答时，系统报警，并封锁输入电路，禁止选手超时抢答。当选手在定时时间内按动抢答键时，抢答器要完成以下四项工作：① 优先编码电路立即分辨出抢答者的编号，并由锁存器进行锁存，然后由译码显示电路显示编号；② 扬声器发出短暂声响，提醒节目主持人注意；③ 控制电路要对输入编码电路进行封锁，避免其他选手再次进行抢答；④ 控制电路要使定时器

停止工作，定时显示器上显示剩余的抢答时间，并保持到主持人将系统清零为止。当选手将问题回答完毕，主持人操作控制开关，使系统恢复到禁止工作状态，以便进行下一轮抢答。

2. 单元电路的设计

(1) 抢答电路。

抢答电路的功能有两个：一是能分辨出选手按键的先后，并锁存优先抢答者的编号，供译码显示电路使用；二是要使其他选手的按键操作无效。选用优先编码器 74LS148 和 RS 锁存器 74LS279 可以完成上述功能，其中 74LS148 的外引线排列图如图 6.2.2 所示，74LS148 的功能表如表 6.2.1 所示。

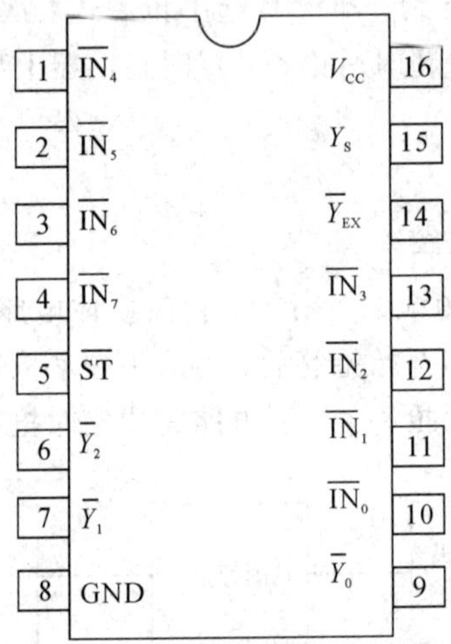

图 6.2.2　74LS148 外引线排列图

表 6.2.1　74LS148 的功能表

输入									输出				
$\overline{ST}$	$\overline{IN}_0$	$\overline{IN}_1$	$\overline{IN}_2$	$\overline{IN}_3$	$\overline{IN}_4$	$\overline{IN}_5$	$\overline{IN}_6$	$\overline{IN}_7$	$\overline{Y}_2$	$\overline{Y}_1$	$\overline{Y}_0$	$\overline{Y}_{EX}$	Y_S
1	×	×	×	×	×	×	×	×	1	1	1	1	1
0	1	1	1	1	1	1	1	1	1	1	1	1	0
0	×	×	×	×	×	×	×	0	0	0	0	0	1
0	×	×	×	×	×	×	0	1	0	0	1	0	1
0	×	×	×	×	×	0	1	1	0	1	0	0	1
0	×	×	×	×	0	1	1	1	0	1	1	0	1
0	×	×	×	0	1	1	1	1	1	0	0	0	1
0	×	×	0	1	1	1	1	1	1	0	1	0	1
0	×	0	1	1	1	1	1	1	1	1	0	0	1
0	0	1	1	1	1	1	1	1	1	1	1	0	1

抢答电路的工作原理图如图 6.2.3 所示。该电路的工作原理为：当主持人控制开关处

于“清除”位置时，RS 触发器的$\overline{R}$端为低电平，输出端（4Q～1Q）全部为低电平，于是 74LS48 的$\overline{\text{BI}}$=0，显示器灭灯；74LS148 的选通端$\overline{\text{ST}}$=0，74LS148 处于工作状态，此时锁存器不工作。当主持人将开关拨到“开始”位置时，优先编码器和锁存器同时处于工作状态，即抢答器处于等待工作状态，输入端$\overline{\text{IN}}_7$～$\overline{\text{IN}}_0$等待输入信号，当有选手将按键按下时（如按下按钮 5），74LS148 的输出$\overline{Y}_2\overline{Y}_1\overline{Y}_0$=010，$\overline{Y}_{\text{EX}}$=0，经 RS 锁存器后，1$Q$=1，$\overline{\text{BI}}$=1，74LS48 处于工作状态，4$Q3Q2Q$=101，经 74LS48 译码后，显示器显示出“5”。此外，1Q=1 使 74LS148 的$\overline{\text{ST}}$端为高电平，74LS148 处于禁止工作状态，封锁了其他按键的输入。当按下的键松开后，74LS148 的$\overline{Y}_{\text{EX}}$为高电平，当由于 1Q 的输出仍维持高电平不变，所以 74LS148 仍处于禁止工作状态，其他按键的输入信号则不会被接收，这就保证了抢答者的优先性以及抢答电路的准确性。当优先抢答者回答完问题后，由主持人操作控制开关 S，使抢答电路复位，以便进行下一轮抢答。

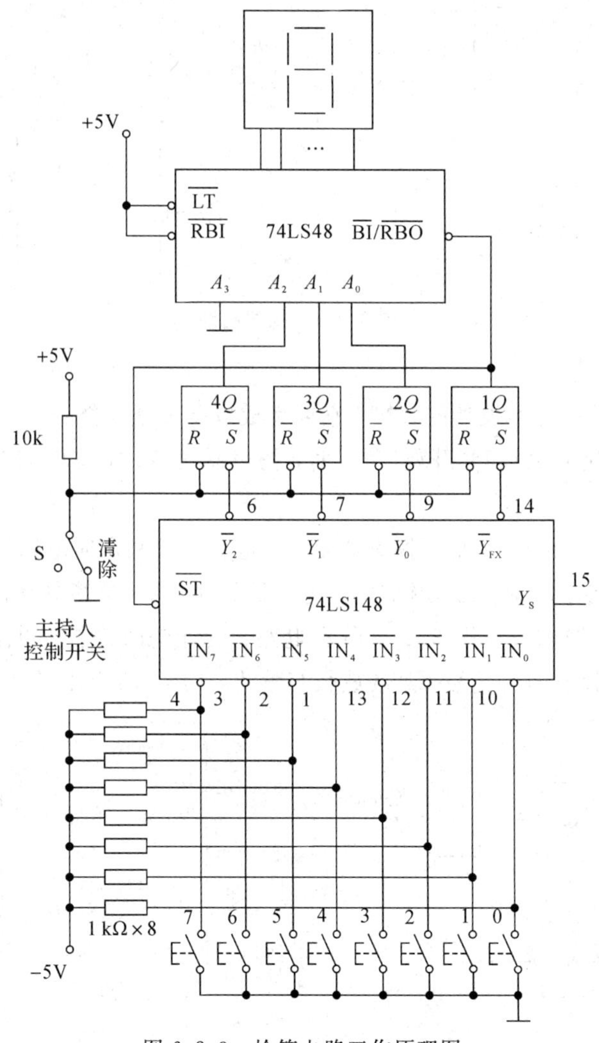

图 6.2.3　抢答电路工作原理图

（2）定时电路。

节目主持人根据抢答题的难易程度，设定一次抢答的时间，通过预置时间电路对计数器进行预置，计数器的时钟脉冲由秒脉冲电路提供。可预置时间的电路选用十进制同步加/减计数器 74LS192 进行设计，具体电路参见篮球竞赛 30 s 定时电路中的图 6.1.5 进行设计。

(3) 报警电路。

由 555 定时器和三极管构成的报警电路如图 6.2.4 所示。其中 555 构成多谐振荡器，振荡频率 $f_o=1.43/[(R_1+2R_2)\cdot C_1]$，其输出信号经三极管推动扬声器。PR 为控制信号，当 PR 为高电平时，多谐振荡器工作，反之，电路停振。

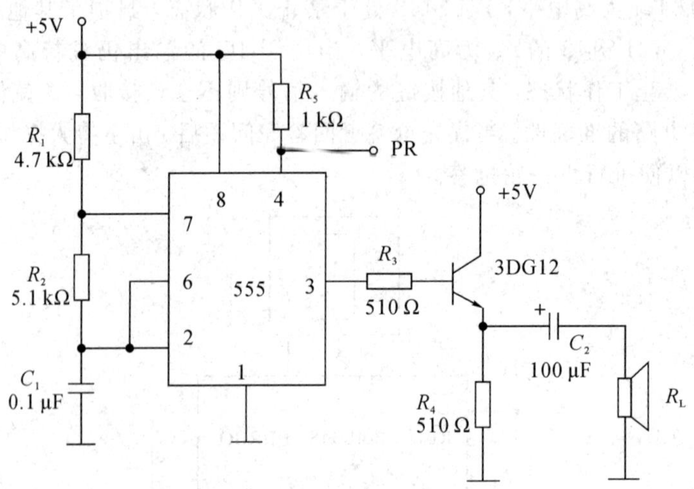

图 6.2.4 报警电路

(4) 时序控制电路。

时序控制电路是抢答器设计的关键，它要完成以下 3 项功能：

① 主持人将控制开关拨到“开始”位置时，扬声器发声，抢答电路和定时电路进入正常抢答工作状态。

② 当参赛选手按动抢答键时，扬声器发声，抢答电路和定时电路停止工作。

③ 当设定的抢答时间到，无人抢答时，扬声器发声，同时抢答电路和定时电路停止工作。

根据上面的功能要求以及图 6.2.3 所示电路，设计的时序控制电路如图 6.2.5 所示。图中门 G_1 的作用是控制时钟信号 CP 的放行与禁止，门 G_2 的作用是控制 74LS148 的输入

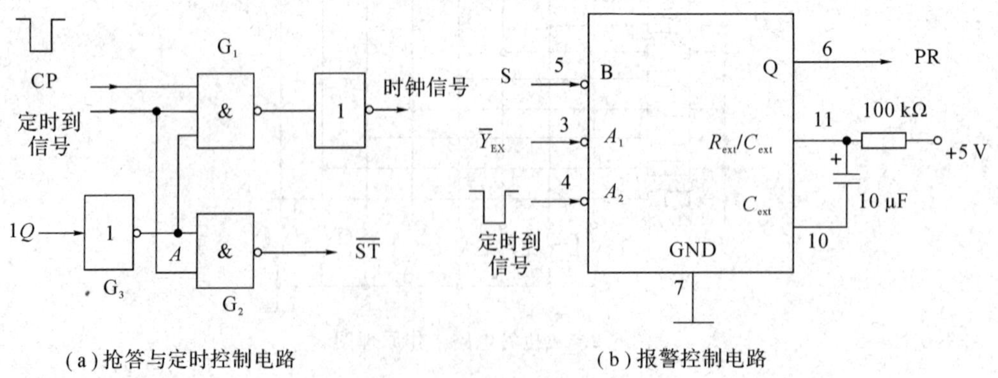

(a) 抢答与定时控制电路 (b) 报警控制电路

图 6.2.5 时序控制电路

使能端$\overline{ST}$。图 6.2.5(a)所示抢答与定时控制电路的工作原理为：主持人把控制开关从“清除”位置拨到“开始”位置时，来自于 74LS279 的输出 $1Q=0$，经 G_3反相，$A=1$，则时钟 CP 能够加到 74LS192 的 CP_D时钟输入端，定时电路进行递减计时。同时，在定时时间未到时，则“定时到信号”为 1，门 G_2的输出$\overline{ST}=0$，使 74LS148 处于正常工作状态，从而实现功能①的要求。当选手在定时时间内按动抢答键时，$1Q=1$，经 G_3反相，$A=0$，封锁 CP 信号，定时器处于保持工作状态；同时门 G_2的输出$\overline{ST}=1$，74LS148 处于禁止工作状态，从而实现功能②的要求。当定时时间到时，则“定时到信号”为 0，$\overline{ST}=1$，74LS148 处于禁止工作状态，禁止选手进行抢答。同时门 G_1处于关门状态，封锁 CP 信号，使定时电路保持 00 状态不变，从而实现功能③的要求。集成单稳态触发器 74LS121 用于控制报警电路及发声的时间，其工作原理请读者自行分析。

四、实验内容

(1) 组装并调试抢答器电路。

(2) 设计可预置时间的定时电路，并进行组装调试，当输入 1 kHz 的时钟信号时，要求电路能进行减计时，当减计时到零时，能输出低电平有效的定时时间到信号。

(3) 组装调试报警电路。

(4) 完成定时抢答器的联调，注意各部分电路之间的时序配合关系。然后检查电路各部分的功能，使其满足设计要求。

五、主要元器件

(1) 集成电路：74LS148 一片；74LS279 一片；74LS48 三片；74LS192 两片；NE555 两片；74LS00 一片；74LS121 一片。

(2) 电阻：510Ω 两只，1 kΩ 九只，4.7 kΩ 一只，5.1 kΩ 一只，100 kΩ 一只，10 kΩ 一只，15 kΩ 一只，68kΩ 一只。

(3) 电容：0.1 μF 一只，电解电容 10 μF 两只，100 μF 一只。

(4) 三极管：3DG12 一只。

(5) 其他元器件：发光二极管两只，共阴极七段 LED 显示器三只

六、实验报告要求

(1) 画出完整的定时抢答器的整机逻辑电路图。

(2) 说明各部分电路的工作原理和工作过程。

(3) 观测记录每次测试结果，并做简要说明。

(4) 说明实验过程中产生的故障现象及解决方法。

6.3　数字钟电路的设计

数字钟已成为人们日常生活中必不可少的必需品，给人们的学习、生活、工作带来极

大的方便。尽管目前市场上已有现成的数字钟集成电路芯片出售，价格便宜，使用也方便。但鉴于数字钟电路的基本组成包含了数字电路的主要组成部分，为了帮助学生将已学过的比较零散的数字电路的知识能够有机、系统地联系起来应用于实际，培养综合分析、设计电路的能力，对数字钟进行设计是十分必要的。

一、理论知识预习要求

(1) 复习中规模集成电路 74LS90 的工作原理，以及用 74LS90 设计六十进制、二十四进制计数器的方法。

(2) 设计由 555 定时器构成的多谐振荡器。

(3) 设计校时电路。

(4) 画出数字钟电路的整机逻辑电路图。

二、设计任务与要求

(1) 设计一台能直接显示“时”“分”“秒”的数字钟，要求 24 小时为 1 个计时周期。

(2) 当数字钟电路发生走时误差时，要求电路具有校时功能。

三、设计原理

1. 分析要求，画出原理框图

数字钟是一个将“时”“分”“秒”直接显示的计时装置。它的计时周期为 24 小时，显示满刻度为 23 时 59 分 59 秒，另外应具有校时功能。因此，1 个基本的数字钟电路主要由 4 部分组成，其整体框图如图 6.3.1 所示。

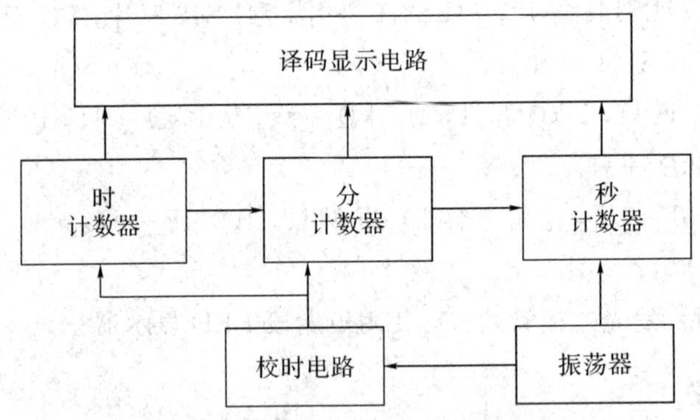

图 6.3.1　数字钟电路总体框图

2. 单元电路的设计

(1) 振荡电路。

振荡器是数字钟的心脏，它是产生标准时间秒信号的电路。为了制作方便，在精度要求不高的情况下，本实验中的振荡电路采用 555 定时器构成的多谐振荡器，如图 6.3.2 所示。

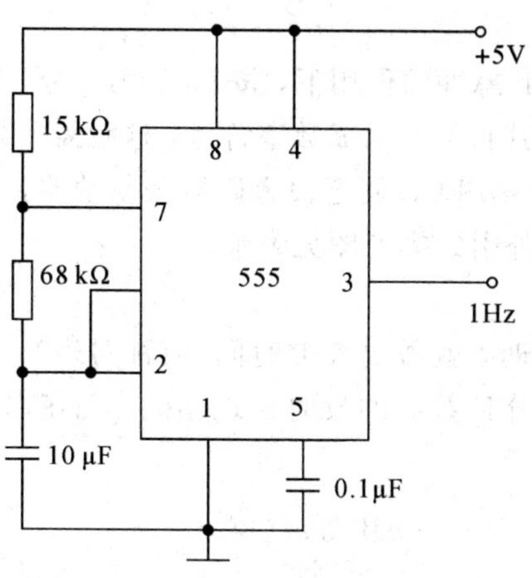

图 6.3.2　多谐振荡器

(2) 计数器。

数字钟的秒计数器、分计数器都是六十进制计数器，时计数器为二十四进制计数器。计数器选用中规模集成电路 74LS90 进行设计，74LS90 的外引线排列图及使用方法可在 5.8 节集成计数器及应用中查询。

由 74LS90 构成的六十进制和二十四进制计数器分别如图 6.3.3 和图 6.3.4 所示。

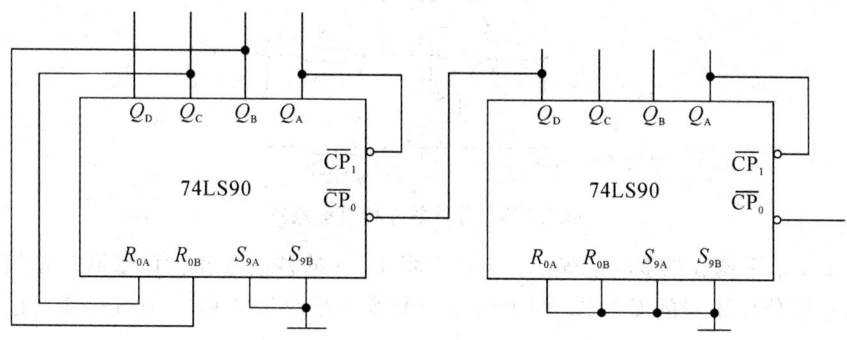

图 6.3.3　六十进制计数器

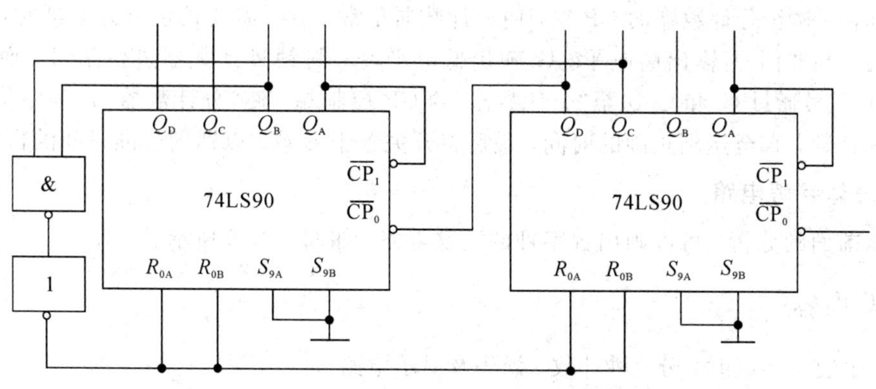

图 6.3.4　二十四进制计数器

(3) 译码显示电路。

当数字钟的计数器在CP脉冲的作用下，按60秒为1分，60分为1小时，24小时为1天的计数规律计数时，应将其状态显示成数字符号，这就需要译码显示电路来完成。

译码显示电路选用74LS48 BCD码七段译码器兼驱动器，显示器采用共阴极接法的七段LED显示器，74LS48的外引线排列图见附录。

(4) 校时电路。

当时钟指示不准或停摆时，就需要校准时间(或称对表)。校准的方法很多，常用的有“快速校时法”。时计数器和分计数器的校时原理相同，现在以分计数器为例，简要说明它的校时原理，如图6.3.5所示。

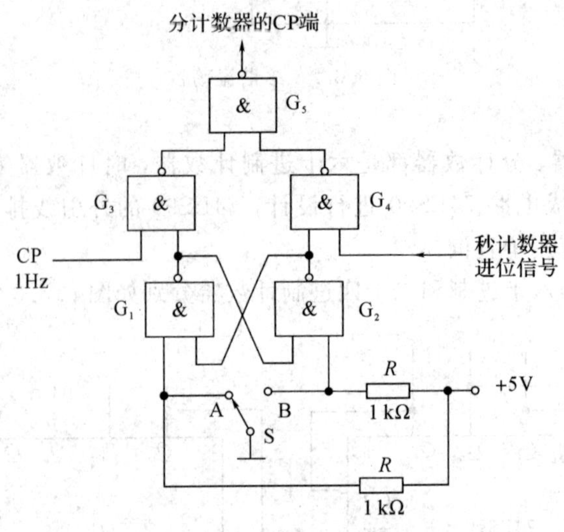

图6.3.5　分计数器校时电路图

与非门G_1、G_2构成的双稳态触发器，可以将1 Hz的秒信号和秒计数器进位信号通过门G_4和门G_5送至分计数器的CP端。两个信号中究竟选哪个输入由开关S控制，它的工作过程为：

当开关S置于B端时，与非门G_1输出低电平，G_2输出高电平，秒计数器进位信号通过门G_4和门G_5送至分计数器的CP端，使分计数器正常工作；需要校正分计数器时，将开关S置A端，与非门G_1输出高电平，G_2输出低电平，G_4封锁秒计数器进位信号，而G_3将1 Hz的CP信号通过G_3和G_5送至“分计数器”的CP控制端，使“分计数器”在“秒”信号的控制下快速计数，直至达到正确的时间，最后将开关置于B端，以达到校准时间的目的。

3. 总体参考电路

根据前面的分析，可以画出数字钟的完整电路，如图6.3.6所示。

四、实验内容

(1) 组装并调试时、分、秒计数、译码及显示电路。

(2) 组装并调试振荡电路、校时电路。

(3) 完成数字钟电路的联调，注意各部分电路之间的时序关系。然后检查电路各部分的功能，使其满足设计要求。

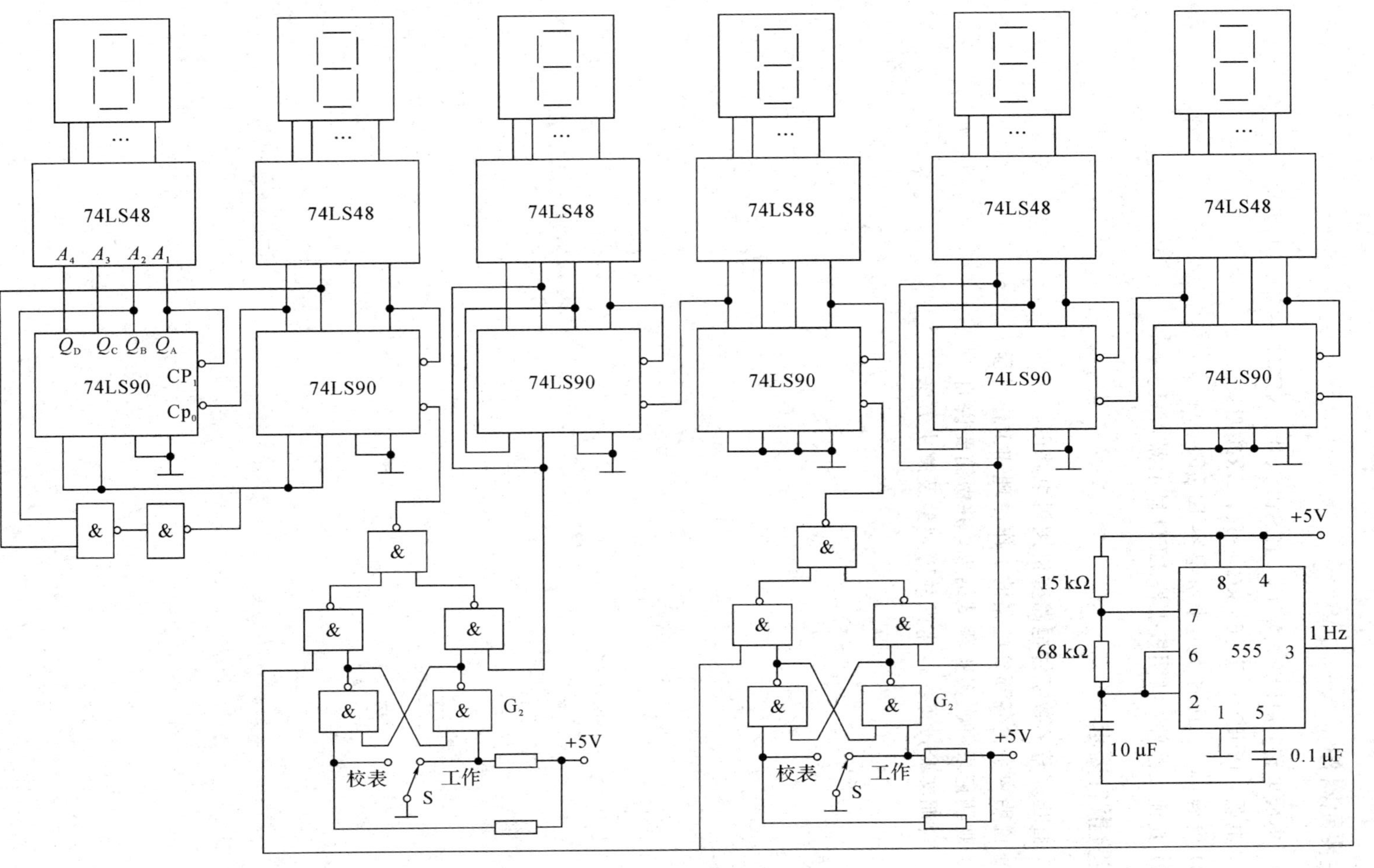

图 6.3.6 数字钟完整电路

五、主要元器件

(1) 集成电路：74LS90 六片，74LS48 六片，NE555 一片，74LS00 三片。

(2) 电阻：15 kΩ 一只，68 kΩ 一只，1 kΩ 四只。

(3) 电容：0.1 μF 一只，电解电容 10 μF 一只。

(4) 其他元器件：共阴极七段 LED 显示器六只。

六、实验报告要求

(1) 画出完整的数字钟电路整机逻辑电路图。

(2) 说明数字钟各部分电路的工作原理和工作过程。

(3) 观测记录每次实验测试结果，并做简要说明。

(4) 说明实验过程中产生的故障现象及解决方法。

附录　集成芯片引脚图

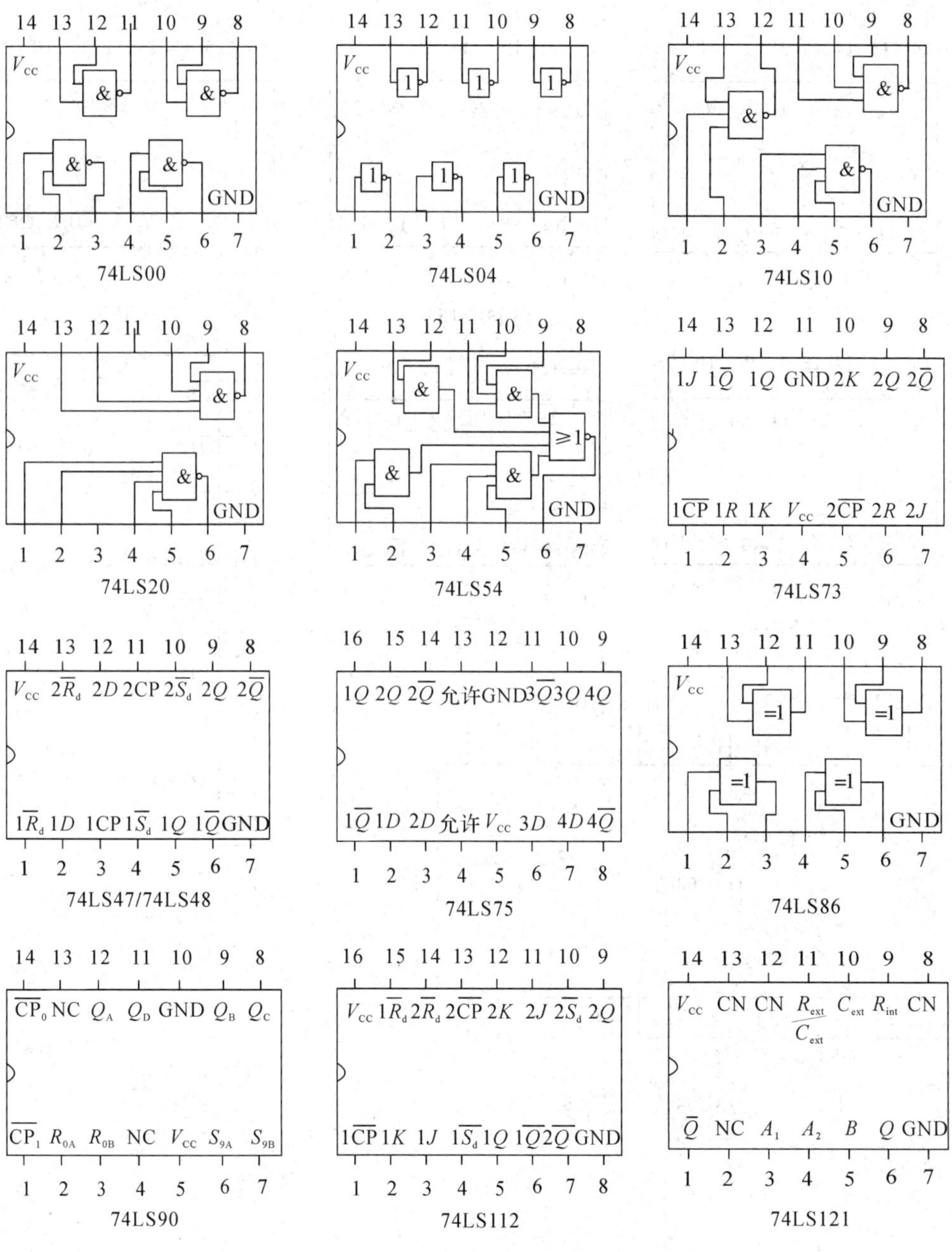

14 13 12 11 10 9 8
Vcc & & & & GND
1 2 3 4 5 6 7
74LS00
14 13 12 11 10 9 8
Vcc 1 1 1 1 1 1 GND
1 2 3 4 5 6 7
74LS04
14 13 12 11 10 9 8
Vcc & & & GND
1 2 3 4 5 6 7
74LS10
14 13 12 11 10 9 8
Vcc & & GND
1 2 3 4 5 6 7
74LS20
14 13 12 11 10 9 8
Vcc & & ≥1 & & GND
1 2 3 4 5 6 7
74LS54
14 13 12 11 10 9 8
1J 1Q̄ 1Q GND 2K 2Q 2Q̄
1C̄P̄ 1R 1K Vcc 2C̄P̄ 2R 2J
1 2 3 4 5 6 7
74LS73
14 13 12 11 10 9 8
Vcc 2R̄d 2D 2CP 2S̄d 2Q 2Q̄
1R̄d 1D 1CP 1S̄d 1Q 1Q̄ GND
1 2 3 4 5 6 7
74LS47/74LS48
16 15 14 13 12 11 10 9
1Q 2Q 2Q̄ 允许 GND 3Q̄ 3Q 4Q
1Q̄ 1D 2D 允许 Vcc 3D 4D 4Q̄
1 2 3 4 5 6 7 8
74LS75
14 13 12 11 10 9 8
Vcc =1 =1 =1 =1 GND
1 2 3 4 5 6 7
74LS86
14 13 12 11 10 9 8
C̄P̄0 NC QA QD GND QB QC
C̄P̄1 R0A R0B NC Vcc S9A S9B
1 2 3 4 5 6 7
74LS90
16 15 14 13 12 11 10 9
Vcc 1R̄d 2R̄d 2C̄P̄ 2K 2J 2S̄d 2Q
1C̄P̄ 1K 1J 1S̄d 1Q 1Q̄ 2Q̄ GND
1 2 3 4 5 6 7 8
74LS112
14 13 12 11 10 9 8
Vcc CN CN Rext/Cext Cext Rint CN
Q̄ NC A1 A2 B Q GND
1 2 3 4 5 6 7
74LS121

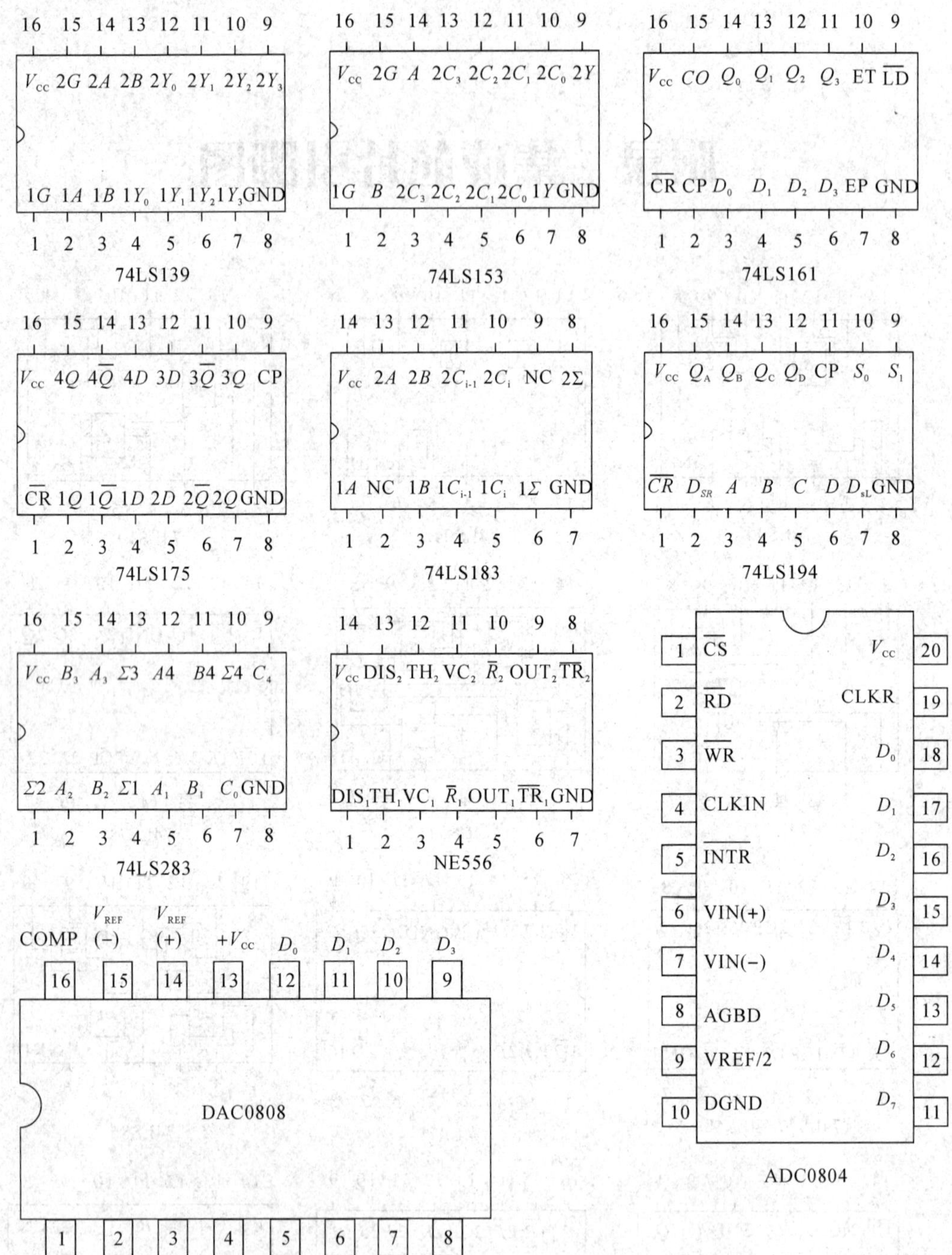

74LS139
V_{CC} 2G 2A 2B $2Y_0$ $2Y_1$ $2Y_2$ $2Y_3$
1G 1A 1B $1Y_0$ $1Y_1$ $1Y_2$ $1Y_3$ GND
74LS153
V_{CC} 2G A $2C_3$ $2C_2$ $2C_1$ $2C_0$ 2Y
1G B $2C_3$ $2C_2$ $2C_1$ $2C_0$ 1Y GND
74LS161
V_{CC} CO Q_0 Q_1 Q_2 Q_3 ET $\overline{LD}$
$\overline{CR}$ CP D_0 D_1 D_2 D_3 EP GND
74LS175
V_{CC} 4Q $4\overline{Q}$ 4D 3D $3\overline{Q}$ 3Q CP
$\overline{CR}$ 1Q $1\overline{Q}$ 1D 2D $2\overline{Q}$ 2Q GND
74LS183
V_{CC} 2A 2B $2C_{i-1}$ $2C_i$ NC 2Σ
1A NC 1B $1C_{i-1}$ $1C_i$ 1Σ GND
74LS194
V_{CC} Q_A Q_B Q_C Q_D CP S_0 S_1
$\overline{CR}$ D_{SR} A B C D D_{SL} GND
74LS283
V_{CC} B_3 A_3 Σ3 A4 B4 Σ4 C_4
Σ2 A_2 B_2 Σ1 A_1 B_1 C_0 GND
NE556
V_{CC} DIS_2 TH_2 VC_2 $\overline{R}_2$ OUT_2 $\overline{TR}_2$
DIS_1 TH_1 VC_1 $\overline{R}_1$ OUT_1 $\overline{TR}_1$ GND
ADC0804
$\overline{CS}$ $\overline{RD}$ $\overline{WR}$ CLKIN $\overline{INTR}$ VIN(+) VIN(−) AGBD VREF/2 DGND
V_{CC} CLKR D_0 D_1 D_2 D_3 D_4 D_5 D_6 D_7
DAC0808
COMP V_{REF}(−) V_{REF}(+) $+V_{CC}$ D_0 D_1 D_2 D_3
NC GND $-V_{EE}$ I_o D_7 D_6 D_5 D_4